JI LEIZHENG
JIANBIE ZHENDUAN
JI FANGZHI

鸡类症
鉴别诊断及防治

王 松 胡益源 魏刚才 主编

化学工业出版社
·北京·

U0234824

图书在版编目（CIP）数据

鸡类症鉴别诊断及防治/王松，胡益源，魏刚才主编.
北京：化学工业出版社，2018.1
（畜禽类症鉴别诊断及防治丛书）
ISBN 978-7-122-31098-9

Ⅰ.①鸡⋯　Ⅱ.①王⋯②胡⋯③魏⋯　Ⅲ.①鸡病-
鉴别诊断②鸡病-防治　Ⅳ.①S858.31

中国版本图书馆 CIP 数据核字（2017）第 292294 号

责任编辑：邵桂林　　　　　　　文字编辑：汲永臻
责任校对：边　涛　　　　　　　装帧设计：张　辉

出版发行：化学工业出版社（北京市东城区青年湖南街 13 号　邮政编码
　　　　　100011）
印　　刷：三河市航远印刷有限公司
装　　订：三河市宇新装订厂
850mm×1168mm　1/32　印张 9¼　字数 238 千字
2018 年 3 月北京第 1 版第 1 次印刷

购书咨询：010-64518888(传真：010-64519686)　售后服务：010-64518899
网　　址：http://www.cip.com.cn
凡购买本书，如有缺损质量问题，本社销售中心负责调换。

定　　价：38.00 元

编写人员名单

主　编　王　松　胡益源　魏刚才

副 主 编　张振宇　王李辉　杜伟娜　柴春生

编写人员（按姓氏笔画排列）

　　　　王　松（河南科技学院）

　　　　王李辉（平顶山市动物疫病预防控制中心）

　　　　牛红羽（平顶山市湛河区动物疫病预防控制中心）

　　　　刘自豪（舞钢市动物疫病预防控制中心）

　　　　杜伟娜（伊川县动物卫生监督所）

　　　　李婷婷（平顶山市畜牧局）

　　　　张　扬（宝丰动物疫病预防控制中心）

　　　　张振宇（济源市畜产品质量监测检验中心）

　　　　胡益源（洛阳市动物疫病预防控制中心）

　　　　柴春生（舞钢市动物疫病预防控制中心）

　　　　魏刚才（河南科技学院）

前言 FOREWORD

　　随着畜牧业的规模化、集约化发展，畜禽的生产性能越来越高、饲养密度越来越大、环境应激因素越来越多，导致疾病的种类增加、发生频率提高、发病数量增加、危害更加严重，直接制约养鸡业的稳定发展和养殖效益的提高。

　　鸡的疾病根据其发病原因可以分为传染病、寄生虫病、营养代谢病、中毒病和普通病。其中有些疾病具有明显的各自特有的症状，但有些病也具有某些与其他疾病类似的症状，这些类似的症状常给临床诊断带来困难，直接影响鸡场疾病的控制效果。所以，规模化鸡场对饲养管理人员和兽医工作人员的观念、知识、能力和技术水平提出了更高的要求，不仅要求能够有效地防控疾病，真正落实"防重于治""养防并重"的疾病控制原则，减少群体疾病的发生，而且要求能够细心观察，透过类似的症状找出不同点，及时确诊和治疗疾病，将疾病发生的危害降低到最小。为此，我们组织了长期从事鸡生产、科研和疾病防治方面的有关专家编写了《鸡类症鉴别诊断及防治》一书。

　　本书包括五章，重点介绍了70种疾病的病因、临床症状、病理变化、防制措施，并特别在每种疾病中将有类似症状的疾病进行类症鉴别，列出其相似点和不同点，这就比较容易做出正确的诊断并可有效地采取防治措施。本书密切结合我国养鸡业实际，既注意疾病的综合防制，减少疾病的发生，又突出疾病的类症鉴别，及时正确地诊断疾病，减少疾病的危害。全书注重系统性、科学性、实用性和先进性，内容重点突出，通俗易懂，不仅适用于鸡场兽医工作者阅读，也适用于饲养管理人员阅读，还可作为大专院校、农村函授及培训班的辅助教材和参考书。

　　由于水平有限，书中难免有不当之处，敬请广大读者批评指正。

编者
2018 年 1 月

目录 CONTENTS

第一章　鸡传染病的类症鉴别诊断及防治

一、禽流感（AI）

禽流感（欧洲鸡瘟、真性鸡瘟）是由 A 型流感病毒引起的一种急性、高度接触性和致病性传染病。高致病性禽流感病毒可引起鸡群中 100％的鸡发病，75％以上的病鸡死亡；无致病性禽流感病毒不引起任何症状，仅能从感染鸡的血清中检测到禽流感病毒抗体；温和性禽流感病毒感染，临床上表现精神沉郁，采食减少，有呼吸道症状，排黄色稀粪，产蛋下降，零星死亡。该病毒不仅血清型多，而且自然界中带毒动物多，毒株易变异，这为禽流感病的防治增加了难度。高致病性禽流感具有疫病传播快、发病致死率高、生产危害大的特点，给养鸡业带来巨大损失。

【病原】禽流感病毒是正黏科流感病毒属的成员，根据流感病毒核蛋白和基质蛋白的不同，流感病毒分 A、B、C 三型。A型主要感染鸡类，但人和多种陆生及水生哺乳动物、禽类带毒，B 型和 C 型主要感染人。

根据流感病毒的血凝素（HA）和神经转氨酸酶（NA）的抗原性差异，可以将 A 型流感病毒分为不同的亚型。A 型流感病毒的 HA 已发现 14 种（或 16 种），NA 有 9 种（或 10 种）。

根据 A 型流感病毒各亚型毒株对鸡类的致病力的不同，将流感病毒分为高致病性毒株、低致病性毒株和不致病毒株。在目前已知的 100 多个禽流感毒株中绝大多数是低致病力毒株，具有高致病力的毒株主要集中在 H_5、H_7 两个亚型，H_9 亚型的致病力和毒力也较强，但低于前两型。我国存在有 H_5N_1、H_9N_2 和 H_7N_2。

禽流感病毒对高温的耐受力差，56℃加热 3 分钟、60℃加热 10 分钟、70℃加热 2 分钟即可灭活。直射的阳光下 40～48 小时可灭活病毒。氢氧化钠、消毒灵、百毒杀、漂白粉、福尔马林、过氧乙酸等多种消毒剂在常用浓度下可有效杀灭病毒。堆积发酵家禽粪便，10～20 天可全部杀灭病毒；禽流感病毒对低温和潮湿有较强的抵抗力，存活时间较长。粪便中的病毒在 4℃温度下可存活 30～35 天，20℃下存活 7 天；病毒在冷冻的鸡肉和骨髓中可存活 10 个月。常可从有水禽活动的湖泊及池塘中的水中分离到禽流感病毒。

【流行病学】本病对许多家禽、野禽、哺乳动物及人类均能感染，在禽类中鸡与火鸡有高度的易感性，其次是珍珠鸡。流感病毒的变异率很高，即使同一毒株有的在短时间内发生变异，易感宿主的范围变宽。如国内鸡、鹅在 2000 年以前常携带病毒而不发病，但此后鸡、鹅也发生高致病力禽流感。

本病主要通过水平传播。可经过多种途径传播，如经消化道、呼吸道、眼结膜及皮肤损伤等途径传播，呼吸道、消化道是感染的最主要途径。人工感染途径包括鼻内、气管、结膜、皮下、肌肉、静脉内、口腔、气囊、腹腔、泄殖腔等。

本病的主要传染源是病禽和病尸，病毒存在于尸体血液、内脏组织、分泌物与排泄物中，被污染的禽舍、场地、用具、饲料、饮水等均可以成为传染源。病鸡鸡蛋内可以带毒，孵化出壳后立即死亡。病鸡在潜伏期内可以排毒。任何季节和任何日龄的鸡群都可发生。各种年龄、品种和性别的鸡群均可感染发病，以产蛋鸡易发。一年四季均可发生，但多暴发于冬季、春季，尤其是秋冬和冬春交界气候变化大的时候，刮风对此病的传播有促进作用。发病率和死亡率受多种因素影响，既与鸡的种类及易感性有关，又与毒株的毒力有关，还与年龄、性别、环境因素、饲养条件及并发病有关。

疫苗效果不确定：疫苗毒株血清型多，与野毒株不一致，免疫抑制病的普遍存在，免疫应答差，并发感染严重及疫苗的质量问题等使疫苗效果不确定。

临床症状复杂：混合感染、并发感染导致病重、诊断困难，影响愈后。

【临床症状】鸡感染禽流感的潜伏期由几个小时到几天不等，表现的症状因鸡种、年龄、毒株致病力、继发感染与否而不同。

1. 急性型

发病急，死亡突然；病鸡精神高度沉郁，采食量迅速下降或废绝，拉黄绿色稀粪；产蛋鸡的产蛋率急剧下降，由90%下降到20%甚至无蛋。蛋壳变化明显；呼吸困难；鸡冠、眼睑、肉髯水肿，鸡冠和肉髯边缘出现紫褐色坏死斑点，腿部鳞片有紫黑色血斑。

2. 温和型

采食量明显减少，饮水增多，饮水时不断从口角甩出黏液。精神沉郁，羽毛蓬乱，垂头缩颈，鼻分泌物增多，流鼻涕。眼结膜充血、流泪；鸡群发病的当天或第二天即表现出呼吸道症状，有呼噜、咳嗽、呼吸啰音，有呼吸困难、张口伸颈，每次呼吸发出尖叫声；有的症状较轻。病鸡腹泻、拉水样粪便、有带有未消化完全的饲料，有的拉灰绿色或黄绿色稀粪；产蛋率下降，蛋壳质量差。产蛋率下降幅度与感染毒株的毒力、鸡群发病的先后以及是否用过鸡流感疫苗有关。7～10天降到低点，病愈1～2周开始缓慢上升，恢复很慢。恢复期畸形蛋、小型蛋多，蛋清稀薄。软皮蛋、褪色蛋、白壳蛋、沙壳蛋、畸形蛋明显增多。

3. 慢性和隐性型

慢性鸡流感传播速度慢，逐渐蔓延。出现轻微的呼吸道症状，采食量减少 10% 左右，产蛋率下降 5%～10%，消化道症状不明显。褪色蛋和沙壳蛋多。隐性型无任何症状，不明原因产蛋下降 5%～40%。

【病理变化】气管黏膜充血、水肿并伴有浆液性到干酪性不等的渗出物，气囊增厚，内有纤维样或干酪样灰黄色的渗出物。口腔内有黏液，嗉囊内有大量酸臭的液体，腺胃肿胀，乳头出血，有脓性分泌物，肠道充血和出血，胰脏出血坏死（呈"链条状"）。严重病鸡群可见到各种浆膜和黏膜表面有小出血点，体内脂肪有点状或斑状出血。

【实验室诊断】做病原分离鉴定和血清学试验。血清学检查是诊断禽流感的特异性方法。

【鉴别诊断】

1. 禽流感与鸡新城疫的鉴别

[相似点] 禽流感与鸡新城疫均有体温高（43.3～44.4℃），萎靡不食、羽毛松乱、头翅下垂、冠髯暗红、鼻有分泌物、呼吸困难、发出"咯咯"声、腹泻、后期出现腿脚麻痹等临床症状以及腺胃、肌胃角质膜下出血、卵巢充血、脑充血、心冠脂肪有出血点等剖检病变。

[不同点] 鸡新城疫的病原为新城疫病毒，倒提病鸡时口中流出大量酸臭的黏液，头部水肿少见；禽流感病鸡头部常出现水肿，眼睑、肉髯极度肿胀。新城疫病鸡剖检后主要表现在消化道、呼吸道黏膜出血，肝脏、肺、腹膜等也呈现严重出血；禽流感剖检胰腺出血明显，呈"链条状"。

注意：在临床上最常见的是禽流感与新城疫混合感染，但是对于不同的鸡群，有的是以禽流感为主，有的是以新城疫为主，在均有卵泡变形出血的情况下如何做好鉴别诊断？一是观察腺胃和输卵管。如果腺胃黏膜覆盖一层用剪刀不易刮完的灰白色分泌物，输卵管肿胀变粗充血、出血，内有多量灰白色胶冻样分泌物，子宫水肿充血溃疡，同时脚部鳞片或鳞片下出血，以及泄殖腔出血，一般可以认为该病是以禽流感感染为主。二是检查腺胃和肠道。如果腺胃乳头清晰，在十二指肠的降部 1/2 处的下方、卵黄蒂下方 2～5 厘米处以及两个盲肠端相对应的回肠有隆起出血，直肠黏膜有点状或条状出血，泄殖腔和脚趾鳞片下未见出血，一般可以认为该病是以新城疫感染为主。

2. 禽流感与禽霍乱的鉴别

[相似点] 禽流感与禽霍乱均有体温高（43～44℃）、闭目、垂翅、冠髯紫红、呼吸困难等临床症状；并均有全身黏膜、浆膜出血等剖检病变。

[不同点] 禽霍乱一般只流行于个别鸡群或小范围地区，而禽流感则波及全村或更大范围；鸭、鹅对禽霍乱极易感染，而对禽流感则易感性低；在病状上，禽霍乱无神经症状，而偶见有关节炎表现，禽流感则可见到神经症状；剖检时禽霍乱无腺胃乳头出血，也无腺胃与肌胃交界处形成的出血环或出血带，禽流感则有此病变。

3. 禽流感与鸡传染性法氏囊病的鉴别

[相似点] 禽流感与鸡传染性法氏囊病均有精神不振、头翅下垂、腹泻等临床症状；并均有腺胃黏膜、肌胃角质膜下层出血等剖检病变。

[不同点] 鸡传染性法氏囊病的病原为鸡传染性法氏囊病病毒，主要侵害 2～4 周龄的雏鸡；病鸡体温升高不明显（仅升高 1～1.5℃，10 日后下降 1～2℃），自啄肛门，腹泻，粪便呈水样或白色黏稠样，微震颤，弓腰蹲伏，眼窝凹陷；剖检可见法氏囊肿大、出血；琼脂扩散试验阳性反应。禽流感无明显的年龄界限，病鸡头部常出现水肿，眼睑、肉髯极度肿胀。

4. 禽流感与鸡毒支原体感染（慢性呼吸道病）的鉴别

[相似点] 禽流感与鸡毒支原体感染均有打喷嚏、咳嗽、呼吸有啰音、流鼻液、结膜炎、流泪等临床症状。

[不同点] 鸡毒支原体感染的病原为鸡毒支原体，病鸡一侧或两侧眶下窦发炎。有关节炎，关节肿胀，跛行。剖检可见鼻

孔、鼻窦、气管、肺浆性黏性分泌物增多，气囊浑浊、有干酪样
分泌物，关节液黏稠如豆油，平板凝集试验呈阳性。

5. 禽流感与传染性喉气管炎的鉴别

［相似点］禽流感与传染性喉气管炎均有体温升高，呼吸困
难，气管中有分泌物以及蛋壳质量变化。

［不同点］传染性喉气管炎的病原是传染性喉气管炎病毒，
多发于大鸡，会咳出带血痰液，很少见到消化道症状，发病率
低，病死率高；禽流感在各年龄的鸡群中均可发生，兼有呼吸道
症状和消化道症状，发病率、病死率都很高。

6. 低致病性禽流感与减蛋综合征的鉴别

［相似点］低致病性禽流感与减蛋综合征均有引起蛋鸡产蛋
率突然下降和蛋壳颜色变浅或呈花斑状。

［不同点］减蛋综合征的病原是减蛋综合征病毒。病鸡没有
呼吸道症状和其他临诊症状，主要表现为产蛋量达不到高峰，产
出的蛋以畸形蛋、软壳蛋为主；产蛋鸡感染低致病性禽流感病毒
时会引起产蛋量急剧下降，有呼吸道炎症，死亡率不高。

7. 低致病性禽流感与成年鸡白痢的鉴别

［相似点］低致病性禽流感与成年鸡白痢都可引起蛋鸡的产
蛋率突然下降、卵泡变形以及卵泡充血、出血的病变。

［不同点］成年鸡白痢的病原是鸡白痢沙门菌。处于产蛋高
峰期的鸡群突然出现产蛋下降，且下降幅度比较大，甚至停产。
鸡群采食量下降，时而出现腹泻。鸡冠开始萎缩，颜色不新鲜，
上面经常可见到一些"白霜"，肉垂卷缩，并出现零星死亡。病
理剖检主要表现在卵泡和卵巢上，卵巢萎缩，成熟卵子较少。卵
泡发生变色（呈黑褐色、灰绿色、淡绿色、黄绿色、紫红色等）、
变形（呈梨形、三角形、不规则形等）和变性（呈水样、菜汤
样、油脂样等）的病变，严重者可见卵泡破裂，卵黄流入腹腔内
而引起卵黄性腹膜炎。

低致病性禽流感有呼吸道炎症。

8. 禽流感（急性呼吸道性）与传染性鼻炎的鉴别

[相似点] 禽流感（急性呼吸道性）与传染性鼻炎均有呼吸困难、流涕、流泪、脸肿、拉黄绿色稀便等临床表现。

[不同点] 传染性鼻炎的病原是副鸡嗜血杆菌，常见单侧眼睑肿胀，鼻腔有脓性分泌物，有甩头动作，而禽流感则无此症状。传染性鼻炎成年母鸡产蛋减少，发病率虽高，死亡率较低，尤其是在流行的早、中期，鸡群很少有死鸡出现，但在鸡群恢复阶段，死淘增加，却不见死亡高峰；主要病变为鼻腔和窦黏膜呈急性卡他性炎，黏膜充血肿胀，表面覆有大量黏液，窦内有渗出物凝块，后成为干酪样坏死物，常见卡他性结膜炎，结膜充血肿胀，脸部及肉髯皮下水肿。在消化道无禽流感的明显病变。

9. 禽流感与传染性支气管炎的鉴别

[相似点] 禽流感与传染性支气管炎均有体温升高、食欲不振，呼吸困难，蛋壳和蛋形异常等临床表现。

[不同点] 传染性支气管炎的病原是传染性支气管炎病毒，主要发生在雏鸡，不表现鸡冠及肉髯水肿、脚鳞出血等症状；成年鸡感染主要表现呼吸困难、咳嗽、喷嚏，气管有啰音；产蛋鸡的产蛋量下降 25%～50%，同时产软壳蛋、畸形蛋或粗壳蛋，蛋白稀薄如水，蛋白和蛋黄分离；病理解剖中主要是大支气管周围小面积的肺炎，气管内卡他或浆液性或干酪样的渗出物，产蛋鸡卵黄液化，而没有禽流感的消化肠道病变。如果是腺胃性传染性支气管炎，则肾脏为花斑肾，而禽流感则无此病变。

【防制】

1. 预防措施

（1）加强对禽流感流行的综合控制措施　不从疫区或疫病流行情况不明的地区引种或调入鲜活禽产品。控制外来人员和车辆进入养鸡场，确需进入则必须消毒；不混养家畜家禽；保持饮水卫生；粪尿污物无害化处理（家禽粪便和垫料堆积发酵或焚烧，堆积发酵不少于 20 天）；做好全面消毒工作。流行季节每天可用过氧乙酸、次氯酸钠等开展 1~2 次带鸡消毒和环境消毒，平时每 2~3 天带鸡消毒 1 次；病死禽不能在市场流通，进行无害化处理。

（2）增强机体的抵抗力　尽可能减少鸡的应激反应，在饮水或饲料中增加维生素 C 和维生素 E，提高鸡的抗应激能力。饲料新鲜、全价。提供适宜的温度、湿度、密度、光照；加强鸡舍通风换气，保持舍内空气新鲜；勤清粪便和打扫鸡舍及环境，保持生产环境清洁；做好大肠杆菌病、新城疫、传支病、霉形体病等病的预防工作。

（3）免疫接种。某一地区流行的禽流感只有一个血清型，接种单价疫苗是可行的，这样可有利于准确监控疫情。当发生区域不明确血清型时，可采用多价疫苗免疫。疫苗免疫后的保护期一般可达 6 个月，但为了保持可靠的免疫效果，通常每 3 个月应加强免疫 1 次。免疫程序：首免 5~15 日龄，每只 0.3 毫升，颈部皮下；二免 50~60 日龄，每只 0.5 毫升；三免开产前进行，每只 0.5 毫升；产蛋中期的 40~45 周龄可进行四免。

2. 发病后措施

鸡发生高致病性禽流感应坚决执行封锁、隔离、消毒、扑杀等措施；如发生中低致病力禽流感时每天可用过氧乙酸、次氯酸钠等消毒剂 1~2 次带鸡消毒并使用药物进行治疗。每 100 千克饲料拌病毒唑 10~20 克（或每 100 千克水 8~10 克）连续用药 4~5 天。或金刚烷胺按每千克体重 10~25 毫克饮水 4~5 天（产蛋鸡不宜用）。并用清瘟败毒散 0.5%~0.8% 拌料，连用 5~7 天。为控制继发感染，用 0.005%~0.01% 的恩诺沙星饮水 4~5 天；或强效阿莫仙（8~10 克/100 千克水）连用 4~5 天或强力霉素（8~10 克/100 千克水）连用 5~6 天。另外，每 100 千克水中加入维生素 C 50 克、维生素 E 15 克、糖 5000 克（特别是对采食量过少的鸡群）连饮 5~7 天，有利于疾病痊愈。产蛋鸡痊愈后使用增蛋高乐高、增蛋 001 等药物 4~5 周，促进输卵管愈合，增强产蛋功能，促使产蛋上升。

治疗时应注意：是新城疫还是禽流感不能立即诊断或诊断不准确时，切忌用新城疫疫苗紧急接种。疑似新城疫和禽流感并发时，办法是病毒唑 50 克＋水 500 千克连续饮用 3～4 天，并在水中加多溶速补液和抗菌药物，然后依据具体情况进行鸡新城疫疫苗紧急接种；如果环境温度过低时保持适宜的温度有利于疾病痊愈；禽流感容易与新城疫、法氏囊炎、大肠杆菌病和慢呼并发和继发，采取综合措施治疗。其原则是先治流感后治大肠杆菌病、慢呼和新城疫；病重时会出现或轻或重的肾脏肿大、红肿，可以使用治疗肾肿的草药如肾迪康、肾爽等 3～5 天；蛋鸡群病愈后注意观察淘汰低产鸡，减少饲料消耗。

二、鸡新城疫（ND）

鸡新城疫（鸡瘟）是由副黏病毒引起的一种主要侵害鸡和火鸡的急性、高度接触性和高度毁灭性的疾病。临床上表现为呼吸困难、下痢、神经症状、黏膜和浆膜出血，常呈败血症。鸡新城疫（ND）是国际兽疫局法定的上报类传染病。

【病原】新城疫病毒在分类上属于副黏病毒科副黏病毒属，成熟的病毒粒子近圆形，具有囊膜。据致病性分为低毒力株、中等毒力株和强毒力株。毒株对不同组织表现出亲嗜性，常见嗜内脏型和嗜肺脑型。大多数高强度毒株常常是嗜内脏型。病毒存在于病鸡的所有组织和器官内，包括病鸡的血液、分泌物和排泄物中，以脑、肺和脾的含量最多（分离病毒时多采用病鸡的肺、脾和脑作为接种材料）。病毒的抵抗力不强，容易被干燥、日光及腐败杀死。但在阴暗潮湿、寒冷的环境中，病毒可以生存很久，如 -20℃经几个月、-70℃经几年感染力不受影响。在掩埋的尸体和土壤中，能生存 1 个月。在室温或高温条件下，存活期较短，一般 60℃ 30 分钟、55℃ 45 分钟、100℃ 1 分钟即死亡。对化学消毒剂的抵抗力不强，如 2%氢氧化钠溶液、3%石炭酸溶液、1%臭药水和 1%来苏儿等消毒药液，3 分钟内都能杀死病毒。

【流行病学】所有鸡科动物都可以感染本病，不同类型鸡的感受性稍有差异。一般轻型蛋鸡的感受性较高。本病不分品种、年龄和性别，均可发生。病鸡是本病的主要传染源，在其症状出现前 24 小时可由口、鼻分泌物和粪便中排出病毒，在症状消失后 5～7 天停止排毒。轻症病鸡和临床健康的带毒鸡也是危险的传染源。传播途径是消化道和呼吸道，污染的饲料、饮水、空气和尘埃以及人和用具都可传染本病。现阶段出现了一些新的特点，如疫苗免疫保护期缩短，保护力下降；临床症状复杂，非典型 ND 呈多发趋势。典型病变的诊断价值下降，诊断困难；多呈混合感染，如与法氏囊病、禽流感、霉形体病、大肠杆菌病等混合感染；感染的宿主范围增多，出现了对鹅、鸡有强致病性的毒株；发病日龄越来越小，最小可见 10 日龄内的雏鸡发病；低温季节高发。鸡新城疫病毒有耐受低温的特性，冬春季光照时间短、强度弱，环境病原不易自然净化，加之低温可降低鸡呼吸道屏障功能，低温季节高发。

【临床症状】鸡新城疫的发病症状与病毒的毒力、数量、感染部位及鸡群的免疫水平有关。若环境病原数量多、毒力强、抗体水平低于保护值时，则必然引起暴发性流行和急性群体性死亡；若个体间的抗体水平差异大，则鸡群感染发病后，呈缓发流行和持续散在死亡。

1. 典型性鸡新城疫

根据病原侵嗜器官及引起生理障碍的不同，可将鸡新城疫分为如下类型。

嗜呼吸道型：发病急、传播快，病鸡冠髯紫红，张口喘气，引颈蛙鸣，有湿性啰音，常窒息而死亡。

嗜消化道型：嗉囊积液、积气，口流黏涎、味酸臭，腹泻或下痢，色黄绿、味恶臭；头颈部羽毛蓬乱逆立，缩头嗜睡，呻吟气喘。

嗜神经型：精神沉郁，伏卧嗜睡，反应迟钝；继而规律性震颤，阵发转圈或倒退运动，应激后癫痫样发作，常因共济失调而翻跟斗；濒死前伸腿侧卧，头颈扭曲，角弓反张；隔离饲养时，因环境安宁，能自由饮食，不易死亡，但无饲养效益。

混合型：整个病鸡群中，以上症状呈混杂发生，病程较长。

2. 典型性鸡新城疫

鸡新城疫症状不明显，产蛋鸡多表现为产蛋率骤然下降，小蛋、薄皮蛋、软壳蛋等异常蛋的数量增多，耗料减少，病鸡口鼻分泌物增加，轻度拉稀或呼吸异常；雏鸡精神沉郁，羽毛松乱，食欲减退，张口伸颈，咳嗽，呼吸时发出"呼噜"声，常做吞咽和甩头动作，拉黄绿色稀粪，病程长者可出现歪头扭脖、共济失调等神经症状。也有病鸡出现上下眼睑肿胀，结膜充血、出血等症状。

【病理变化】

1. 典型病理变化

主要病理变化表现为全身败血症，以呼吸道和消化道最为严重。嗉囊内充满酸臭液体及气体，口腔和咽喉附黏液，咽部黏膜充血，偶有出血。腺胃黏膜乳头的尖端或分散在黏膜上有出血点，特别是在腺胃和肌胃交界处出血更为明显。腺胃黏膜肿胀，肌胃角质层下有出血斑，有时形成粟粒状不规则的溃疡。小肠前段出血明显，尤其是十二指肠黏膜和浆膜出血。盲肠扁桃体肿大、出血和坏死，这种坏死呈岛屿状隆起于黏膜表面。呼吸道病变见于鼻腔及喉充满污浊的黏液和黏膜充血，偶有出血。气管内积有多量黏液，气管环出血明显。产蛋母鸡的卵泡和输卵管显著充血，卵泡膜极易破裂以致卵黄流入腹腔引起卵黄腹膜炎。肾多表现充血及水肿，输尿管内积有大量尿酸盐。病理变化与鸡群的免疫状态有关。有部分免疫力的鸡感染新城疫病毒后，出现轻微临诊症状，主要表现为呼吸系统和神经症状，腺胃出血不明显，病变检出率低，往往以非典型出现。

2. 非典型病理变化

鸡新城疫的非典型病变，多发生于免疫水平较低的鸡群，病程多呈渐进性。初期散发性死亡，若放任自然转归，亦可引起群

11

体性死亡。非典型性鸡新城疫有如下病变类型：上呼吸道病变，口腔、咽喉部和气管内有黏液，咽部和气管黏膜充血、出血；肠管病变，在肠管的不定部位，一处或多处出现局限性或弥漫性肠黏膜脱落，肠壁菲薄，呈杏黄色或橘红色黄染，病变肠段丧失蠕动功能，称为麻痹肠段；在十二指肠至回肠的不定部位，局部肠管常发生数量不等的泡状隆起，间隔发生或呈串珠状，泡内充满气体或黄色液体，临床上称为泡状肠段。

【实验室检查】利用病毒分离鉴定、血清学方法、直接的病毒抗原检测等实验室手段确诊。有肠和泄殖腔黏膜出血、盲肠扁桃体水肿或出血、胸腺出血、法氏囊水肿或出血、食道远端黏膜出血、心冠脂肪和心内膜出血等病变。

【鉴别诊断】

1. 鸡新城疫与禽流感的鉴别

[相似点] 鸡新城疫与禽流感均有体温高（43.3～44.4℃），萎靡不食，羽毛松乱，头翅下垂，冠髯暗红，鼻有分泌物，呼吸困难，发出"咯咯"声，腹泻，后期出现腿脚麻痹等症状；均有腺胃、肌胃角质膜下出血，卵巢充血，脑充血，心冠脂肪有出血点等剖检病变。

[不同点] 禽流感的病原是鸡 A 型流感病毒（AIV），病鸡会出现轻微或严重的呼吸困难，少数鸡出现头部、眼部肿胀，结膜炎，体温升高，冠、髯发绀。禽流感病鸡初期只是拉稀粪，中后期拉黄色粪、绿色粪或黄绿色粪，后期又有部分或少量鸡只拉橘黄色稀粪，死亡率很高，发展速度也很快。而新城疫病鸡是不会出现头部眼部肿胀的，也不出现拉橘黄色粪便和冠、髯发绀。对于 80 日龄之前的鸡只。无论是新城疫或是禽流感，胸腺都会出现有多少不等的出血点，但新城疫病引起的变化只是在前 1～4 对胸腺，禽流感一般是引起后几对胸腺的出血或肿大（产蛋鸡因为胸腺已经基本退化，就不能通过胸腺鉴别）。新城疫病鸡的盲肠扁桃体会出现严重的出血肿大，盲肠细段会出现 1 个或多个米粒样的突起并出血。禽流感只有部分鸡只引起盲肠扁桃体严重出

血，有部分出血不严重，有很大部分就不引起盲肠扁桃体出血，鸡盲肠细段不出现变化，胰腺出血明显，呈"链条状"。

当然，通过以上症状和病变的不同可以初步区别鸡新城疫和禽流感，但最终确诊还要通过实验室诊断方法。通过血凝和血凝抑制试验、ELISA、PCR 可以确定是否为新城疫；通过琼脂扩散试验可以诊断是否为 A 型禽流感，用血凝和血凝抑制试验可以确定其病毒的血清型。此外还可以通过禽流感新城疫病毒胶体金快速诊断试纸盒快速测定。

2. 鸡新城疫与禽霍乱的鉴别

[相似点] 鸡新城疫与禽霍乱均有体温高（43～44℃），闭目，垂翅，冠髯紫红，口鼻分泌物多，呼吸困难，拉稀、混有血液等临床症状；并均有全身黏膜、浆膜出血，心冠脂肪有出血点等剖检病变。

[不同点] 禽霍乱是由巴氏杆菌引起的，一般只流行于个别鸡群或小范围地区；鸡新城疫则波及更大范围。鸭一般不感染鸡新城疫，而对禽霍乱则极易感染。当在同一地区内鸡和鸭同时大批发病死亡，则可能是禽霍乱而不会是鸡新城疫。在病状上，鸡新城疫可见神经症状，禽霍乱则无此症状，而偶见有关节炎表现。禽霍乱病程短，多在 1～2 天内死亡，而鸡新城疫多于 3～5 天内死亡。禽霍乱死亡剖检，肝脏上有灰黄色坏死点，心包膜内见大量纤维蛋白渗出物，肠黏膜无溃疡；鸡新城疫肝脏无坏死点，心包膜内渗出物少，肠黏膜上多有溃疡。细菌学检查，禽霍乱可检出巴氏杆菌。

3. 鸡新城疫与鸡马立克氏病的鉴别

[相似点] 鸡新城疫与鸡马立克氏病均有羽毛松乱，精神萎靡，翅膀麻痹，运动失调，嗉囊扩张，采食困难，腹泻等临床症状。

[不同点] 鸡马立克氏病的神经型翅膀一侧或两侧麻痹，蹲伏时一腿向前伸，一腿向后伸（特征）。内脏型大批萎靡（特征），

几天后部分运动失调，一肢或双肢麻痹。眼型虹膜失去正常色素，瞳孔边缘不整齐。皮肤型翅、颈、背、尾上方皮肤有玉米至蚕豆大的肿瘤。剖检可见受害神经增粗并呈黄白、灰白色，各内脏有大小不等的灰白色质坚的肿块。将羽毛剪尖后放入琼脂外周检验孔内2～3天，羽毛与中央孔之间出现沉淀线（阳性反应）。

4. 鸡新城疫与鸡白痢的鉴别

[相似点] 鸡新城疫与鸡白痢均有羽毛松乱，精神萎靡，呼吸困难，腹泻等临床症状。

[不同点] 鸡白痢是由沙门菌引起的，主要发生于雏鸡，特点是排白色稀便，成年鸡较少而发病多为慢性，有时可见下痢、病鸡冠、髯贫血苍白，有时见腹部增大，但不见呼吸困难；慢性病例常见卵巢萎缩，卵黄变性，质硬色淡，有时形成囊包。细菌学检查，鸡白痢可检出鸡白痢沙门菌。鸡新城疫呼吸道症状严重，并有神经症状，剖检可见呼吸道和消化道严重出血。实验室检验鸡新城疫的病原是鸡新城疫病毒（NDV）。

5. 鸡新城疫与鸡传染性喉气管炎的鉴别

[相似点] 鸡新城疫与鸡传染性喉气管炎均有羽毛凌乱，精神萎靡，冠髯发紫，鼻流黏液，张口呼吸，发出"咯咯"声，排绿色稀便等临床症状。

[不同点] 传染性喉气管炎的病原为喉气管炎病毒（LTV）。传染快，发病率高，但死亡率不高。咳嗽、呼吸极为困难，伸颈张口呼吸，发出极响的喘鸣音，并会咳出血样分泌物，喉头常有凝固物堵塞，但无拉稀及神经症状。传染性喉气管炎病鸡有半透明状鼻液，眼流泪，伴有结膜炎，上下眼睑粘连，病理变化局限于气管和喉部，呈出血性或假膜性气管炎和喉气管炎病症。鸡新城疫无伸颈张口呼吸，无结膜炎症状。

6. 鸡新城疫与雏鸡传染性支气管炎的鉴别

[相似点] 鸡新城疫与雏鸡传染性支气管炎均有眼流泪，有呼噜、呼吸道啰音，产蛋鸡产蛋下降，呼吸道黏膜充血、出血等

呼吸道症状。

［**不同点**］鸡传染性支气管炎的病原为鸡传染性支气管炎病毒（IB）。有蛋壳质量变差，小蛋、畸形蛋增多，蛋清稀薄如水样，拉白色像石灰水样稀便，肾肿大，泄殖腔有白色尿酸盐沉积等特征性症状和病变。通过这些不同可以区分鸡新城疫和传染性支气管炎。

7. 鸡新城疫和传染性鼻炎的鉴别

［**相似点**］鸡新城疫和传染性鼻炎均有呼吸道症状。

［**不同点**］传染性鼻炎是由副鸡嗜血杆菌所引起的鸡的急性呼吸系统疾病；潜伏期极短，自然感染的潜伏期仅为 1～3 天；主要症状为鼻腔与窦发炎，流鼻涕，脸部肿胀和打喷嚏，眼睑和肉髯水肿，眼结膜充血发炎；病鸡内脏无肉眼可见的病变。

鸡新城疫的潜伏期长，速发型的也在 2～5 天以上；无颜面浮肿、眼睑和肉髯水肿及眼结膜充血发炎现象；病鸡的肠、胃均有明显病变。

8. 鸡新城疫和慢性呼吸道病的鉴别

［**相似点**］鸡新城疫和慢性呼吸道病均有呼吸困难，呼吸有啰音，咳嗽，产蛋下降等症状。

［**不同点**］鸡慢性呼吸道病是由鸡支原体引起的一种慢性呼吸道传染病。本病呈慢性经过，有不少病例呈轻症经过，几乎不被人所注意。病鸡频繁摇头、喷嚏、咳嗽，并有呼吸道啰音。慢性呼吸道病鸡眼观可见鼻腔、气管、支气管和气囊内含有浑浊的黏稠渗出物，同时有气囊炎、胸膜炎、肺炎、纤维素性肝被膜炎和心包炎等。

鸡新城疫的病程要短得多，病鸡无内脏浆膜炎症现象。

9. 鸡新城疫与传染性法氏囊病的鉴别

［**相似点**］鸡新城疫与鸡传染性法氏囊病均有精神状态不好，食欲不良，腹泻，法氏囊的出血、坏死及干酪样物，也见到腺胃及盲肠扁桃体的出血。

[**不同点**] 传染性法氏囊病是由传染性法氏囊病毒引起的，主要发生在3~6周龄的雏鸡，病鸡排出白色水样粪便，法氏囊出血明显，可见黄色胶冻样水肿，耐过鸡可见法氏囊的萎缩和土黄色，可见腿部肌肉和胸部肌肉明显出血，呈斑点或条状，无呼吸道症状。

鸡新城疫不同日龄的鸡都具有易感性，多有呼吸道症状和神经症状。腺胃黏膜出血点多在腺胃乳头上，耐过鸡不见法氏囊的萎缩和土黄色。取鸡胚尿囊液做血凝试验和血凝抑制试验，尿囊液能凝集鸡的红细胞，且新城疫免疫血清能抑制这种凝集作用。

10. 鸡新城疫和减蛋综合征的鉴别

[**相似点**] 速发型鸡新城疫和减蛋综合征均有产蛋量急剧下降，产蛋高峰上不去，软壳蛋、无壳蛋、畸形蛋、小蛋数量增多，拉稀等现象。

[**不同点**] 减蛋综合征病是由减蛋综合征病毒引起的，鸡外观正常，病初，蛋壳色素消失，软壳或无壳蛋、畸形蛋数量增多，产蛋量急剧下降，同时病鸡所产蛋的品质急骤下降，破壳率增高，蛋黄颜色变淡，蛋清呈现水样或蛋清中混有血液及异物是减蛋综合征在鸡蛋品质方面的特征变化。

11. 鸡新城疫与鸡传染性脑脊髓炎的鉴别

[**相似点**] 鸡新城疫与鸡传染性脑脊髓炎均有神经症状和产蛋下降。

[**不同点**] 鸡脑脊髓炎是由鸡传染性脑脊髓炎病毒引起的主要侵害雏鸡的传染病，雏鸡以共济失调和快速震颤特别是头部震颤为特征，成年鸡感染后除产蛋率急剧下降外不表现其他症状；剖检没有可见的肉眼病变。鸡新城疫能引起各种年龄的鸡出现明显的临床症状，除神经症状和产蛋率下降外，还可见呼吸道症状及黄绿色、黄白色稀便，剖检可见消化道及其他一些内脏器官有明显的肉眼变化。

12. 鸡新城疫与禽亚利桑那菌病的鉴别

[**相似点**] 鸡新城疫与禽亚利桑那菌病均有传染性，体温高，

萎靡，食欲不振，羽毛松乱，翅下垂，下痢，粪黄绿色，头歪曲，运动失调，啄食不准确。

[**不同点**] 禽亚利桑那菌病的病原为亚利桑那菌。大鸡感染不出现症状，结膜炎有白色分泌物，眼睑肿大几倍，角膜浑浊，严重失明。剖检可见腹膜炎，卵黄吸收不良，肝肿大发炎，有淡黄色斑点。盲肠有干酪样物。胆囊肿大几倍，充满黏稠液。从死胚肝、脾、心血、卵黄囊蛋壳膜可分离到亚利桑那菌。

13. 鸡新城疫与鸡肌胃糜烂病的鉴别

[**相似点**] 鸡新城疫与鸡肌胃糜烂病均羽毛松乱，厌食，闭目缩颈，嗉囊胀满、有液体，倒提时从口中流出液体，拉稀。

[**不同点**] 鸡肌胃糜烂病的病因是因吃超量鱼粉而发病。从口中流出墨色液体，喙、趾黄色消失，排黑褐色稀粪。剖检可见嗉囊充满黑色液体，腺胃壁增厚、乳头突起、有黑色黏液。肌胃体积增大，胃壁变薄松软，内容物呈黑褐色。病初胃肌有出血点，后有糜烂，甚至穿孔。饲料停喂 2～5 天即可使发病率减少和症状减轻。

14. 鸡新城疫与其他神经疾病的鉴别

[**相似点**] 鸡新城疫与鸡脑脊髓炎、神经性白血病、食盐中毒、维生素 A、B 族维生素、维生素 D、维生素 E 缺乏症以及药物中毒，均可出现神经症状。

[**不同点**] 鸡脑脊髓炎、神经性白血病、食盐中毒、维生素 A、B 族维生素、维生素 D、维生素 E 缺乏症以及药物中毒一般无呼吸、消化器官症状。

【**防制**】

1. 预防措施

（1）加强管理 科学饲养管理，做好鸡场的隔离和卫生工作，严格消毒管理，减少环境应激，减少疫病传播机会，增强机体的抵抗力；定期进行抗体检测。通过血清学的检测手段，可以及时了解鸡群安全状况和所处的免疫状态，便于科学制订免疫程

17

序，并有利于考核免疫效果和发现疫情动态；控制好其他疾病的发生，如传染性法氏囊炎、鸡痘、慢性呼吸道病、大肠杆菌病、传染性喉气管炎和传染性鼻炎的发生。

（2）科学免疫接种　首次免疫至关重要，首免时间要适宜。最好通过检测母源抗体水平或根据种鸡群的免疫情况来确定。没有检测条件的一般在7～10日龄首次免疫；首免可使用弱毒活苗（如Ⅱ、Ⅳ、克隆-30）滴鼻、点眼。由于新城疫病毒的毒力变异，可以选用多价的新城疫灭活苗和弱毒苗配合使用，效果更好。黏膜局部抗体可以阻止新城疫病毒在呼吸道黏膜上定居和繁殖，防止新城疫的发生。生产中存在血液抗体水平较高仍发生新城疫的情况，许多试验证明与局部抗体缺乏有密切的关系。所以应注意利用气雾、滴鼻、点眼等途径提高局部抗体水平。

2. 发病后措施

（1）隔离饲养，紧急消毒　一旦发生本病，采取隔离饲养措施，防止疫情扩大；对鸡舍和鸡场环境以及用具进行彻底的消毒，每天进行1～2次带鸡消毒；垃圾、粪污、病死鸡和剩余的饲料进行无害化处理；不准病死鸡出售流通；病愈后对全场进行全面彻底的消毒。

（2）紧急免疫或应用血清及其制品　发生ND时，最好用4倍量Ⅰ系苗饮水，每月1次，直至淘汰。或用Ⅳ系、Ⅱ系苗做2～3倍肌注，使其尽快产生坚强的免疫力；发病青年鸡和雏鸡应用Ⅰ系苗或克隆30进行滴鼻或紧急免疫注射，同时注射灭活苗0.5～1头份，使参差不齐的抗体效价水平得以提高并达到相对均衡，从而控制疫情。若为强毒感染，则应按重大疫情发生后的方法处理；或在发病早期注射抗ND血清、卵黄抗体（2～3毫升/千克体重），可以减轻症状和降低死亡率；还可注射由高免卵黄液透析、纯化制成的抗NDV因子进行治疗，以提高鸡体的免疫功能，清除进入体内的病毒。

（3）ND的辅助治疗　紧急免疫接种2天后，连续5天应用病毒灵、病毒唑、恩诺沙星或草药制剂等药物进行对症辅助治疗，以抑制 NDV 的繁殖和防止继发感染。同时，在饲料中添加蛋白质、多维素等营养，以提高鸡体的非特异性免疫力；与大肠杆菌或支原体等病原混合感染时的辅助治疗方案：清瘟败毒散或瘟毒速克拌料 2500 克/1000 千克，连用 5 天；四环素类（强力霉素 1 克/10 千克或新强力霉素 1 克/10 千克）饮水或支大双杀（含左旋氧氟沙星，克林霉素）混饮（100 克/300 千克水）连用 3～5 天；同时水中加入速溶多维饮水。

三、马立克氏病（MD）

鸡马立克氏病是由鸡马立克氏病病毒引起的一种淋巴组织增生性疾病，具有很强的传染性，以引起外周神经、内脏器官、肌肉、皮肤、虹膜等部位发生淋巴细胞样细胞浸润并发展为淋巴瘤为特征。到目前为止，虽有多种疫苗用于防治，但免疫失败时有发生。本病由于具有早期感染后期发病和发病后无有效治疗方法的特点，所以危害性更大，预防工作尤显重要。

【病原】马立克氏病病毒（MDV）是 α-疱疹病毒。MDV 分三个血清型：Ⅰ型（致瘤的 MDV）、Ⅱ型（不致瘤的 MDV）、Ⅲ型（火鸡疱疹病毒的 HVT）。游离病毒对外界环境有很强的抵抗力，病鸡粪便与垫草中的病毒在室温条件下 16 周仍有传染性，在干燥的羽毛中的病毒，室温下保存 8 个月仍有传染性。但常用的化学消毒剂可使病毒失活。

【流行病学】鸡是最重要的自然宿主。不同品种、品系的鸡均能感染，但抵抗力差异很大。年龄上，1～3 月龄鸡的感染率最高，死亡率为 50%～80%，随着鸡月龄的增加，感染率会逐渐下降。刚出壳雏鸡的感染率是 50 日龄鸡的 1000 倍。性别上，母鸡比公鸡更易感。本病一年四季都可发生，但以夏秋季节多发。蛋鸡特别是白壳蛋鸡更易发。

本病的传染源是病鸡和带毒鸡，病毒存在于病鸡的分泌物、排泄物、脱落的羽毛和皮屑中。病毒可通过空气传播，也可通过消化道感染。普遍认为本病不发生垂直传播，但存在于羽毛根部或皮屑的病原可污染种蛋外壳、垫料、尘埃、粪便而具有感染性。

发病率和死亡率视免疫情况、饲养管理措施和 MDV 毒力强弱而差异很大。孵化场污染、育雏舍清洁消毒不彻底、育雏温度不适宜和舍内空气污浊等都可以加剧本病的感染和发生。现在出现的强毒力和强强毒力毒株加速了本病的感染发病。一般来说死亡率和发病率相等。如不使用疫苗，鸡群的损失可从几只到 25%～30%，间或可高达 60%，接种疫苗后可把损失减少到 5% 以下。

【临床表现】本病的潜伏期很长，种鸡和产蛋鸡常在 16～22 周龄（现在有报道发病提前）出现临诊症状，可迟至 24～30 周龄或 60 周龄以上。MD 的症状随病理类型的不同而异，但各型均有食欲减退、生长发育停滞、精神萎靡、软弱、进行性消瘦等共同特征。

1. 神经型

最常见的是腿、翅的不对称性麻痹，出现单侧性翅下垂和腿的劈叉姿势。颈部神经受损时可见鸡头部低垂、颈向一侧歪斜，迷走神经受害时，出现嗉囊扩张或呼吸急促。最常受侵害的神经有腰荐神经丛、坐骨神经、臂神经、迷走神经等。这种损害常是一侧性的，表现为神经纤维肿大、失去光泽、颜色由白色变为灰黄色或淡黄色，横纹消失，有的神经纤维发生水肿。此外常伴发水肿。

2. 内脏型

病鸡精神委顿，食欲减退，羽毛松乱，粪便稀薄，病鸡逐渐消瘦死亡。严重者触摸腹部感到肝脏肿大。

3. 皮肤型

毛囊周围肿大和硬度增加，个别鸡皮肤上出现弥漫样肿胀或结节样肿物。瞳孔边缘不整呈锯齿状，虹膜色素减退甚至消失。镜检可见眼组织单核细胞、淋巴细胞、浆细胞和网状细胞浸润。

4. 眼型

视力减退以至失明，出现灰眼或瞳孔边缘不整如锯齿样。皮肤出现的病变既有肿瘤性的，也有炎症性的。眼观特征为皮肤毛囊肿大，镜下除在羽毛囊周围组织发现大量单核细胞浸润外，真皮内还可见血管周围淋巴细胞、浆细胞等增生。

【病理变化】

1. 神经型

通常可以在一根或许多外周神经和脊神经根或神经节找到病变。患神经型马立克氏病时，除神经组织明显受损外，性腺、肝、脾、肾等也同时受到损害，并有肿瘤形成。

2. 内脏型

以内脏受损和出现肿瘤为特点，常见于性腺、心、肺、肝、肾、腺胃、胰等器官。肿瘤块大小不等，灰白色，质地坚硬而致密。镜检可见多形态的淋巴细胞，瘤细胞核分裂现象。

3. 皮肤型

皮肤性肿瘤大部分以羽毛为中心，呈半球状突出于皮肤表面，也有的在羽毛之间，与相邻的肿瘤融合成血块，严重的形成淡褐色结痂。

【实验室检查】 采用病毒分离、细胞培养、琼脂扩散、荧光抗体法、ELISA 以及核酸探针等方法确诊。

【鉴别诊断】

1. 鸡马立克氏病与鸡新城疫的鉴别

[**相似点**] 鸡马立克氏病与鸡新城疫均有羽毛松乱，精神萎靡，翅膀麻痹，运动失调，嗉囊扩张，采食困难，腹泻等临床症状。

[**不同点**] 鸡新城疫发病快，死亡率高，呼吸道症状明显，消化道出血严重，各器官很少出现肿瘤；鸡马立克氏病潜伏期长，表现出零散发病，且各器官肿瘤病变明显。

2. 鸡马立克氏病与鸡传染性法氏囊病的鉴别

[**相似点**] 鸡马立克氏病与鸡传染性法氏囊病均有体温高，走路摇晃，步态不稳，减食，低头，翅下垂，脱水等临床症状。

[**不同点**] 鸡传染性法氏囊病的病原为传染性法氏囊病病毒（IBDV），3～6月龄最易发生，常见病鸡自啄肛门周围羽毛，并出现腹泻。后期病鸡有冷感、趾爪干燥等临床症状。剖检可见法氏囊肿大2～3倍，囊壁增厚3～4倍，质硬，外形变圆、呈浅黄色，或黏膜皱褶上出血，浆膜水肿。胸肌色暗，大腿侧肌、翅皮下、心肌、肠黏膜、肌胃黏膜下有出血斑，琼脂扩散试验出现沉淀线（阳性反应）。

3. 鸡马立克氏病与鸡淋巴细胞白血病的鉴别

[**相似点**] 鸡马立克氏病与鸡淋巴细胞白血病均有精神萎靡，食欲不振，腹部膨大，消瘦，冠髯苍白等临床症状。

[**不同点**] 鸡淋巴细胞白血病在鸡4月龄发生，6～18月龄为主要发病期，法氏囊出现结节性肿瘤，但不表现神经麻痹和"灰眼"症状。鸡马立克氏病大多发生于2～5月龄，内脏型经常引起法氏囊萎缩，个别病例法氏囊壁增厚，但无肿瘤。

4. 鸡马立克氏病与鸡网状内皮组织增生病的鉴别

[**相似点**] 鸡马立克氏病与鸡网状内皮组织增生病均有精神萎靡，食欲不振，消瘦，冠髯苍白等临床症状；并均有法氏囊萎缩，一些内脏结节性增生等病理变化。

[**不同点**] 鸡网状内皮组织增生病的病原为网状内皮组织增生病毒（REV）。病鸡生长停滞，羽毛生长不正常，躯干部位羽小支紧贴羽干。法氏囊滤泡缩小，淋巴细胞减少，胸腺萎缩、充血、出血、水肿。在96孔细胞培养板上用间接荧光抗体方法敏感性极高。

5. 鸡马立克氏病与鸡脑脊髓炎的鉴别

[**相似点**] 鸡马立克氏病与鸡脑脊髓炎均有共济失调，双肢麻痹，脱水，消瘦等临床症状；剖检均可见神经病变。

[**不同点**] 鸡脑脊髓炎的病原为鸡脑脊髓炎病毒（AEV），雏鸡出壳数天即陆续发病，常以跗关节着地，头颈部震颤，眼晶体浑浊，失明，脑血管充血、出血。中枢神经元变性、肿大，树

突和轴突消失。外周神经无病变。用荧光抗体试验（FA），阳性鸡的组织中可见黄绿色荧光。

【防制】

1. 预防措施

（1）加强环境消毒　加强对种蛋、孵化器和孵化室的消毒；育雏前对育雏舍进行彻底的清扫和熏蒸消毒。

（2）加强饲养管理　成鸡和雏鸡应分开饲养，最好采用封闭育雏，以减少病毒感染的机会；育雏期保持温度、湿度适宜和稳定（育雏温度不稳定，忽高忽低或过低可以引起 MD 爆发）；避免密度过大，进行良好的通风换气，减少环境应激；饲料要优质，避免霉变，营养全面平衡。定期进行药物驱虫，特别要加强对球虫病的防治。

（3）免疫接种　1 日龄雏鸡用鸡马立克氏病"814"弱毒疫苗，免疫期 18 个月或鸡马立克氏病弱毒双价（CA126＋SB1）疫苗，此苗预防超强毒鸡马立克氏病的效果尤为明显，免疫期 1.5年。用法同"814"弱病毒苗。马立克氏病免疫应在出壳后 24 小时内接种，在 14 日龄左右进行二免。有条件的鸡场可在鸡胚 18日龄进行胚胎接种。疫苗接种时要注意疫苗质量优良，剂量准确，注射确切，稀释方法正确，在要求的时间内用完疫苗。

2. 发病后措施

发病后无治疗药物。

防制马立克氏病时应注意以下内容。

（1）防止 MDV 野毒早期感染　雏鸡出壳进行马立克氏病疫苗免疫后，需要 12～15 天时间才能建立充分的免疫作用。在此期间极易感染外界环境中的 MDV 野毒，致 MD 免疫失败。日龄越小，感染率越高。1 日龄的易感性比成年鸡大 1000～10000倍，比 50 日龄鸡大 12 倍。因此，育雏室进雏前应彻底清扫、用福尔马林熏蒸消毒并空舍 1～2 周。育雏期（特别是育雏前期）必须与成年鸡分开饲养，最好采取封闭饲养，每天带鸡消毒 1 次

（育雏后期可每周带鸡消毒 2~3 次），严格隔离，以防感染。

（2）同源母源抗体对细胞结合性和非细胞结合性疫苗有干扰作用　非细胞结合性疫苗，如火鸡疱疹病毒（HVT）冻干苗易被母源抗体所中和。解决这个问题的方法：一是细胞结合性疫苗代替非细胞结合性疫苗；二是增加疫苗的剂量，以补偿母源抗体的中和作用；三是种鸡与子代免疫应选择不同血清型的疫苗以避免母源抗体的干扰。另外，应严格按说明书上的要求运送和保存疫苗。使用时要用相应的稀释液进行稀释，现用现配。有条件的地方可将稀释好的疫苗放置冰浴中。疫苗一经稀释应在 1 小时内用完。在马立克氏病高发地区，或环境污染严重的鸡场或怀疑有超强毒力的 MDV 存在时，可更换疫苗种类，选用双价苗或多价苗。

（3）防止早期其他病原体（如传染性腔上囊病毒、网状内皮组织增生症病毒、鸡传染性贫血因子、鸡白痢沙门杆菌等）干扰 MD 疫苗的免疫作用　特别是在疫苗的免疫保护力尚未建立前，这些病原体可导致 MD 免疫失败。

（4）根据情况确定是否进行二次免疫　如果孵化场卫生洁净，使用的是多价苗且免疫确切，一般不用二免，否则最好在 10~14 天进行二免。如果本地区或本场马立克氏病频发，也要进行二免。

（5）实行全进全出的饲养制度　绝对避免不同日龄的鸡群混养。

四、鸡传染性法氏囊病（IBD）

鸡传染性法氏囊病是由传染性法氏囊病毒引起的一种主要危害雏鸡的免疫抑制性、高度接触性传染病，以高度萎靡、昏睡、饮水增多、排白色水样粪便为症状，以胸、腿部肌肉出血、法氏囊水肿为病变特征。OIE 将其列为 B 类疫病。主要侵害 2~15 周龄的鸡，其中以 3~6 周龄的雏鸡多发。突然发病、病程短、发病率高、法氏囊受损和鸡体免疫机能受抑制，本病对养鸡业造成巨大的损失，一方面是鸡只死亡率、淘汰率增加和影响增重的直接损失；另一方面是免疫抑制，增加了患病鸡对多种病原的易感性。

【病原】病原是双核糖核酸病毒。它能在易感鸡胚的绒毛尿囊膜上生长，病毒粒子的直径为55～60纳米，无囊膜。病毒的抵抗力强，对一般的酸性消毒药能耐受，对温度和紫外线有一定的抵抗力，能持久的存在于鸡舍内。碱性消毒药能较快杀灭。1％石炭酸、甲醇、福尔马林或70％的酒精处理1小时可杀死病毒。3％石炭酸、甲醇处理30分钟也可灭活病毒。0.5％的氯化铵作用10分钟能杀死病毒。

【流行病学】本病只有鸡感染发病，其易感性与鸡法氏囊的发育阶段有关，2～15周龄易感。其中2～3周龄最易感，法氏囊退化的成年鸡只发生隐形感染。病鸡和阴性感染的鸡是本病的主要传染来源，被污染的饲料、饮水和环境也可以传播易感鸡只。本病通过呼吸道、消化道、眼结膜高度接触传染。吸血昆虫和老鼠带毒也是传染媒介。发病突然，发病率高，呈特征性的尖峰式死亡曲线，痊愈也快。死亡率一般为3％～15％，最高可以达到40％。本病发生后常继发球虫病和大肠杆菌病。目前表现的一些新特点如下。

（1）病毒的毒力在不断的增强　现在已经出现强毒株（vIBDV）和超强毒株（vvIBDV）。

（2）发病日龄明显变宽，病程延长　最早1日龄，最晚产蛋鸡都可发病（传统是2～15周），3～5周是最易感期；病程有的可达2周以上。

（3）症状和病变不典型，出现亚临床症状　幼雏畏寒怕冷，拉白色稀粪，肌肉出血明显，法氏囊仅轻度出血、水肿。发病率低，死淘率高。3～5周龄发病有50％的鸡群症状不典型，仅表现食欲减退，精神沉郁，粪稍软白，肌肉不出血，法氏囊缺乏特征病变，发病死亡率低，良好的饲养管理可以不治而愈。育成和产蛋鸡多为散发，拉稀、病鸡脱水、肌肉出血、肾肿大、法氏囊明显肿胀。

（4）免疫鸡群仍然发病　如母源抗体水平较高时免疫而被中和出现了人为的免疫空白期、超强毒株和变异株感染以及鸡群正处于法氏囊病毒感染的潜伏期等，使免疫失败。

（5）发病有明显的季节性　每年的4～10月多发生，特别是夏、秋季多发（这是由于温度高、湿度大，鸡群还未进行法氏囊病免疫就已经发生球虫病，造成严重的免疫抑制；夏秋季节玉米、花生粕等饲料容易霉变，产生黄曲霉毒素，影响法氏囊的免疫效果；部分地区饲料中缺硒，引起鸡的硒缺乏症而影响鸡群的免疫应答；夏秋季节有一种小粉壳甲虫可以传播法氏囊病毒，增加了传染性法氏囊病的传播机会）。

（6）并发症、继发症明显增多　新城疫、慢性呼吸道病、大肠杆菌、曲霉菌病并发感染。危害严重。免疫抑制易继发新城疫、慢性呼吸道病、马立克氏病、传染性贫血、曲霉菌病、盲肠肝炎等。

【临床表现】在易感鸡群中，本病往往突然发生，潜伏期短，感染后2～3天出现临床症状。病鸡下痢，排浅白色或淡绿色稀粪，粪便中常含有尿酸盐，肛门周围的羽毛被粪污染或沾污泥土。病鸡食欲减退，畏寒，精神委顿，头下垂，眼睑闭合，羽毛无光泽、蓬松，严重者脱水干瘪，最后衰竭死亡。5～7天达到高峰，以后开始下降。病程一般为5～7天，长的可达2～3周。本病发生快，痊愈也快。

本病在初次发病的鸡场，多呈显性感染，症状典型。一旦爆发流行后，多出现亚临床症状，死亡率低，常不易引起人们的注意，但由于其产生的免疫抑制严重，因此危害性更大。

【病理变化】病死鸡呈现脱水、胸肌发暗，股部和腿部肌肉出血，呈斑点或条状。腺胃和肌胃交界处有出血斑或散在出血点。肠道内黏液增加，肾脏肿大、苍白，有尿酸盐沉积。法氏囊浆膜呈胶冻样肿胀，有的法氏囊可肿大2～3倍，呈点状或出血斑，严重者其内充满血块，外观呈紫色葡萄状。病程长的法氏囊萎缩。

【实验室检查】根据该病的流行病学、临床症状（迅速发病、高发病率、有明显的尖峰死亡曲线和迅速康复）和肉眼可见的病理变化可初步做出诊断，确诊需根据病毒分离鉴定及血清学试验。

【鉴别诊断】法氏囊是鸡的免疫器官，许多急性传染病以及接种法氏囊炎弱毒苗都能引起法氏囊轻度充血和有少量渗出物，某些健康鸡也有这种现象，对此须积累解剖经验，防止误诊为法氏囊病。

1. 鸡传染性法氏囊病与鸡新城疫的鉴别

［相似点］鸡传染性法氏囊病与鸡新城疫感染发病鸡均有精神状态不好，食欲不良，法氏囊的出血、坏死及干酪样物，也见到腺胃及盲肠扁桃体的出血。

［不同点］鸡新城疫腺胃黏膜出血点多在腺胃乳头上，法氏囊不见黄色胶冻样水肿，耐过鸡也不见法氏囊的萎缩和土黄色，而且多有呼吸道症状和神经症状。取鸡胚尿囊液做血凝试验和血凝抑制试验，尿囊液能凝集鸡的红细胞，且新城疫免疫血清能抑制这种凝集作用。鸡传染法氏囊病除法氏囊病变外，可见腿部肌肉和胸部肌肉明显出血，呈斑点或条状。

2. 鸡传染性法氏囊病与鸡马立克氏病的鉴别

［相似点］鸡传染性法氏囊病与鸡马立克氏病病鸡均有体温高、精神不振、运动失调、步态不稳、头翅下垂、脱水等临床症状；剖检时均可见法氏囊肿大等病变。

［不同点］鸡马立克氏病的病原是鸡马立克氏病病毒（MDV）。3～4周龄的鸡即可发病，而以8～9周龄发病严重。神经型坐骨神经受侵时常以一侧轻一侧重，不全麻痹，蹲伏时一肢向前伸一肢向后伸（特征）。臂神经受侵时翅下垂，受侵颈头垂颈斜。内脏型委顿，共济失调，一肢或双肢麻痹，消瘦脱水。眼型视力减退，虹膜消失，瞳孔不整齐。皮肤型皮肤有玉米至蚕豆大肿瘤。剖检可见各内脏器官有大小不等的肿瘤。用腋下羽毛尖与马立克血清做琼脂扩散试验显现沉淀线。发病缓慢，病程长。

鸡传染性法氏囊病发病突然，无蹲伏时一肢向前伸一肢向后伸（劈叉型），剖检时可见法氏囊出血明显，胸部、腿部肌肉出血明显。

3. 鸡传染性法氏囊病与鸡淋巴细胞白血病的鉴别

[相似点] 鸡传染性法氏囊病与鸡淋巴细胞白血病病鸡均有精神不振，嗜睡，减食，腹泻等临床症状；剖检时均可见法氏囊肿大等病变。

[不同点] 鸡淋巴细胞白血病的病原是鸡淋巴细胞白血病病毒（ALV）。育成鸡或成年鸡阶段发病，呈散发，该病进行性消瘦，腹部膨大（肝脾均肿大），剖检可见肝、脾肿大 3～4 倍，皮下毛囊局部或广泛出血，法氏囊切开可见小结节病灶。脾有针尖至鸡蛋大的肿瘤。肝肿大几倍，呈灰白色且质脆。用葡萄球菌 A 蛋白酶联免疫吸附试验（PPA-ELISA）阳性。

传染性法氏囊病主要发生在雏鸡阶段，呈流行性，传播快，发病率高，短期脱水严重。剖检法氏囊出血严重。

4. 鸡传染性法氏囊病与禽流行性感冒的鉴别

[相似点] 鸡传染性法氏囊病与禽流行性感冒均有传染性，体温高，头翅下垂，腹泻。剖检可见腺胃黏膜和肌胃角质膜下层出血。

[不同点] 禽流行性感冒的病原为 A 型流感病毒（AIV）。体温 43.3～44.4℃，不会迅速下降，头、颈、声门水肿，呼吸困难，常发出"咯咯"声，眼结膜充血肿胀，稀粪呈灰色、绿色、红色。后期头腿麻痹，冠髯黑红。剖检可见口腔、十二指肠黏膜充血，鼻、咽有红色分泌物，眼睑、肉髯、颈、胸肿胀，组织呈淡黄色。肝肿大淤血，肝、脾、肾、肺有小坏死灶。腹膜、心包充血，有积液。病毒与马、驴、骡、绵羊、山羊的红细胞凝集反应呈阳性。

5. 鸡传染性法氏囊病与鸡白痢的鉴别

[相似点] 鸡传染性法氏囊病与鸡白痢病鸡均有食欲减退，

精神不振，闭眼缩颈，翅下垂，羽毛松乱，排白色稀便等临床症状。

［不同点］鸡白痢的病原为白痢沙门菌。出壳后即发现有病，有时出壳 10 多天才出现白痢，幼雏因肛门周围绒毛与粪便干结封住肛门不能排粪而鸣叫，人工剥去干结物粪便即喷射而出。幸存者发育不良，有气喘和关节炎。剖检可见早期死亡的肝肿大充血，有条纹出血，卵黄囊吸收不好。病程长的，心、肝、肺、盲肠、大肠和肌胃有坏死灶，盲肠有干酪样物。用马丁肉汤培养基培养，根据菌落和生化特性可以鉴定鸡白痢沙门菌落。

鸡传染性法氏囊病排出水样稀薄粪便，粘肛现象较少。剖检法氏囊出血明显。

6. 鸡传染性法氏囊病与传染性支气管炎肾病变型的鉴别

［相似点］鸡传染性法氏囊病与传染性支气管炎肾病变型都有体温升高，精神沉郁和法氏囊出血。

［不同点］传染性支气管炎肾病变型的雏鸡常见肾肿大，有时沉积尿酸盐，有时见法氏囊的充血或轻度出血，但法氏囊无黄色胶冻样水肿，耐过鸡的法氏囊不见萎缩或蜡黄色。感染本病的鸡常有呼吸道症状，病死鸡的气管充血、水肿，支气管黏膜上有时见胶样变性。

7. 鸡传染性法氏囊病与包涵体肝炎的鉴别

［相似点］鸡传染性法氏囊病与包涵体肝炎均有精神不振，食欲下降，下痢，肌肉出血及快速死亡，且发病日龄和康复方面都像。

［不同点］包涵体肝炎并不能引起法氏囊胶冻样水肿和出血，病鸡的法氏囊有时萎缩而呈灰白色，常见肝出血、肝坏死的病变，剪开骨髓常呈灰黄色，鸡冠多苍白，IBD 有时与此病混合感染，此时本病发生严重。

8. 鸡传染性法氏囊病与肾病的鉴别

［相似点］鸡传染性法氏囊病与肾病均有法氏囊病变。

［**不同点**］死于肾病的鸡常有急性肾病的表现，本病所致法氏囊的萎缩不同于 IBD 所致的严重，肾病的法氏囊多呈灰色。此病多散发，通过对鸡群病史的了解，可准确鉴别此病。

9. 鸡传染性法氏囊病与葡萄球菌病的鉴别

［**相似点**］鸡传染性法氏囊病与葡萄球菌病均有胸肌、腿肌出血。

［**不同点**］葡萄球菌病除可引起各关节肿大外，多见到皮肤液化性坏死，此时病鸡皮下呈弥漫性出血，法氏囊灰粉色或灰白色。鸡传染性法氏囊病不见病鸡皮下呈弥漫性出血，法氏囊、肌胃和腺胃交界处出血，法氏囊水肿、萎缩。

10. 鸡传染性法氏囊病与大肠杆菌病的鉴别

［**相似点**］鸡传染性法氏囊病与大肠杆菌病均有精神萎靡、食欲不好、腹泻和法氏囊病变。

［**不同点**］大肠杆菌病病鸡排黄白色和绿色稀便，剖检病鸡可见法氏囊潮红或灰黄色，囊壁薄，内有分泌物，患鸡有心包炎、肝周炎、腹膜炎、气囊炎等病变。鸡传染性法氏囊炎病鸡排出水样稀薄粪便，剖检病鸡可见法氏囊水肿呈球状，出血呈葡萄状，法氏囊外有胶冻样渗出液，囊内分泌物增多，或有奶油状渗出，随患病时间的延长，囊色呈黄粉色、奶酪色、灰黄色、灰白色变化并逐渐萎缩，萎缩程度比其他疾病重。

11. 鸡传染性法氏囊病与磺胺类药物中毒的鉴别

［**相似点**］鸡传染性法氏囊病与磺胺类药物中毒都呈现胸腿肌肉呈片状出血，腺胃与肌胃交界处出血。

［**不同点**］磺胺类药物中毒出血更为广泛，可见出血综合征的多种病变：皮肤、皮下组织、肌肉、内脏器官出血，并见肉髯水肿，脑膜水肿及充血和出血，但此时法氏囊呈灰黄色，不见水肿及出血。由于肠道出血，常排出酱油样粪便。病鸡中毒的表现为兴奋，无食欲，腹泻，痉挛，有时麻痹。通过了解病前用药（各种磺胺的用量超过 0.5％时，如连用 5 日可以中毒）可以证

实这种病，从而排除法氏囊病。

12. 鸡传染性法氏囊病与真菌中毒的鉴别

[**相似点**] 鸡传染性法氏囊病与真菌中毒均可见肌肉出血和神经症状。

[**不同点**] 真菌中毒病鸡肝多肿大，胆囊肿胀，皮下及肌肉有时见出血，但法氏囊仅呈灰白色，不见萎缩及肿大的病变。饲料被黄曲霉污染后，所产生的黄曲霉毒素对 2～6 周龄的鸡危害严重，可见神经症状，死亡率可达 20%～30%。

13. 鸡传染性法氏囊病与维生素 K 缺乏症的鉴别

[**相似点**] 鸡传染性法氏囊病与维生素 K 缺乏症都呈现胸腿肌肉呈片状出血，腺胃与肌胃交界处出血。

[**不同点**] 维生素 K 缺乏症出血更为广泛，皮下及肝、肠、肾等内脏都有出血，维生素 K 缺乏症血液不易凝固。通过了解病前饲料使用情况可以证实这种病，从而排除法氏囊病。

【防制】

1. 预防措施

（1）加强隔离和消毒　要封闭育雏，避免闲杂人员进入。进入育雏舍和育雏区的设备用具要消毒；孵化过程中做好种蛋、人员、雏鸡、用具等的消毒和出雏间隔消毒；做好育雏舍进鸡前的消毒和进鸡后的带鸡消毒。鸡舍和环境消毒，可采用 2% 火碱、0.3% 次氯酸钠、1% 的农福、复合酚消毒剂等喷洒或用甲醛熏蒸；带鸡消毒用过氧乙酸、复合酚消毒剂、氯制剂等效果良好。

（2）免疫接种　免疫接种必须注意以下方面。

① 制订科学的免疫程序。首免日龄的确定非常重要。首次接种应于母源抗体降至较低的程度下进行，这样才能使疫苗少受母源抗体的干扰，但又不能过迟接种，否则传染性法氏囊炎病毒会感染无母源抗体的雏鸡，从而失去免疫接种的意义。当前较易推广应用的是传染性法氏囊炎琼脂扩散法，按总雏鸡数的 0.5% 的比例采血，分离血清后用标准抗原及阳性血清进行测定。按照

如下测定的结果制订活疫苗的首免最佳日龄：鸡群 1 日龄测定，阳性率不到 80% 的在 10～17 日龄间首免，阳性率达 80%～100% 的鸡群，在 7～10 日龄再次采血测定，此次阳性率低于 50% 时，在 14～21 日龄首免；如果超过 50%，这群鸡应在 17～24 日龄接种。必须强调的是，雏鸡母源抗体下降过程中，应严格进行环境消毒，严防因大量传染性法氏囊炎病毒侵入鸡群造成无母源抗体鸡发病。免疫程序如下。

种鸡的免疫程序。1 日龄种雏来自没经过传染性法氏囊炎灭活苗免疫的种母鸡，首次免疫应根据 AGP 测定的结果来确定，一般多在 10～14 日龄（AGP 出现阳性是自然感染 IBI 所致的）法氏囊多价弱毒苗滴口或饮水。二免应在首次免疫后的 3 周进行法氏囊多价中等毒力弱毒苗 1.5 羽份饮水。然后在 18～20 周龄和 40～42 周龄分别注射灭活苗 0.5 毫升，从而保证种鸡后代的高母源抗体。1 日龄种雏来自注射过 IBD 灭活苗的种母鸡，首免可根据 AGP 测定结果而定，一般多在 20～24 日龄间首免，3 周后进行第二次免疫，接种灭活苗的日龄同上。

商品蛋鸡、商品肉鸡的免疫程序。雏鸡来自没接种传染性法氏囊炎灭活苗的种母鸡群，IBD 活疫苗首免日龄的确定方法同种鸡，二免于首免后的 3 周进行，商品蛋鸡不再注射灭活苗。商品蛋鸡、商品肉鸡来自接种过 IBD 灭活苗的种母鸡群，IBD 活疫苗首免日龄的确定方法同种鸡，由于肉鸡多于 50 日龄后出售，可不再进行二免，但如果超过 60 日龄出售，并养在传染性法氏囊炎高发区时则应在首免后的 3 周进行二免。

② 确保免疫效果。影响 IBD 免疫效果的因素较多，如鸡舍不洁净、母源抗体水平不一致、病毒毒力不断增强等都影响免疫效果。由于本病毒对自然环境有高强度的耐受性，鸡舍一旦被传染性法氏囊炎病毒污染后，如不采取严格、认真、彻底的消毒措施，鸡舍中大量的传染性法氏囊炎病毒比疫苗毒株更能突破母源抗体，法氏囊受到侵害，面对此种情况，再有效的疫苗也不能起到应有的效力。

雏鸡必须具有整齐一致、高水平的母源抗体才能保证 3～4周龄内不被 IBD 野毒感染，如果母源抗体参差不齐，水平低，就会给雏鸡 IBD 活疫苗的免疫带来了不良影响。目前导致 1 日龄雏鸡群体母源抗体水平悬殊很大的主要原因：一批种蛋来源于多群不同日龄的种鸡群，多群种鸡由于 IBD 疫苗的免疫时间不同、程序不同、疫苗不同等原因，种鸡不同群的抗体不尽相同，从而造成雏鸡的母源抗体高低不一；一些种鸡场没进行过传染性法氏囊炎疫苗免疫，而又有程度不同的诊断感染或发生过急性法氏囊病，这种鸡群的子代母源抗体也不整齐；没有按规定接种灭活苗或对种鸡群强制换羽后没有注射传染性法氏囊灭活油乳剂苗，其抗体水平很低，子代基本无母源抗体。

存在强毒株或超强毒株，而疫苗还是一般毒株苗，缺乏交叉保护或接种的方法途径等也能影响免疫效果，所以，必须注意这些方面，确保免疫的效果。

2. 发病后措施

保持适宜的温度（气温低的情况下适当提高舍温），每天带鸡消毒，适当降低饲料中的蛋白质含量。注射高免卵黄。20 日龄以下 0.5 毫升/只；20～40 日龄 1.0 毫升/只；40 日龄以上 1.5毫升/只。病重者再注射 1 次。与新城疫混合感染，可以注射含有新城疫和法氏囊抗体的高免卵黄。水中加入硫酸安普霉素（1克/2～4 千克水）或强效阿莫仙（1 克/10～20 千克水）或杆康、普杆仙等复合制剂防治大肠杆菌。水中加入肾宝或肾肿灵或肾可舒等消肿、护肾保肾；加入速溶多维。

另外，中药制剂囊复康、板蓝根治疗也有一定的疗效。

五、减蛋综合征（DES-76）

鸡减蛋综合征是由一种腺病毒引起的能使产蛋鸡产蛋量下降的病毒性传染病。其特征是病鸡不表现明显的症状，但产蛋量下降，一般可下降 15% 左右，在产蛋高峰期可突然下降 30%～40%。蛋品质差，如出现软壳蛋、薄壳蛋、畸形蛋、沙皮蛋，蛋壳褪色等。我国自 1986 年始发现，现在流行较为广泛和严重。

【病原】减蛋综合征的病原是腺病毒属鸡腺病毒Ⅲ群的病毒，其结构为一种无囊膜的双股 DNA 病毒，其粒子大小为 76～80 纳米，病毒颗粒呈正二十面体。EDS-76 病毒有抗醚类的能力，在 50℃ 条件下，对乙醚、氯仿不敏感。对不同范围的 pH 值性质稳定，即抗 pH 值范围较广，如在 pH 为 3～10 的环境中能存活。加热到 56℃ 可存活 3 小时，60℃ 加热 30 分钟丧失致病力，70℃ 加热 20 分钟则完全灭活。在室温条件下至少存活 6 个月以上，0.3％甲醛 24 小时、0.1％甲醛 48 小时可使病毒完全灭活。

【流行病学】减蛋综合征病毒主要感染鸡。其自然宿主是鸡或野鸡。鸡感染后虽不发病，但长期带毒，带毒率可达 85％以上。不同品系的鸡对 EDS-76 病毒的易感性有差异，26～35 周龄的所有品系的鸡都可感染，尤其是产褐壳蛋的肉用种鸡和种母鸡最易感，产白壳蛋的母鸡患病率较低。任何年龄的肉鸡、蛋鸡均可感染。幼龄鸡感染后不表现任何临床症状，血清中也查不出抗体，只有到开产以后，血清才转为阳性。成年鸡组织中带毒大约 3 周，粪便大约 1 周。

病毒的毒力在性成熟前的鸡体内不表现出来，产蛋初期的应激反应，致使病毒活化而使产蛋鸡患病。6～8 月龄的母鸡处于发病高峰期。减蛋综合征既可水平传播，又可垂直传播，被感染鸡可通过种蛋和种公鸡的精液传递。有人从鸡的输卵管、泄殖腔、粪便、咽黏膜、白细胞、肠内容物等分离到 EDS-76 病毒。可见病毒可通过这些途径向外排毒，污染饲料、饮水、用具，种蛋经水平传播使其他鸡感染。

【临床表现】本病的潜伏期不易确定，人工感染时大多经 7～9 天出现症状，也有长至 17 天的。感染鸡群的症状很轻微，仅表现为暂时性的腹泻、减食、贫血或冠髯发绀，精神呆滞等，但都不具有诊断价值。最易引人注意的是突然发生产蛋量的大幅度下降，可能比正常下降 20％～30％，甚至下降 50％以上，产蛋量下降可持续 4～10 周，然后逐渐恢复，产蛋率曲线下降呈"马鞍形"。产薄壳蛋、软壳蛋、无壳蛋、畸形蛋、沙皮蛋，褐壳蛋鸡蛋壳褪色，破蛋增多。对于种鸡来说种鸡的受精率和孵化率一般不受影响。在自然情况下减蛋综合征病毒对育成鸡不致病，在自然病例中内脏器官没有明显的病理变化。

【病理变化】 本病几乎没有死亡。仅见个别患鸡在发病期输卵管水肿，时久则见输卵管和卵巢萎缩。

【实验室检查】 根据鸡群产蛋高峰时，突然发生不明原因的群体性产蛋下降，同时伴有畸形蛋，蛋壳质量下降，剖检时见有生殖道病变，临床也无特殊表现时可以诊断本病。要确诊时应进一步做病毒分离和鉴定，以及血凝抑制试验，病毒中和试验，酶联免疫吸附试验，免疫荧光等试验。

【鉴别诊断】

1. 鸡减蛋综合征与鸡传染性支气管炎的鉴别

［相似点］鸡减蛋综合征与鸡传染性支气管炎都有产蛋减少，产软壳蛋、粗壳蛋、异状蛋。

［不同点］鸡传染性支气管炎具有明显的呼吸道症状，如气管啰音、喘息、咳嗽等，而鸡减蛋综合征无此现象。

2. 鸡减蛋综合征与非典型鸡新城疫的鉴别

［相似点］鸡减蛋综合征与非典型鸡新城疫都能引起产蛋减少，产软壳蛋。

［不同点］非典型鸡新城疫在鸡群中出现零星病死鸡，当全鸡群检测新城疫抗体时抗体下降或者消失，而对病死鸡剖检可发现鸡喉头气管黏膜、腺胃乳头、盲肠扁桃体、直肠及泄殖腔等处黏膜出血，减蛋综合征无此症状和病变。

3. 鸡减蛋综合征与鸡病毒性关节炎的鉴别

［相似点］鸡减蛋综合征与鸡病毒性关节炎都可导致鸡产蛋量下降。

［不同点］鸡病毒性关节炎的病原为呼肠孤病毒，病鸡跗关节肿胀，不愿走动，勉强驱赶时步态不稳，剖检可见关节有黄色

或血色分泌物，肌腱断裂与周围组织粘连。鸡减蛋综合征则无此症状和病变。

4. 鸡减蛋综合征与鸡脑脊髓炎的鉴别

［相似点］鸡减蛋综合征与鸡脑脊髓炎都可导致其产蛋率下降。

［不同点］鸡脑脊髓炎的病原为禽脑脊髓炎病毒，病鸡表现为行动迟缓，走几步即蹲下，常以跗关节着地，驱赶时跗关节走路并拍打翅膀，眼晶体浑浊，失明；剖检可见脑膜充血、出血，神经元肿大，树突轴突消失。鸡减蛋综合征则无此症状和病变。

5. 鸡减蛋综合征与鸡脂肪肝综合征的鉴别

［相似点］鸡减蛋综合征与鸡脂肪肝综合征都可引起产蛋率突然下降。

［不同点］鸡脂肪肝综合征是鸡的一种代谢病，该病主要发生于肥胖鸡，鸡冠苍白，死亡率高；剖检病死鸡可发现肝肿大，易碎，呈黄褐色，肝破裂出血。鸡减蛋综合征则无此症状和病变。

6. 鸡减蛋综合征与鸡维生素 A、维生素 D、钙缺乏症的鉴别

［相似点］鸡减蛋综合征与鸡维生素 A、维生素 D、钙缺乏症均有蛋壳质量异常变化。

［不同点］鸡缺乏维生素 A、维生素 D 和矿物质钙时，由于卵壳腺机能不正常，缺乏钙质原料，不能分泌充足的壳质等，因而产软壳蛋、无壳蛋，但饲料中添加钙和维生素 A、维生素 D 后便很快会恢复。鸡减蛋综合征不仅有蛋壳质量异常，而且产蛋率下降幅度较大，饲料中补充维生素 A、维生素 D 或钙也不能很快恢复。

7. 鸡减蛋综合征与楔形前殖吸虫病的鉴别

［相似点］鸡减蛋综合征与楔形前殖吸虫病均有产畸形蛋、软壳蛋、无壳蛋。

［不同点］楔形前殖吸虫病的病原为楔形前殖吸虫。常在水边吃螺蛳或蜻蜓而发病。有时排出石灰质、半液体物质。剖检可见有石灰质、蛋白质进入腹腔。在腔上囊、输卵管、泄殖腔可见

到虫体。

【防制】

1. 预防措施

淘汰病鸡、加强卫生管理是防治本病的重要措施；已经广泛应用的减蛋综合征油佐剂灭活苗和 ND-EDS-76 二联苗油佐剂灭活苗在防治本病中具有较好的效果。产蛋鸡于 14～16 周龄进行免疫接种，15 天后产生免疫力，4～5 周抗体水平达到高峰，免疫力可持续 1 年。非免疫鸡群免疫接种后 HI 抗体滴度可达 8～9lg2，发病鸡群则可达到 12～14lg2。

2. 治疗措施

本病尚无有效的治疗方法。

六、传染性支气管炎（IB）

鸡传染性支气管炎是由冠状病毒科冠状病毒属的鸡传染性支气管炎病毒引起的一种鸡的急性、高度接触性传染病，不但会引起鸡只死亡，而且临诊型感染和亚临诊型感染（常被忽视）均会导致生产性能下降，饲料报酬降低。常继发或并发霉形体、大肠杆菌、葡萄球菌病等，加之该病病原的血清型多，新的血清型不断出现，给诊断和防治带来较大难度，给养鸡业造成巨大损失。

【病原】传染性支气管炎病毒是冠状病毒属，目前已分离出十几个血清型的毒株，主要存在于病鸡的呼吸道渗出物中，实质脏器及血液中也能发现病毒。传染性支气管炎病毒能干扰新城疫病毒的增殖，鸡气管上皮细胞对该病毒的易感性很高。病毒对外界的抵抗力不强，多数毒株经 56℃ 15 分钟被灭活。在低温下能长期保存。对普通消毒药很敏感，0.1％的高锰酸钾、1％的福尔马林、1％的来苏儿及 70％的酒精等可迅速将病毒杀死。

【流行病学】本病只发生于鸡，任何鸡龄均可感染，但以雏鸡症状明显，死亡率可达 15％～19％。本病主要通过呼吸道感染，病鸡从呼吸道排出病毒，经飞沫传给易感鸡。也可以通过被污染的饲料、饮水及用具，经过消化道传染。同舍易感鸡48小时内出现症状。康复鸡带毒，排毒时间5～15周；鸡群拥挤、空气污浊、卫生不好、温度不稳定、营养不良等易诱发此病。患病幼龄母鸡的输卵管可造成永久性损害，成年后不产蛋，称作"假母鸡"。

【临床症状】本病自然感染的潜伏期为2～4天。呼吸型、肾病变型及腺胃病变型的症状不尽相同，分述如下。

1. 呼吸型

（1）雏鸡　发病日龄多在5周龄以内，几乎全群同时发病。最初出现呼吸道症状，如流鼻液、流泪、咳嗽、打喷嚏、呼吸费力，常伸颈张口喘息等。当舍内寂静并有许多鸡聚在一起时，可听到伴随呼吸发出一种嘶哑的声音。随着病情的发展，全身症状逐渐加重，精神萎靡，缩头闭目沉睡，两翅下垂，羽毛松乱无光，畏冷挤堆，食欲减退，身体瘦弱，体重减轻。病程1～2周或稍长些，如果原来体质较好，无其他疾病，发病后及时用抗菌药物防止继发感染，并加强护理，死亡率可控制在10%以下，否则死亡率可达20%以上。发病日龄越低，死亡率越高。

（2）产蛋鸡　首先出现呼吸道和全身症状，继而产蛋量下降，再稍后出现较多的畸形蛋。呼吸道症状最初见于部分鸡，常在早晨发现，约经1天波及全群。表现稍有鼻液，眼湿润似欲滴泪，呼吸困难，半张口呼吸，不时地有一些鸡咳嗽、打喷嚏，发出"喉喉"的声音。患鸡精神不振，采食减少，部分鸡排黄白色稀粪。但这些症状通常不很严重，若及时用抗生素控制继发感染，经5天左右症状可逐渐消失。发病的第2天产蛋量开始下降，经2周左右降到最低点，然后逐渐回升。下降幅度、回升速度及回升水平，主要同鸡的日龄有关。处于产蛋高峰期的年轻母鸡，生殖功能旺盛，如果饲养管理也比较好，产蛋率下降到最低点时约为原来的一半。例如原来产蛋率为80%，要下降到40%或再稍低些，经2个月可恢复到70%或略高些。400日龄以上的老鸡，生殖功能已经衰退，在鸡群发生传染性支气管炎后，产蛋率常由 65％左右下降到 5％～15％，发病后 2 个月只能恢复到 50％或者还要低一些。对这种鸡在发病初期即应考虑淘汰，但须就地封闭宰杀，然后对被污染的场所进行消毒，以防止病毒扩散。

畸形蛋在刚发病时仅个别出现，到发病后 5～6 天，病鸡症状开始好转时，畸形蛋才迅速增多，并持续很久。在畸形蛋中，有一部分是严重畸形，即蛋很小，形状似桃、歪瓜、茄等，蛋壳由原来的棕色变为白色，极薄、粗糙、有皱纹。将蛋打开（因蛋壳薄软如纸，常是撕开），倒在玻璃板上，可见外层蛋白稀薄如水，扩散面很大。这些畸形蛋是临床症状的重要依据。其余的畸形蛋，畸形程度及外层蛋白的稀薄程度不等，有的仅是蛋形不正。

2. 肾病变型

多发生于 20～50 日龄的雏鸡。典型的病程分为两个阶段：第一阶段出现轻微的呼吸道症状，往往不被察觉，经 2～4 天症状近乎消失，表面上"康复"；第二阶段是发病后 10～12 天，出现严重的全身症状，精神沉郁，厌食，排灰白色稀粪或白色淀粉糊样稀便，失水，脚爪干枯，此时为死亡高峰期。整个病程为 21～25 天，死亡率一般为 12％～25％。

3. 腺胃病变型

1995 年以来，我国江苏、山东、北京、河北等地相继发生。多发生于 20～80 日龄的育成鸡，病程为 10～25 天。临床症状主要表现为精神沉郁、厌食、流泪、眼肿，有时有呼吸道症状，腹泻，极度消瘦，陆续死亡。发病率可达 90％，死亡率一般为 30％左右。

【病理变化】呼吸型的主要病变在呼吸器官和母鸡的生殖器官，肾病变型的主要病变在肾脏和输尿管，腺胃型的主要病变在腺胃、胰腺、胸腺、脾脏及法氏囊。

1. 呼吸型

（1）呼吸器官　病变通常为轻度或中等。气管黏膜给人一种水分比较多的感觉，覆有淡黄色透明的分泌物，并自上而下逐渐充血潮红。有的在气管内有灰白色痰状栓子，肺充血、水肿。气囊浑浊，变厚，有渗出物。雏鸡鼻腔至咽部蓄有浓稠黏液。

（2）生殖器官　成年母鸡正在发育的卵泡充血、出血，有的萎缩变形。输卵管缩短，严重时变得肥厚、粗糙，局部充血、坏死。腹腔内常有大量卵黄浆。雏鸡输卵管萎缩变短，其中段变化最严重，出现肥厚、粗短、充血、局部坏死等。

雏鸡 18 日龄内发病者，输卵管所受的损害是永久性的，长大后一般不能产蛋，但外观与正常鸡无异，要通过检查耻骨间距，将其检出淘汰，以免白白浪费饲料。发病的大龄鸡，输卵管的病变轻一些，能有一定程度的恢复，长大后产蛋受一定的影响。成年鸡输卵管的变化在病后能有所恢复，有的经 21 天能恢复正常，但不是所有的鸡都能恢复正常程度。

2. 肾病变型

主要表现肾肿大、苍白，肾小管因尿酸盐沉积而变粗，心脏、肝脏表面有时也沉积尿酸盐，似一层白霜，泄殖腔内常有大量石灰膏样尿酸盐。法氏囊内充血、出血，黏液增多，有的可见呼吸道病变，有的不明显。

3. 腺胃病变型

腺胃肿大，呈球状，腺胃壁增厚，腺胃乳头出血坏死、溃疡，胰腺肿大出血，胸腺、脾脏及法氏囊萎缩。

【实验室检查】根据病毒的分离鉴定及血清学试验确诊。

【鉴别诊断】

1. 鸡传染性支气管炎与鸡新城疫的鉴别

［相似点］鸡传染性支气管炎与鸡新城疫均有精神萎靡，羽毛松乱，翅下垂，昏睡，鼻分泌物增多，常甩头，呼吸困难，有咕噜声以及蛋壳质量变化等临床症状。

［不同点］鸡新城疫的病原为鸡新城疫病毒，其症状一般比传染性支气管炎的症状严重，可见少数鸡出现神经症状，剖检可见腺胃及小肠黏膜出血等典型病变，产蛋鸡群的产蛋量下降更为

严重。取鸡胚尿囊液做血凝试验和血凝抑制试验，尿囊液能凝集鸡的红细胞，且新城疫免疫血清能抑制这种凝集作用。

2. 鸡传染性支气管炎与鸡传染性喉气管炎的鉴别

［相似点］鸡传染性支气管炎与鸡传染性喉气管炎均有流鼻液，流泪，咳嗽，张口呼吸等临床症状。

［不同点］鸡传染性喉气管炎的传播比传染性支气管炎要慢些，呼吸系统症状更为严重，气管分泌物混有血液，且主要发生于成年鸡。传染性支气管炎既可感染雏鸡，又可感染大鸡，但以雏鸡的症状最重。病鸡喷嚏，伸颈甩头，呼吸有咕噜声，昏睡垂翅，常挤在一起，鼻窦肿胀。剖检可见气管内黏稠液呈干酪样，支气管见炎症灶和水肿，肝肿大、呈土黄色，肾肿大、苍白，外观似油灰样，肾小管充满尿酸盐。

3. 鸡传染性支气管炎与鸡传染性鼻炎的鉴别

［相似点］鸡传染性支气管炎与鸡传染性鼻炎均有疫病传播迅速，精神萎靡，流鼻液，打喷嚏，甩头，结膜炎，产蛋率下降等临床症状。

［不同点］鸡传染性鼻炎传播缓慢，成年鸡发病较重，主要是鼻腔和鼻窦发炎，多见脸部肿胀，通常流鼻液；慢性病例可发出恶臭味；磺胺类药和抗生素治疗有效。传染性支气管炎只有雏鸡流鼻液，而且雏鸡发病较重，脸部肿胀比较少见。

4. 鸡传染性支气管炎与鸡慢性呼吸道病的鉴别

［相似点］鸡传染性支气管炎与鸡慢性呼吸道病均有流鼻液，咳嗽，打喷嚏，呼吸有啰音，流泪，产蛋率下降等临床症状。

［不同点］鸡慢性呼吸道病是由败血性霉形体引起的慢性呼吸道病，传播速度慢，1～2月龄易感，成年鸡多为隐性。典型症状及病变也见于雏鸡，鼻、气管、支气管和气囊有浑浊黏稠渗出物，但链霉素、北里霉素、泰乐霉素、红霉素等药物治疗有效。

5. 鸡传染性支气管炎与鸡减蛋综合征的鉴别

［相似点］鸡传染性支气管炎与鸡减蛋综合征的产蛋鸡群都

发生产蛋率下降，蛋壳质量也发生相似的变化。

[不同点] 鸡减蛋综合征是由减蛋综合征病毒引起的，无临床病症，蛋内质量无明显变化；传染性支气管炎出现精神不振、食欲不良、呼吸道症状明显，并出现死亡鸡只，蛋白稀薄。

6. 鸡传染性支气管炎与鸡曲霉菌病的鉴别

[相似点] 鸡传染性支气管炎与鸡曲霉菌病均有羽毛松乱，昏睡，翅下垂，伸颈张口呼吸，摇头甩鼻，下痢，产蛋率下降等临床症状。

[不同点] 鸡曲霉菌病的病原为曲霉菌，4～6 日龄多发，至 2～3 周龄停止。病鸡对外界反应淡漠，不咳嗽，呼吸有沙沙声。剖检可见肺有霉菌结节，周围有红色浸润，切开结节有干酪样物，压片镜检可见曲霉菌的菌丝（气囊的结节可见到孢子柄和孢子）。

7. 鸡传染性支气管炎与鸡隐孢子虫病的鉴别

[相似点] 鸡传染性支气管炎与鸡隐孢子虫病均有咳嗽，打喷嚏，伸颈张口呼吸，眼半闭，翅下垂等临床症状；并均有气囊浑浊，气管水肿、有干酪样物等剖检病变。

[不同点] 隐孢子虫病的病原为隐孢子虫。病鸡肺脏、腹侧充血严重、表面湿润，常带有灰白色硬斑，切面渗出液多。收集生前呼吸道黏液用饱和白糖液将卵囊浮集起来，镜检可见卵囊内含 4 个香蕉形小孢子，死后取法氏囊泄殖腔黏膜涂片、姬氏染色镜检，胞浆呈蓝色，内含数个红色颗粒。

8. 鸡传染性支气管炎与鸡线虫病的鉴别

[相似点] 鸡传染性支气管炎与鸡线虫病均有伸颈张口呼吸，呼吸困难，甩头等临床症状。

[不同点] 鸡线虫病的病原为线虫，粪检有虫卵，剖检可见到寄生的线虫。

9. 鸡传染性支气管炎与舟形嗜气管吸虫病的鉴别

[相似点] 鸡传染性支气管炎与舟形嗜气管吸虫病均有传染性，咳嗽，伸颈张口呼吸。

[**不同点**] 舟形嗜气管吸虫病的病原为舟形嗜气管吸虫。有可能在水边啄食水螺或用碎螺作饲料时方能感染。气管、支气管、气囊、眶下窦分泌液中可检出虫体。

10. 鸡传染性支气管炎与鸡氨气中毒的鉴别

[**相似点**] 鸡传染性支气管炎与鸡氨气中毒均有流鼻液，甩头，呼吸困难，咳嗽等临床症状；并均有鼻腔、鼻窦有多量液，气管、支气管和肺充血发红等剖检病变。

[**不同点**] 鸡氨气中毒为非传染性疾病，病因是鸡的密度太大、大棚通风不良、空气污浊、氨气太多。通风改善、密度减小后，发病即停止。

11. 鸡传染性支气管炎与痛风病的鉴别

[**相似点**] 肾型传染性支气管炎与痛风病肾脏都有尿酸盐沉着。

[**不同点**] 鸡痛风并非是一种独立的病，而是多种原因导致尿酸血症的临床综合征。由于食物蛋白质过剩的代谢障碍所致，饲料中钙含量过高，维生素 A 不足，育雏室的温度偏低，磺胺类药物用量过大，或用药期过长等原因，都可导致肾功能障碍而引起痛风，只要找出病因加以消除，即可阻止本病的发生。

【防制】

1. 预防措施

（1）加强饲养管理　保持适宜的温度和湿度，注意通风换气，避免和减少应激；保持环境清洁卫生，定期带鸡消毒；不从疫区引种。

（2）免疫预防　7～10 日龄首免，$H_{120}+H_k$（肾型）1 羽份点眼滴鼻；同时可注射含有肾型传支和腺胃性传支病毒的油乳剂多价灭活苗 0.3 毫升/只；25～30 日龄 H_{52} 疫苗 1.5 羽份点眼滴鼻或饮水或气雾。蛋鸡和种鸡在 110～130 日龄注射多价传支病毒的油乳剂灭活苗 0.5 毫升/只。

2. 发病后措施

无特效药物。饲料中加入 0.15％的病毒灵＋支喉康（或咳喘灵）拌料连用 5 天，或用百毒唑（内含病毒唑、金刚乙胺、增效因子等）饮水（10 克/100 千克水），麻黄冲剂 1000 克/吨拌料。同时，饮水中加入肾肿灵或肾消丹等利尿保肾药物 5～7 天，加入速溶多维或维康等缓解应激，提高机体抵抗力。并要加强环境和鸡舍消毒，雏鸡阶段和寒冷季节要提高舍内温度。

七、传染性喉气管炎（ILT）

传染性喉气管炎（ILT）是由鸡传染性喉气管炎病毒引起的鸡的一种急性呼吸道传染病，典型的症状是病鸡呼吸困难、喘气、咳嗽、咳出血样渗出物，病理变化主要集中在喉和气管，表现为喉和气管黏膜肿胀，出血并形成糜烂。

【病原】鸡传染性喉气管炎病毒（ILTv）属于疱疹病毒科 α-疱疹病毒亚科。双股 DNA 病毒，有囊膜，病毒离子大小为 195～250 纳米，囊膜上有纤突。不同的病毒株在致病性和抗原性上均有差异，但目前所分离到的毒株同属于一个血清型。由于病毒株毒力上的差异，对鸡的致病力不同，给本病的控制带来一定的困难，在鸡群中常有带毒鸡的存在，病愈鸡可带毒 1 年以上。病毒主要存在于病鸡的气管组织及渗出物中，肝脏、脾脏及血液中少见。病毒对脂类溶剂、热和各种消毒剂均敏感，但在 20～60℃ 较稳定，在乙醚中 24 小时后丧失感染性。55℃ 10～15 分钟，30℃ 48 小时可灭活；3% 甲酚或 1% 碱溶液中 1 分钟可杀死病毒。

【流行病学】本病传播快，感染率可达 90%～100%，死亡率 5%～50% 不等，耐过本病的鸡具有长期免疫力。本病有明显的宿主特异性，鸡为主要的自然宿主，各年龄均可感染，但以 4～10 月龄的成年鸡尤为严重且多表现典型症状。

病鸡和康复后的带毒鸡是主要的传染源，约有 2% 的康复鸡能带毒 2 年，可经上呼吸道和眼内感染，也可经消化道感染。在气管内接种或用喷雾法人工感染，能使 30 日龄的雏鸡在 3～13 天内发病。由呼吸道及鼻分泌物污染的垫草、饲料、饮水及用具都可成为传播媒介。人及野生动物的活动也可导致机械传播。强毒疫苗接种鸡群后，能造成散毒污染环境。

本病传播迅速，一年四季均可发生，秋冬寒冷季节多发。鸡群拥挤，通风不良，饲养管理不好，缺乏维生素，寄生虫感染等，都可促进本病的发生和传播。

【临床症状】自然感染的潜伏期为6～12天，人工气管内接种为2～4天。

1. 急性型（喉气管型）

主要在成年鸡发生，传播迅速，短期内全群感染。病鸡精神沉郁、厌食、呼吸困难，每次呼吸时突然向上向前伸头张口并伴有鸣音和喘气声，喘气和咳嗽严重，咳嗽多呈痉挛性，并咳出带血的黏液或血凝块。病重者头颈蜷缩，嘴喙下垂，眼全闭。检查喉部，可见黏膜上附着有黄色或带血的浓稠黏液或豆渣样物质。产蛋鸡的产蛋量下降约12%。病程一般为10～14天，康复后有的鸡可能成为带毒者。

2. 温和型（眼结膜型）

主要为30～40日龄的鸡发生，症状较轻。病初眼角积聚泡沫性分泌物，流泪，眼结膜炎，不断用爪抓眼，眼睛轻度充血，眼睑肿胀和粘连，严重的失明。病的后期角膜浑浊、溃疡，鼻腔有持续性的浆液性分泌物，眶下窦肿胀。病鸡偶见呼吸困难，表现生长迟缓，死亡率常为5%。

【病理变化】病理变化主要集中在喉头和气管，在喙的周围常附有带血的黏液。喉头和气管黏膜肿胀、充血、出血，甚至坏死，气管腔内常充满血凝块、黏液、淡黄色干酪样渗出物或气管塞。有些病例，渗出液出现于气管下部，并使炎症扩散到支气管、肺和气囊。温和型病例一般只出现眼结膜和眶下窦上皮水肿和充血，有时角膜浑浊，眶下窦肿胀有干酪样物质。

【实验室检查】

1. 姬姆萨氏染色检查核内包涵体

发病1～5天，用气管和眼结膜组织，经姬姆萨氏染色，可见到核内包涵体。

2. 动物接种

病鸡的气管分泌物或组织悬液，经气管接种易感鸡，2～5天可出现典型的传染性喉气管炎的病变。

3. 尿囊膜检查

用气管渗出物和肺的病料悬液，离心取上清液，加入青霉素或链霉素作用后，取 0.1～0.2 毫升，接种到 9～12 日龄鸡胚绒毛尿囊膜或尿囊腔，3 天后出现痘斑样病灶和核内包涵体。

【鉴别诊断】

1. 鸡传染性喉气管炎与鸡传染性支气管炎的鉴别

[相似点] 鸡传染性喉气管炎与鸡传染性支气管炎均有流鼻液、流泪、咳嗽、张口呼吸等临床症状。

[不同点] 鸡传染性支气管炎的病原为鸡传染性支气管炎病毒（IBV）。常发生于雏鸡，成年鸡也可发生。病鸡喷嚏、伸颈甩头，呼吸有咕噜声，昏睡垂翅，常挤在一起，鼻窦肿胀。剖检可见气管内黏稠液呈干酪样，支气管见炎症灶和水肿，肝肿大、呈土黄色，肾肿大、苍白，外观似油灰样，肾小管充满尿酸盐。用间接血凝试验可以判定。

鸡传染性喉气管炎的呼吸系统症状更为严重，气管分泌物混有血液，且主要发生于成年鸡。

2. 鸡传染性喉气管炎与鸡新城疫的鉴别

[相似点] 鸡传染性喉气管炎与鸡新城疫均有羽毛松乱，精神萎靡，冠髯发紫，鼻流黏液，张口呼吸，发出"咯咯"声，排绿色稀便等临床症状。

[不同点] 鸡新城疫的病原为鸡新城疫病毒。病鸡头颈下垂，嗉囊膨软，倒提即从口中流出酸臭液体。排黄绿色或黄白色稀便，有时带血、恶臭，有两肢麻痹，站立不稳、运动失调、瘫痪、曲颈、啄食不准等神经症状，无伸颈张口呼吸，无结膜炎症状。剖检可见其腺胃及小肠黏膜出血等典型病变，产蛋鸡群的产蛋量下

降更为严重。取鸽胚尿囊液做血凝试验和血凝抑制试验，尿囊液能凝集鸡的红细胞，且新城疫免疫血清能抑制这种凝集作用。

鸡传染性喉气管炎传染快，发病率高，但死亡率不高。有咳嗽、呼吸极为困难，伸颈张口呼吸，发出极响的喘鸣音，并会咳出血样分泌物，喉头常有凝固物堵塞，但无拉稀及神经症状。传染性喉气管炎病鸡有半透明状鼻液，眼流泪，伴有结膜炎，上下眼睑粘连。病理变化局限于气管和喉部，呈出血性或假膜性气管炎和喉气管炎病症。

3. 鸡传染性喉气管炎与禽流感的鉴别

［相似点］鸡传染性喉气管炎与禽流感均有流鼻液，流泪，咳嗽，有啰音，冠髯发紫，腹泻，排绿色稀便等临床症状。

［不同点］禽流感的病原是鸡A型流感病毒（AIV）。羽毛松乱，头颈下垂，头、颈、声门水肿，鼻咽有红色渗出物，口腔黏膜出血，后期头腿麻痹、抽搐。剖检可见鼻窦、口腔有炎症，腺胃黏膜、肌胃角质膜下层、十二指肠出血，胸部肌肉、腹部脂肪、心脏有散在出血点，肝肿大、瘀血，肝、脾、肺、肾有黄色坏死灶。用ELISA和Dot-ELISA试验盒（哈尔滨兽医研究所研制）可检出禽流感病毒。

鸡传染性喉气管炎传染快，发病率高，但死亡率不高，喉头常有凝固物堵塞，但无拉稀及神经症状。病理变化局限于气管和喉部，呈出血性或假膜性气管炎和喉气管炎病症。

4. 鸡传染性喉气管炎与鸡慢性呼吸道病的鉴别

［相似点］鸡传染性喉气管炎与鸡慢性呼吸道病均有咳嗽，呼吸有啰音，结膜炎等临床症状。

［不同点］鸡慢性呼吸道病的病原为鸡毒支原体。病鸡打喷嚏，一侧或两侧眶下窦发炎肿胀致眼睛睁不开。黏稠的鼻液堵塞鼻孔，常用翅膀擦拭，导致翅膀沾有鼻涕。剖检鼻孔、鼻窦、气管、肺有较多黏性浆性分泌物。有关节炎时关节肿胀，关节液如油状黏稠。用平板凝集反应为阳性。

鸡传染性喉气管炎传染快，发病率高，但死亡率不高。有伸颈张口呼吸，发出极响的喘鸣音，并会咳出血样分泌物，喉头常有凝固物堵塞。病理变化局限于气管和喉部，呈出血性或假膜性气管炎和喉气管炎病症。

5. 鸡传染性喉气管炎与鸡传染性鼻炎的鉴别

[相似点] 鸡传染性喉气管炎与鸡传染性鼻炎均有咳嗽，流鼻液，结膜炎等临床症状。

[不同点] 鸡传染性鼻炎的病原为副鸡嗜血杆菌。传播迅速，打喷嚏，甩头，眼睑肿胀，一侧或两侧颜面肿胀。剖检可见鼻腔、眶下窦有炎症。磺胺类药和抗生素治疗有效。

鸡传染性喉气管炎表现为出血性气管炎症，咳嗽时排出血性黏液，甚至带有血块。剖检可见气管黏膜出血性坏死，病程较长的鸡在喉气管黏膜上带有一层干酪样假膜，磺胺类药和抗生素治疗无直接效果。

6. 鸡传染性喉气管炎与黏膜型鸡痘的鉴别

[相似点] 鸡传染性喉气管炎与黏膜型鸡痘均有精神萎靡、采食或饮水减少或废绝、张口喘气，病鸡流泪，眼睑肿胀和粘连等症状。

[不同点] 黏膜型鸡痘是由鸡痘病毒引起的，个别病鸡出现流鼻液、闭眼。剖检喉头和气管内有黄、白色干酪样假膜覆盖在上面，该假膜不易剥离，若强行剥离易形成出血的溃疡面，较大的脱落假膜可阻塞喉头或气管使病鸡窒息而死。在鸡冠、肉髯、眼睑处有灰白色的小结节，严重的呈黄色或灰黄色。

鸡传染性喉气管炎突然发生，传播快，成年鸡发生最多。张口呼吸，喘气有啰音，咳嗽时可咳出带血的黏液。喉头常有凝固物堵塞，且主要发生于成年鸡。

7. 鸡传染性喉气管炎与鸡线虫病（气管比翼线虫）的鉴别

[相似点] 鸡传染性喉气管炎与鸡线虫病均有张口呼吸、呼吸困难等临床症状，并均有气管内有大量黏液等剖检病变。

[**不同点**] 鸡线虫病的病原为线虫。病鸡食欲不振，口腔内充满多泡沫的唾液，剖检在口、喉头或见权形虫体。

【**防制**】

1. 预防措施

（1）采取综合防制措施　平时加强饲养管理，改善鸡舍通风，注意环境卫生，不引进病鸡，并严格执行消毒卫生措施。

（2）免疫接种　本地区没有本病流行的情况下，一般不主张接种。如果免疫，首免在28日龄左右进行，二免在首免后6周，即70日龄左右进行，使用弱毒疫苗，免疫方法常用点眼法。鸡群接种后可产生一定的疫苗反应，轻者出现结膜炎和鼻炎，严重者可引起呼吸困难，甚至死亡，因此所使用的疫苗必须严格按使用说明进行。免疫后易诱发其他病的发生，在使用疫苗的前后2天内可以使用一些抗菌物。此外，使用传染性喉气管炎与鸡痘二联苗的效果也不错。

2. 发病后措施

（1）发生本病后，用消毒剂每日进行1～2次消毒，以杀死鸡舍中的病毒；发病鸡群确诊后，立即采用弱毒苗紧急接种。

（2）中药治疗

处方1：板蓝根30克，金银花15克，败酱草30克，连翘10克，桔梗10克，甘草5克，水煎浓缩待温，用玻璃注射器给每只鸡灌服10毫升，每日2次，一般用2剂。

处方2：柴胡45克，黄芩45克，金银花60克，板蓝根60克，大青叶60克，蒲公英90克，甘草60克，水煎3次，每次5毫升，每日2次。

处方3：蒲公英、柴胡、射干、牛蒡子、山豆根、玄参、桔梗、白芷各15克，杏仁、甘草各10克，煎汁拌料喂服（为15～30只鸡的用量），每日3次。

（3）对症治疗

处方1：泰乐菌素。每千克体重3～6毫克，肌内注射，连用2～3天；或在1000毫升水中加4～6克，连饮3～5天。

处方2：氢化可的松与土霉素。各取0.5克，溶解在10毫升注射用液中，用口鼻腔喷雾器喷入鸡喉部，每次0.5～1毫升，每天早晚各1次，连用2～3天。

八、鸡痘（AP）

鸡痘是由禽病毒引起的一种缓慢扩散、高度接触性传染病。特征是在无毛或少毛的皮肤上有痘疹，或在口腔、咽喉部黏膜上形成白色结节。在集约化、规模化和高密度的情况下易造成流行，可以引起增重缓慢，鸡体消瘦。产蛋鸡感染使产蛋量下降，如果并发其他疾病，或营养不好，卫生条件差，可以引起较多的死亡，幼龄雏鸡病情严重，更易死亡。

【病原】鸡痘病毒为痘病毒科鸡痘病毒属，这个属的代表种为鸡痘病毒。病毒大量存在于病鸡的皮肤和黏膜病灶中，病毒对外界自然因素的抵抗力相当强，上皮细胞屑片和痘结节中的病毒可抗干燥数年之久，阳光照射数周仍可保持活力，−15℃下保存多年仍有致病性。病毒对乙醚有抵抗力，在1%的酚或1：1000福尔马林中可存活9天，1%氢氧化钾溶液可使其灭活。50℃ 30分钟、60℃ 8分钟被灭活。胰蛋白酶不能消化DNA或病毒粒子，在腐败环境中，病毒很快死亡。

【流行病学】本病主要发生于鸡和火鸡，鸽有时也可发生，鸭、鹅的易感性低。各种年龄、性别和品种的鸡都能感染，但以雏鸡和中雏最常发病，雏鸡死亡多。一年四季中都能发生，以夏秋和蚊子活动季节最易流行。高温高湿的季节易发生皮肤型鸡痘；在冬季则以黏膜型（白喉型）鸡痘为多。

病鸡脱落和破散的痘痂，是散布病毒的主要形式，它主要通过皮肤或黏膜的伤口感染，不能经健康皮肤感染，亦不能经口感染。库蚊、疟蚊和按蚊等吸血昆虫在传播本病中起着重要的作用。蚊虫吸吮过病灶部的血液之后即带毒，带毒的时间可长达10～30天，其间易感染的鸡经带毒的蚊虫刺吮后而传染，这是夏秋季节流行鸡痘的主要传播途径。打架、啄毛、交配等造成外伤、鸡群过分拥挤、通风不良、鸡舍阴暗潮湿、体外寄生虫、营养不良、缺乏维生素及饲养管理太差等，均可促使本病发生和加剧病情。如有传染性鼻炎、慢性呼吸道病等并发感染，可造成大批死亡。

【临床症状】鸡痘的潜伏期为 4～10 天，鸡群常是逐渐发病的。病程一般为 3～5 周，严重爆发可持续 6～7 周。根据病鸡的症状和病变，可以分为皮肤型、黏膜型和混合型三种病型，偶有败血症。

1. 皮肤型

皮肤型鸡痘的特征是在身体无毛或毛稀少的部分，特别是在鸡冠、肉髯、眼睑和喙角，亦可出现于泄殖腔的周围、翼下、腹部及腿等处，产生一种灰白色的小结节，渐次成为带红色的小丘疹，很快增大如绿豆大的痘疹，呈黄色或灰黄色，凹凸不平，呈干硬结节，有时和邻近的痘疹互相融合，形成干燥、粗糙呈棕褐色的大的疣状结节，突出皮肤表面。痂皮可以存留 3～4 周之久，以后逐渐脱落，留下一个平滑的灰白色疤痕。轻的病鸡也可能没有可见的疤痕。皮肤型鸡痘一般比较轻微，没有全身性的症状。严重病幼雏表现出精神萎靡、食欲消失、体重减轻等症状，甚至引起死亡。产蛋鸡则产蛋量显著减少或完全停产。

2. 黏膜型（白喉型）

此型鸡痘的病变主要在口腔、咽喉和眼等黏膜表面，气管黏膜出现痘斑。初为鼻炎症状，2～3 天后先在黏膜上生成一种黄白色的小结节，稍突出于黏膜表面，以后小结节逐渐增大并互相融合在一起，形成一层黄白色干酪样的假膜，覆盖在黏膜上面。这层假膜是由坏死的黏膜组织和炎性渗出物质凝固而形成的，很像人的"白喉"，故称白喉型鸡痘或鸡白喉。如果用镊子撕去假膜，则露出红色的溃疡面。随着病的发展，假膜逐渐扩大和增厚，阻塞在口腔和咽喉部位，使病鸡尤其是雏鸡呼吸困难。

3. 败血型

在发病鸡群中，个别鸡无明显的痘疹，只是表现为下痢、消瘦、精神沉郁，逐渐衰竭而死，病鸡有时也表现为急性死亡。败血型鸡痘，其剖检变化表现为内脏器官萎缩，肠黏膜脱落，若继发引起网状内皮细胞增殖症病毒感染，则可见腺胃肿大，肌胃角质膜糜烂、增厚。

【病理变化】皮肤型鸡痘的特征性病变是局灶性表皮和其下层的毛囊上皮增生，形成结节。结节起初表现湿润，后变为干燥，外观呈圆形或不规则形，皮肤变得粗糙，呈灰色或暗棕色。结节干燥前切开切面出血、湿润，结节结痂后易脱落，出现瘢痕。

黏膜型鸡痘的病变出现在口腔、鼻、咽、喉、眼或气管黏膜上。黏膜表面稍微隆起白色结节，以后迅速增大，并常融合而成黄色、奶酪样坏死的伪白喉或白喉样膜，将其剥去可见出血糜烂，炎症蔓延可引起眶下窦肿胀和食管发炎。

【实验室检查】皮肤型和混合型可根据皮肤表面典型痘疹即可确诊。单纯的黏膜型或眼肿大者，诊断较为困难，需要进行实验室检查确诊。

1. 接种易感鸡

取病鸡痘痂或口腔伪膜制成 1∶5 或 1∶10 悬液，涂在易感鸡的皮肤毛囊上，1 周左右即可在羽毛根部出现典型的痘疹症状。

2. 接种鸡胚

病料接种于 9～12 日龄的鸡胚绒尿膜，接种后 4 天，可见绒尿膜明显增厚，肿胀，并有增殖型痘斑，经组织学检查，可在病斑部看到包涵体及包涵体内的原生质小体。

3. 血清学试验

可用琼脂扩散试验、荧光抗体检查等方法进行诊断。

【鉴别诊断】

1. 黏膜型鸡痘与传染性鼻炎的鉴别

[相似点] 黏膜型鸡痘与传染性鼻炎都有眼部病变（如眼肿流泪）。

[不同点] 传染性鼻炎是由副鸡嗜血杆菌所引起的鸡的急性

呼吸系统疾病。多发生在寒冷潮湿季节，传播速度快，几天内就可波及全群。典型症状是鼻腔、鼻窦发炎，流鼻液，打喷嚏，流泪，结膜发炎，上下眼睑肿胀明显，用磺胺类药物治疗有效。

黏膜型鸡痘多发生在闷热潮湿季节，发病时上下眼睑多黏合在一起，眼肿胀明显。用磺胺类药物治疗无效。在鸡冠、肉髯、眼睑处有灰白色的小结节，严重的呈黄色或灰黄色。

2. 黏膜型鸡痘与鸡葡萄球菌病的鉴别

［**相似点**］黏膜型鸡痘与鸡葡萄球菌病都有眼部病变。

［**不同点**］鸡葡萄球菌病是由葡萄球菌引起的细菌性疾病。患鸡上下眼睑肿胀，被脓性分泌物粘连，眼结膜红肿，有肉芽肿。时间久者眼球下陷，后期失明。黏膜型鸡痘有张口喘气，个别病鸡出现流鼻液、闭眼。剖检喉头和气管内有黄、白色干酪样假膜覆盖在上面，该假膜不易剥离，若强行剥离易形成出血的溃疡面，较大的脱落假膜可阻塞喉头或气管使病鸡窒息而死。在鸡冠、肉髯、眼睑处有灰白色的小结节，严重的呈黄色或灰黄色。

3. 鸡痘与鸡维生素 A 缺乏症的鉴别

［**相似点**］鸡痘与鸡维生素 A 缺乏症均有精神委顿，体重减轻，食欲消失，口腔内有溃疡灶，可连成大片并覆有干酪样假膜，呼吸、吞咽困难，眼发炎等临床症状。

［**不同点**］鸡维生素 A 缺乏症是由维生素 A 缺乏引起的，口腔假膜如豆腐渣样，眼内有干酪样物，角膜浑浊软化或穿孔。运动失调，对外界刺激即引起神经症状。剖检可见肾灰白色，肾小管、输尿管有白色尿酸盐，心包、肝、脾表面有尿酸盐沉积。用鱼肝油治疗有效。

鸡痘病初眼内蓄积豆渣样物（皮肤型），口腔溃疡假膜与维生素 A 缺乏症类似，但随着病程的发展，其他部位可出现痘疹，若试用鱼肝油治疗数日无效。

4. 鸡痘与鸡烟酸缺乏症的鉴别

［**相似点**］鸡痘与鸡烟酸缺乏症均可见到皮肤、腿有小结节

或眼部病变。

[不同点] 鸡烟酸缺乏症是由烟酸缺乏引起的，病鸡表现发育不全，羽毛稀少，皮肤发炎，有化脓性结节，腿部关节肿大，骨粗短，腿部弯曲，发炎，下痢等。患鸡眼睑常被渗出物粘连，眼睑周围有小颗粒状并呈屑样物附着。

鸡痘的特征是在身体无毛或毛稀少的部分，特别是在鸡冠、肉髯、眼睑和喙角、泄殖腔的周围、翼下、腹部及腿等处，产生一种灰白色的小结节，渐次成为带红色的小丘疹，很快增大如绿豆大的痘疹，呈黄色或灰黄色，凹凸不平，呈干硬结节。黏膜型鸡痘有张口喘气。剖检喉头和气管内有黄、白色干酪样假膜覆盖在上面，该假膜不易剥离，若强行剥离易形成出血的溃疡面，较大的脱落假膜可阻塞喉头或气管使病鸡窒息而死。

5. 黏膜型鸡痘与鸡传染性喉气管炎的鉴别

[相似点] 黏膜型鸡痘与鸡传染性喉气管炎均有精神萎靡、张口呼吸和眼部病变。

[不同点] 鸡传染性喉气管炎是由传染性喉气管炎病毒引起的，患鸡呼吸困难，有湿性呼吸啰音，咳嗽时可见血样分泌物，喉头和气管黏膜肿胀、出血和糜烂。眶下窦肿胀，上下眼睑和瞬膜肿胀，呈渐变红色，眼裂缩小。

黏膜型鸡痘剖检喉头和气管内有黄、白色干酪样假膜覆盖在上面，该假膜不易剥离，若强行剥离易形成出血的溃疡面，较大的脱落假膜可阻塞喉头或气管使病鸡窒息而死。在鸡冠、肉髯、眼睑处有灰白色的小结节，严重的呈黄色或灰黄色。

6. 黏膜型鸡痘与鸡大肠杆菌病（全眼球炎）的鉴别

[相似点] 黏膜型鸡痘与鸡大肠杆菌病均有眼部病变。

[不同点] 鸡大肠杆菌病是由大肠埃氏杆菌引起的一种急性或慢性传染病。患鸡眼睑肿胀、流泪、怕光，瞳孔逐渐浑浊，随后眼房水和角膜浑浊，视网膜脱落，失明，眼球萎缩。黏膜型鸡痘张口喘气，个别鸡流鼻液，眼内流出水液样或黏液样，上下眼

睑粘连肿胀。剖检喉头和气管内有黄、白色干酪样假膜覆盖在上面。在鸡冠、肉髯、眼睑处有灰白色的小结节，严重的呈黄色或灰黄色。

7. 黏膜型鸡痘与曲霉菌病的鉴别

[相似点] 黏膜型鸡痘与曲霉菌病均有眼部病变。

[不同点] 曲霉菌病是由曲霉菌引起的，患鸡常表现为一侧眼瞬膜下形成黄色干酪样小球，致使眼睑鼓起，有的在角膜中央形成溃疡。

黏膜型鸡痘张口喘气，眼内流出水液样或黏液样，上下眼睑粘连肿胀。在鸡冠、肉髯、眼睑处有灰白色的小结节，严重的呈黄色或灰黄色。

【防制】

1. 预防措施

鸡痘的预防，除了加强鸡群的卫生、管理等一般性预防措施之外，可靠的办法是使用鸡痘鹌鹑化弱毒疫苗接种。多采用翼翅刺种法。第 1 次免疫在 10～20 天，第 2 次免疫在 90～110 天，刺种后 7～10 天观察刺种部位有无痘痂出现，以确定免疫效果。生产中可以使用连续注射器翼部内侧无血管处皮下注射 0.1 毫升疫苗，方法简单确切。有的肌内注射，试验表明保护率只有 60% 左右。

2. 发病后措施

（1）对症疗法 目前尚无特效治疗药物，主要采用对症疗法，以减轻病鸡的症状和防止并发症。皮肤上的痘痂，一般不做治疗，必要时可用清洁的镊子小心剥离，伤口涂碘酒、红汞或紫药水。对白喉型鸡痘，应用镊子剥掉口腔黏膜的假膜，用 1% 高锰酸钾洗后，再用碘甘油或氯霉素、鱼肝油涂擦。病鸡眼部如果发生肿胀，眼球尚未发生损坏，可将眼部蓄积的干酪样物排出，然后用 2% 硼酸溶液或 1% 高锰酸钾冲洗干净，再滴入 5% 蛋白银溶液。剥下的假膜、痘痂或干酪样物都应烧掉，严禁乱丢，以防散毒。

（2）紧急接种　发生鸡痘后也可视鸡日龄的大小，紧急接种新城疫Ⅰ系或Ⅳ系疫苗，以干扰鸡痘病毒的复制，达到控制鸡痘的目的。

（3）防止继发感染　发生鸡痘后，由于痘斑的形成造成皮肤外伤，这时易继发引起葡萄球菌感染而出现大批死亡。所以大群鸡应使用广谱抗生素如0.005%环丙沙星或培福沙星、蒽诺沙星或0.01%～0.015%氟苯尼考饮水，连用5～7天。

九、鸡传染性贫血病（CIA）

鸡传染性贫血病是由鸡传染性贫血病毒（CIAV）引起的，雏鸡以再生障碍性贫血和全身性淋巴组织萎缩为特征的传染病。该病是免疫抑制性疾病，经常合并、继发和加重病毒、细菌和真菌性感染，危害较大。国内外的病原分离和血清学调查结果表明，鸡传染性贫血病可能呈世界性分布，我国许多鸡场（特别是一些肉鸡场）的鸡群都被本病原感染。由鸡传染性贫血病诱发的疾病而造成的经济损失已成为一个严重的问题。

【病原】鸡传染性贫血病的病原为鸡传染性贫血病毒，现归类于圆环病毒科。鸡传染性贫血病毒分离毒株之间无抗原性差异，但在致病力上可能存在差异。鸡传染性贫血病毒对乙醚和氯仿有抵抗力，对酸（pH3.0）作用3小时仍然稳定，加热56℃或70℃1小时、80℃15分钟仍有感染力；80℃30分钟使病毒部分失活，100℃15分钟完全失活。用90%的丙酮处理24小时也有抵抗力。病毒在50%的酚中作用5分钟，在5%次氯酸37℃2小时失去感染力。福尔马林和含氯制剂可用于消毒。

【流行病学】本病仅感染鸡。各种年龄的鸡均可感染，自然感染常见于2～4周龄的雏鸡，不同品种的雏鸡都可感染发病。肉鸡比蛋鸡易感，公鸡比母鸡易感。随着鸡日龄的增加，鸡对该病的易感性迅速下降，当与传染性法氏囊病毒混合感染或有继发感染时，日龄稍大的鸡，如6周龄的鸡也可感染发病。有母源抗体的鸡可以感染，但不出现临诊症状。

鸡传染性贫血病毒可垂直传播，也可水平传播。经孵化的鸡蛋进行垂直传播被认为是本病最重要的传播途径。由感染公鸡的精液也可造成鸡胚的感染。母鸡在感染后 8～14 天可经卵传播，在野外鸡群垂直传播可能出现在感染后的 3～6 周。可通过口腔、消化道和呼吸道途径水平传播而引起感染。发病康复的鸡可产生中和抗体。

发病鸡的死亡率受到病毒、细菌、宿主和环境等许多因素的影响。如实验感染的死亡率不超过 30%，无并发症的鸡传染性贫血，特别是由水平感染引起的，不会引起高死亡率。如有继发感染，可加重病情，死亡增多。

【临床症状】本病一般在感染后 10 天发病，14～16 天达到高峰。唯一的特征性症状是贫血。病鸡表现为精神沉郁，行动迟缓，虚弱，羽毛松乱，喙、肉髯、面部皮肤和可视黏膜苍白；生长发育不良，体重下降；临死前还可见到拉稀。血液稀薄如水，红细胞压积值降到 20% 以下（正常值在 30% 以上，降到 27% 以下便为贫血）。感染后 20～28 天存活的鸡可逐渐恢复正常。

【病理变化】骨髓萎缩是在病鸡中所见到的最特征性病变，大腿骨的骨髓呈脂肪色、淡黄色或粉红色。在有些病例，骨髓的颜色呈暗红色。病鸡贫血，消瘦，肌肉与内脏器官苍白、贫血；肝脏和肾脏肿大，褪色，或淡黄色；血液稀薄，凝血时间延长。组织学检查可见明显的病变，胸腺萎缩是最常见的病变，呈深红褐色，可能导致其完全退化，随着病鸡的生长，抵抗力的提高，胸腺萎缩比骨髓病变更容易观察到。法氏囊萎缩不很明显，有的病例法氏囊体积缩小，在许多病例的法氏囊的外壁呈半透明状态，以至于可见到内部的皱襞。有时可见到腺胃黏膜出血和皮下与肌肉出血。若有继发细菌感染，可见到坏疽性皮炎，肝脏肿大呈斑驳状以及其他组织的病变。

【实验室检查】根据流行病学特点、临床表现和病理变化可初步诊断，确诊需实验室进行病原学和血清学检查。

【鉴别诊断】

1. 鸡传染性贫血症与鸡传染性法氏囊病的鉴别

［相似点］鸡传染性贫血症与鸡传染性法氏囊病均有法氏囊萎缩、腺胃黏膜出血等病变。

［不同点］鸡传染性法氏囊病病鸡的病态严重，法氏囊呈现由肿胀到萎缩的一系列病变，肝、脾、肾则一般无明显病变；鸡传染性贫血症贫血症状明显，肝、脾、肾病变明显。

2. 鸡传染性贫血症与鸡包涵体肝炎的鉴别

［相似点］鸡传染性贫血症与鸡包涵体肝炎均有精神委顿，羽毛松乱，生长不良，冠髯、头部皮肤苍白等临床症状。

［不同点］鸡包涵体肝炎的病原为腺病毒，死亡率比较高，发病3～5天内成批死亡。剖检可见肝肿大、色浅、质脆，肝和肌肉有出血斑，肝细胞中有大而圆或不规则形的嗜酸性或嗜碱性核内包涵体，气管有卡他性炎和大量的黏性分泌物，气囊呈云雾状浑浊，用荧光抗体试验即可获得结果。

3. 鸡传染性贫血症与鸡葡萄球菌病的鉴别

［相似点］鸡传染性贫血症与鸡葡萄球菌病均有精神委顿，羽毛松乱，生长不良，贫血等临床症状；并均有骨骼肌、消化道黏膜出血等剖检病变。

［不同点］鸡葡萄球病的病原为葡萄球菌，具有关节炎症状和趾瘤等病变，用一些抗菌类药物治疗有效，病料切片染色镜检，可检出葡萄球菌。

4. 鸡传染性贫血症与鸡弓形虫病的鉴别

［相似点］鸡传染性贫血症与鸡弓形虫病均有冠髯苍白，消瘦，贫血，下痢等临床症状。

［不同点］鸡弓形虫病的病原为弓形虫。病鸡排白色稀粪，共济失调，震颤，痉挛性收缩，角弓反张，歪头，失明，兜圈圈。剖检可见心包膜有圆形结节，前胃胃壁增厚，有些有溃疡，小肠有明显结节，肝、脾有坏死灶，腹腔液或组织涂片镜检可见

弓形虫。

5. 鸡传染性贫血症与鸡棉籽饼中毒的鉴别

[**相似点**] 鸡传染性贫血症与鸡棉籽饼中毒均有精神委顿，食欲降低，冠髯苍白，消瘦，贫血，下痢等临床症状。

[**不同点**] 鸡棉籽饼中毒的病因是长时间喂棉籽饼而发病，产蛋量下降，蛋黄呈茶青色，蛋清发红。剖检可见卵巢和输卵管萎缩。

6. 鸡传染性贫血症与鸡磺胺类药物中毒的鉴别

[**相似点**] 鸡传染性贫血症与鸡磺胺类药物中毒均有精神委顿，食欲降低，冠髯苍白，消瘦，贫血，下痢等临床症状；并均有骨骼肌、消化道黏膜出血和肝、脾、肾等剖检病变。

[**不同点**] 鸡磺胺类药物中毒的病因是投药过量所致，病鸡消化道出血严重，且有明显的神经症状。

【防制】

1. 预防措施

（1）加强饲养管理和保持卫生　加强和重视鸡群日常饲养管理及兽医卫生措施，防止由环境因素及其他传染病导致的免疫抑制，及时接种鸡传染性法氏囊疫苗和马立克氏病疫苗。本病目前尚无特异的治疗方法。通常可用广谱的抗生素控制与 CIA 相关的细菌继发感染。

（2）免疫接种　目前国外有两种商品活疫苗，一是由鸡胚生产的有毒力的 CIAv 活疫苗，可通过饮水途径免疫，对种鸡在 13～15 周龄进行免疫接种，可有效地防止亲代发病，本疫苗不能在产蛋前 3～4 周免疫接种，以防止通过种蛋传播病毒；二是减毒的 CIAV 活疫苗，可通过肌肉、皮下或翅膀对种鸡进行接种，这是十分有效的。如果后备种鸡群血清学呈阳性反应，则不宜进行免疫接种。

（3）加强检疫　防止从外引入带毒鸡而将本病传入健康鸡群。

2. 发病后措施

无有效的治疗方法。

十、鸡包涵体肝炎（IBH）

鸡包涵体肝炎是由鸡腺病毒中的鸡腺病毒引起的急性传染病。主要特征是肝脏肿大、脂肪变性、出血和肝细胞中出现核内包涵体。

【病原】 本病的病原为鸡腺病毒，病毒有多种血清型，所有血清型的病毒株人工接种于鸡，均可使肝受害，形成核内包涵体。病毒对热比较稳定，抗乙醚、氯仿，在室温中能较长时间存活。

【流行病学】 本病既可水平传播，也可垂直传播。春秋两季发生较多，病愈鸡能获终生免疫。本病的传播速度缓慢，一群中所有鸡均被感染则需经数周的时间。感染过 IBDV 的鸡易诱发本病。本病可通过病鸡群传染给易感鸡群，一般与种鸡有关。母源抗体在 3～4 周龄开始消失，至 7～8 周龄以后由于自然感染，又变成抗体阳性，产生保护力，因此临床上多见 4～8 周龄的鸡发病，尤以肉鸡多发，蛋鸡很少发病；本病的感染率可高达100％，病死率为 2％～10％，偶尔也可达 30％～40％。

【临床症状】 本病的潜伏期短，一般不超过 4 天。通常无前驱病状而突然死亡，发病 3～5 天死亡率最高，并多为体况良好的鸡。经 2～3 天后少数鸡精神萎靡，食欲不振，嗜睡，有的鸡头部苍白，冠髯褪色，皮肤呈黄色，并可见皮下出血。有的鸡排水样便。病鸡两腿无力，极度消瘦，不久因衰竭而死亡。轻症鸡数日后即可耐过恢复，多数无症状的感染鸡体重减轻，饲料利用率降低，呈一过性减蛋。

本病在鸡群中可持续 1～2 周，发病鸡的死亡率低。典型发病的鸡群，死亡率在发病后 3～5 天增加，每天的死亡率为0.5％～1.0％，可持续 3～5 天，以后逐渐停止。本病有时伴发大肠杆菌病、葡萄球菌病、呼吸道传染病、新城疫等，则病程拖长，死亡率较高。

【病理变化】 肝肿大，表面有不同程度的出血点和出血斑，有的病例出血可波及肝的全部，剖面实质部也可见到出血变化。死亡鸡的肝脏变化颇为明显，有的可见到大小不等的坏死灶，有时坏死灶和出血相混合。肝表面有凹凸不平之感，肝褪色呈淡褐色至黄色，质脆。病程长的鸡肝萎缩。有细菌感染时可发生肝周炎。

无临床症状的感染鸡，有的可见到肝褪色变化。有的病例可见到骨髓病变，大腿骨的骨髓多呈桃红色或粉红色，病毒侵犯骨髓的病鸡多表现贫血。胸肌、腿部的骨骼肌、皮下组织、内脏的脂肪组织、肠的浆膜面可见到明显的出血。骨髓的变化及全身的出血性变化与磺胺类药物中毒的变化极其相似。

另外，剖检还可见到法氏囊萎缩、脾肿大、肾肿大和输尿管扩张等病变。

【实验室检查】

1. 显微镜检查

根据病鸡的病理变化，特别是急性病例的肝细胞印片染色后，经显微镜检查，发现具有特征性的嗜酸性核内包涵体，即可确诊。

2. 鸡胚接种

采取病变组织的匀浆液接种 4 日龄的鸡胚卵黄囊，一般在接种后 5～10 日死亡，死胚有出血和肝脏坏死，胚肝印片中也可见核内包涵体。

3. 血清检验

因各型鸡腺病毒具有同属抗原，病愈鸡的血清可对各型鸡腺病毒呈现阳性反应。检测发病期和恢复期病鸡的双份血清，具有现症诊断价值。

【鉴别诊断】

1. 鸡包涵体肝炎与鸡减蛋综合征的鉴别

［**相似点**］鸡包涵体肝炎与鸡减蛋综合征病均由腺病毒引起，发病初期症状均不明显，且均有产蛋减少的现象。

［不同点］鸡减蛋综合征多发于产蛋高峰期30周龄前后，产蛋率下降幅度较大，软壳蛋、异状蛋明显增多，病死鸡剖检后病变不明显；而鸡包涵体肝炎多发于3～7周龄，成鸡感染后产蛋率下降幅度较小，且持续时间短，病死鸡剖检后病变明显，如胸腿肌肉出血，肝、脾、肾肿大，法氏囊萎缩等。

2. 鸡包涵体肝炎与鸡传染性法氏囊炎的鉴别

［相似点］鸡包涵体肝炎与鸡传染性法氏囊炎均有精神不振，食欲下降，下痢，发生法氏囊萎缩，胸腿肌肉出血等病变。

［不同点］鸡传染性法氏囊炎是全群鸡都发病，呈严重病态，法氏囊呈现由肿胀到萎缩的一系列病变，肝脏则一般无病变；包涵体肝炎并不能引起法氏囊胶冻样水肿和出血，病鸡的法氏囊有时萎缩而呈灰白色，常见肝出血、肝坏死的病变，剪开骨髓常呈灰黄色，鸡冠多苍白，IBD有时与此病混合感染，此时本病发生严重。

3. 鸡包涵体肝炎与鸡传染性贫血的鉴别

［相似点］鸡包涵体肝炎与鸡传染性贫血均有精神不振，羽毛松乱，生长不良，冠髯、头部皮肤苍白等临床症状。

［不同点］鸡传染性贫血的病原为传染性贫血病毒，病鸡腹泻普遍，血稀如水。剖检可见肌肉和内脏器官苍白，肝、肾肿大、褪色或呈淡黄色。大腿骨髓呈淡黄色或粉红色，胸腺萎缩（特征）、呈深红褐色，红细胞每立方毫米200个，白细胞5000个。用病料1∶10稀释于肌肉或腹腔接种1日龄SPF雏鸡，可见典型症状和病理变化。

4. 鸡包涵体肝炎与鸡脂肪肝综合征的鉴别

［相似点］鸡包涵体肝炎与鸡脂肪肝综合征均有精神不振，生长不良等临床症状；并均有肝色浅、肿大、质脆等剖检病变。

［不同点］鸡脂肪肝综合征的病因是日粮中糖类多，羽毛生长不良，喙周围皮肤发炎，足趾干裂。剖检可见肝苍白、肾肿、呈多样颜色，心肌苍白，心肌脂肪呈淡红色，肾近曲管和肝存在

大量脂质。

5. 鸡包涵体肝炎与鸡球虫病的鉴别

[**相似点**] 鸡包涵体肝炎与鸡球虫病均有精神不振，羽毛松乱，生长不良，冠髯、头部皮肤苍白等临床症状。

[**不同点**] 鸡球虫病的病原为艾美耳球虫，一般 3～4 周龄多发，嗉囊积食，稀粪含血或全血。剖检可见小肠发炎、肿胀、覆黏稠液、有小血块，盲肠肿胀、肥厚、呈棕红色或暗红色，内容物为血液、凝血块或黄白色干酪样物。肠系膜刮取物或肠内容物镜检可见球虫卵囊和大配子。

6. 鸡包涵体肝炎与鸡叶酸缺乏症的鉴别

[**相似点**] 鸡包涵体肝炎与鸡叶酸缺乏症均生长不良，冠髯、头部皮肤苍白等临床症状。

[**不同点**] 鸡叶酸缺乏症的病因是叶酸缺乏，羽毛生长不良或色素缺乏。有些病鸡骨粗短。剖检可见肝、脾、肾贫血，胃有小血点，肠黏膜有出血性炎症。

7. 鸡包涵体肝炎与鸡磺胺类药物中毒的鉴别

[**相似点**] 鸡包涵体肝炎与鸡磺胺类药物中毒均有精神萎靡，食欲不振，肝、脾、肾肿大，肝脏出血，骨髓呈粉红色等表现。

[**不同点**] 鸡磺胺类药物中毒时，消化道严重出血，且病鸡表现明显的神经症状；鸡包涵体肝炎无此变化。

【防制】

1. 预防措施

加强卫生消毒，防止腺病毒侵袭鸡群，并预防其他传染源的混合感染，特别要注意传染性法氏囊炎的预防。

2. 发病后措施

目前对鸡包涵体肝炎尚无有效的治疗方法。雏鸡饲料中加入适量抗生素，可减少并发细菌感染，降低死亡率。此外，结合补充维生素 C 和维生素 K 及微量元素铁、铜和钴合剂，可促进贫血的恢复。

十一、鸡病毒性关节炎（VA）

病毒性关节炎是一种由呼肠孤病毒引起的鸡的重要传染病。病毒主要伤害关节滑膜、腱鞘和心肌，引起足部关节肿胀，腱鞘发炎，继而使腓肠腱断裂，病鸡关节肿胀、发炎，行动不便，不愿走动或跛行，采食困难，生长停滞。鸡群的饲料利用率下降，淘汰率增高，严重影响经济效益。

【病原】 病毒性关节炎的病原为鸡呼肠孤病毒，该病毒与其他动物的呼肠孤病毒在形态方面基本相同，病毒粒子无囊膜。呼肠孤病毒可通过卵黄囊和绒毛尿囊膜（CAM）接种而在鸡胚中生长繁殖。通过卵黄囊接种，一般在接种后 3～5 天鸡胚死亡；通过 CAM 接种，通常在 7～8 天后鸡胚死亡。鸡呼肠孤病毒对热有一定的抵抗能力，能耐受 60℃ 达 8～10 小时，对乙醚不敏感，对 H_2O_2、2％来苏尔、3％福尔马林等均有抵抗力。用 70％乙醇和 0.5％有机碘可以灭活病毒。

【流行病学】 本病原只感染鸡，常发生于 2～16 周龄的肉鸡，6～7 周龄的肉用仔鸡发生最多，14～18 周龄的种鸡也可发生，但产蛋母鸡不发生。

病毒在鸡中的传播有水平传播和垂直传播两种方式。虽然有资料表明，病毒可通过种蛋垂直传播，但水平传播是该病的主要传染途径。病毒感染鸡之后，首先在呼吸道和消化道复制后进入血液，24～48 小时后出现病毒血症，随后即向体内各组织器官扩散，但以关节腱鞘及消化道的含毒量较高，排毒途径主要是经过消化道。所以带毒鸡是重要的传染源。鸡病毒性关节炎的感染率和发病率因鸡的年龄不同而有差异，鸡年龄越大，敏感性越高，10 周龄之后明显降低。一般认为，雏鸡的易感性可能与雏鸡的免疫系统尚未发育完全有关。

鸡呼肠孤病毒除引起鸡关节炎以外，还能引起一些其他的疾病和病变，如吸收不良综合征、传染性腺胃炎、心包炎、心包积水、心肌炎、肠炎、肝炎、法氏囊及胸腺萎缩、骨骼异常，以及某些呼吸道症状。

【临床症状】急性感染的情况下，表现跛行，部分鸡生长受阻；慢性感染期的跛行更加明显，少数病鸡跗关节不能运动。病鸡食欲和活力减退，不愿走动，喜坐在关节上，驱赶时或勉强移动，但步态不稳，继而出现跛行或单脚跳跃。病鸡因采食和饮水困难而日渐消瘦，贫血，发育迟滞，少数逐渐衰竭而死。

病鸡可见单侧或双侧肌腱、跗关节肿胀。在日龄较大的肉鸡中可见腓肠腱断裂导致顽固性跛行。种鸡群或蛋鸡群受感染后，产蛋量可下降 $10\%\sim15\%$。也有报道种鸡群感染后种蛋受精率下降，这可能是病鸡因运动功能障碍而影响正常的交配所致。

【病理变化】病鸡跗关节上下周围肿胀，切开皮肤可见到关节上部腓肠腱水肿，滑膜内经常有充血或点状出血，关节腔内含有淡黄色或血样渗出物，少数病例的渗出物为脓性，与传染性滑膜炎的病变相似，这可能与某些细菌的继发感染有关。其他关节腔淡红色，关节液增加。根据病程的长短，有时可见周围组织与骨膜脱离。慢性病例的关节腔内的渗出物较少，腱鞘硬化和粘连，在跗关节远端关节软骨上出现凹陷的点状溃烂，然后变大、融合，延伸到上方的骨质，关节表面纤维软骨膜过度增生。有的在切面可见到肌和腱交接部发生的不全断裂和周围组织粘连，关节腔有脓样、干酪样渗出物。发生败血症时见到血管充血、出血，腹膜炎，肝、脾和肾肿大，卡他性肠炎，盲肠扁桃体出血等。

【实验室检查】动物接种试验或琼脂扩散试验检验血清沉淀抗体。

【鉴别诊断】

1. 鸡病毒性关节炎与鸡大肠杆菌关节炎及滑膜炎的鉴别

[相似点] 鸡病毒性关节炎与鸡大肠杆菌关节炎及滑膜炎均有跗关节病变。

[不同点] 鸡病毒性关节炎的症状及病变比较严重，且有腓肠腱断裂现象。有些抗生素及磺胺类药物对大肠杆菌关节炎及滑膜炎有一定的效果，而对病毒性关节炎无效。

2. 鸡病毒性关节炎与鸡支原体病的鉴别

［相似点］鸡病毒性关节炎与鸡支原体病均有关节病变。

［不同点］鸡支原体病有明显的咳嗽、喷嚏、流鼻液等呼吸道症状，且强力霉素、壮观霉素等对鸡支原体病有效，而对病毒性关节炎无效。

3. 鸡病毒性关节炎与关节炎型葡萄球菌病的鉴别

［相似点］鸡病毒性关节炎与关节炎型葡萄球菌病均有关节炎病变。

［不同点］葡萄球菌病的病原是葡萄球菌。足趾病变严重，有的可出现趾瘤，且有些抗生素对该病有效。抗生素对鸡病毒性关节炎无效。

4. 鸡病毒性关节炎与慢性鸡霍乱的鉴别

［相似点］鸡病毒性关节炎与慢性鸡霍乱均有关节肿胀和化脓。

［不同点］慢性鸡霍乱除了主要表现关节肿胀和化脓外，有些病鸡一侧或两侧肉髯发生显著肿大和眶下窦炎。病变关节液中可检出两极染色的多杀性巴氏杆菌。有些抗生素对该病有效。

鸡病毒性关节炎病鸡可见单侧或双侧肌腱肿胀，使用抗生素无效。

5. 鸡病毒性关节炎与传染性滑膜炎的鉴别

［相似点］鸡病毒性关节炎与传染性滑膜炎均有关节肿胀，内有脓性分泌物。

［不同点］传染性滑膜炎关节渗出液接种于鸡胚卵黄囊内，接种后4～10天死亡，鸡胚水肿出血，以后死亡者出血不明显，肝、脾、肾肿大，绒尿膜上有小点出血。将病料接种于鸡的足部和趾部，4～10天内出现典型病变，检出的病原为滑膜霉形体。

6. 鸡病毒性关节炎与禽脑脊髓炎的鉴别

［相似点］鸡病毒性关节炎与禽脑脊髓炎均有传染性，不愿走动，步态不稳，逐渐消瘦，生长受阻，产蛋下降。

［不同点］禽脑脊髓炎的病原为禽脑脊髓炎病毒（AEV），

自然暴发时雏鸡出壳后即陆续发病，走几步即蹲下，常以跗关节着地，驱赶时用跗关节行走并拍翅膀。头颈部震颤，眼晶体浑浊失明。用荧光抗体试验阳性鸡的组织中可见黄绿色荧光。

7. 鸡病毒性关节炎与产蛋下降综合征的鉴别

［相似点］鸡病毒性关节炎与产蛋下降综合征均有传染性，减食，消瘦，产蛋率下降（20%～30%，严重时50%）。

［不同点］产蛋下降综合征的病原为禽腺病毒。全身症状不明显或暂时性，腹泻，产蛋畸形（薄壳蛋、软壳蛋、无壳蛋、小蛋、畸形蛋，蛋白如水），不出现跗关节肿大和行动障碍。血凝抑制试验（HI）可检定。

8. 鸡病毒性关节炎与维生素 E-硒缺乏症的鉴别

［相似点］鸡病毒性关节炎与维生素 E-硒缺乏症均有跗关节肿大，跛行，走路不便。

［不同点］维生素 E-硒缺乏症的病因是维生素 E-硒缺乏。一般15～30日龄发病，头向下或向后痉挛，两腿发生痉挛性急收急松。渗出性素质时腹部皮下有蓝绿色水肿，针刺流出蓝绿色液体，剖检可见肌肉有灰条纹，尿中尿酸增多，肌肉肌酸减少。

9. 鸡病毒性关节炎与胆碱缺乏症的鉴别

［相似点］鸡病毒性关节炎与胆碱缺乏症均有关节肿大，不能运步，步态不稳，重时单脚跳，母鸡产蛋率下降。

［不同点］胆碱缺乏症的病因是胆碱缺乏，骨粗短，跗关节轻度肿胀，并有针尖出血，后期跗关节变平，跗关节弯曲成弓形。跟腱与髁骨滑脱。剖检可见肝肿大、色变黄，表面有出血点，质脆，有的肝破裂，腹腔有凝血块。

10. 鸡病毒性关节炎与钙磷缺乏和比例失调症的鉴别

［相似点］鸡病毒性关节炎与钙磷缺乏和比例失调症均有生长受阻，关节肿大，少数关节不能运动，跛行，产蛋率下降。

［不同点］钙磷缺乏和比例失调症的病因是日粮中钙磷缺乏和比例失调。幼禽喙与爪较易弯曲，肋骨末端有串珠状小结节。

成年鸡产薄壳蛋、软壳蛋，后期胸骨呈"S"状弯曲，肋骨失去硬度变形。剖检可见骨骼肿胀、疏松易折，骨髓腔变大。关节面软骨有肿胀缺损。

11. 鸡病毒性关节炎与锰缺乏症的鉴别

［**相似点**］鸡病毒性关节炎与锰缺乏症均有生长缓慢，跗关节肿大，关节不灵活，不愿走动，跛行，喜坐于跗关节上。

［**不同点**］锰缺乏症的病因是锰缺乏，幼禽骨粗短，腓肠肌腱脱出骨槽，蛋孵化率显著下降，胚胎体躯短，翅短，腿短，头呈圆球状，喙弯曲如鹦鹉嘴。皮肤、羽毛含锰量降低。

12. 鸡病毒性关节炎与家禽痛风的鉴别

［**相似点**］鸡病毒性关节炎与家禽痛风均有减食，消瘦，贫血，关节肿胀、跛行。

［**不同点**］家禽痛风的病因是饲料中蛋白质过多而引起尿酸盐增多，排白色半黏液状稀粪、含有多量尿酸盐，关节出现豌豆大结节，破溃后流出黄色干酪样物。剖检可见内脏表面及胸腹膜有石灰样白色尿酸盐结晶薄膜，关节也有白色结晶。

【防制】

1. 预防措施

（1）加强卫生消毒　加强环境卫生管理，定期消毒鸡舍，以防止病毒侵袭。

（2）接种疫苗　接种疫苗主要用于种鸡，可在开产前2～3周肌内注射油乳剂灭活苗，使雏鸡获得较多的母源抗体。此外，雏鸡也可在2周龄时先接种1次弱毒疫苗，在开产前再注射1次油乳剂灭活苗。

2. 发病后措施

本病目前尚无有效的疗法。对已发病的鸡群，应及时淘汰病鸡。定期用0.3%过氧乙酸等消毒液带鸡消毒。空舍后彻底清洗、消毒和用福尔马林熏蒸处理后，闲置3周再进新鸡。

十二、肿头综合征（SHS）

鸡的肿头综合征（粗头病）是副黏病毒科肺病毒感染引起的，主要危害 4～6 周龄的肉鸡的一种疾病。北美和欧洲的一些国家均有报道，我国的一些地区也有发现。本病以头部肿胀、打喷嚏及其他呼吸道症状为特征。该病一旦发生迅速传播，严重影响肉鸡的存活率和生长率（死淘率增加 20％～30％，康复鸡生长发育迟缓，饲料转化率降低 10％～20％），造成收入减少和生产成本升高，对肉鸡生产业是一个极大的威胁。

【病原】病鸡面部或鼻甲组织进行细菌学检验有大肠杆菌，用 10 日龄 SPF 鸡胚常常分离出冠状病毒，有时也能分离出 NDV、IBDV 及腺病毒。现在大量的研究和多方面的资料已证实肿头综合征的首要病原很可能是一种与火鸡鼻气管炎（TRT）的病原密切相关的副黏病毒科的肺病毒。早期病原学研究也证实 TRT 与 SHS 之间存在关系，在与患火鸡鼻气管炎（TRT）火鸡群紧挨的肉种鸡场发生肿头综合征（SHS）。普遍认为，火鸡鼻气管炎（TRT）和肉鸡肿头综合征（SHS）都是由 TRT 病毒引起的，也称为 TRT/SHS 病毒。

【流行病学】主要发生于饲养肉用种鸡和肉仔鸡的地区，特别易发生于肉用仔鸡集中的地区，3～8 周龄的肉鸡多发，20～25 周龄也可发生，也有育成鸡发生肿头综合征的报道。

肺病毒也是通过副黏病毒科病毒的传播方式传播的。鸡场的生物安全措施不力，消毒不严，卫生条件不好等，有利于这些病毒的扩散，空气污染时含有大量病毒，气源传播也有可能。

肉鸡肿头综合征的流行一般都有复杂的病原因素：一是免疫抑制（IBDV、CIAV、MDV、霉菌毒素或其他尚不明确的原因导致的免疫抑制）使鸡群易受肺病毒感染。二是原发性的肺病毒感染引起特征性的腭鼻炎和结膜炎；三是大肠杆菌致病性变异株的继发感染，引起 SHS 临床表现明显；四是呼吸道应激（环境因素的突变，ND、IB、支原体病等呼吸道病的发生，气雾免疫等）能提高肿头综合征的发病率和严重性。

【临床表现】初期表现为轻微的上呼吸道啰音和结膜炎。细致检查病鸡，发现一只眼或两只眼出现异常的杏仁形，结膜炎和眼睑水肿，流泪，如果流泪过多，鸡只就会扭转脖颈，眼眶周围摩擦翅前端，甚至还会用脚趾抓搔眼睛，随后病鸡咳嗽，打喷嚏，鼻腔流泡沫状分泌物，呼吸困难，精神不振，不愿运动，食欲减退，泪腺、眼睑、鸡冠、肉垂、面部等出现肿胀。鸡上下眼睑常粘在一起，头部、颈部和肉髯水肿明显。个别鸡出现斜颈，脑定向力障碍，头部抽搐等神经症状。如果耐过了感染急性期，肿胀消退，但肉垂和下颌间组织变硬。

【病理变化】头部周围皮下组织充满胶样液或脓液，颅骨气腔内充满干酪样物质，可见到鼻腔黏膜的炎症和鼻骨黏膜的轻微出血。如出现致病性大肠杆菌的全身性感染，会出现心包炎、肝周炎和腹膜炎。

【实验室检查】要对感染的活鸡进行诊断，须取病鸡的血清检测鸡肺病毒抗体。

【鉴别诊断】

1. 鸡肿头综合征与禽流感的鉴别

[**相似点**] 鸡肿头综合征与禽流感均有精神委顿，羽毛松乱，打喷嚏，斜颈、转圈、共济失调，腹泻、绿便，肿头等临床症状。

[**不同点**] 禽流感的病原是鸡 A 型流感病毒（AIV）。病鸡头颈下垂，头、颈、声门水肿，鼻咽有红色渗出物，口腔黏膜出血，后期头腿麻痹、抽搐。剖检可见鼻窦、口腔有炎症，腺胃黏膜、肌胃角质膜下层、十二指肠出血，胸部肌肉、腹部脂肪、心脏有散在出血点，肝肿大、瘀血，肝、脾、肺、肾有黄色坏死灶。用 ELISA 和 Dot-ELISA（哈尔滨兽医研究所研制）试验盒可检出禽流感病毒。

2. 鸡肿头综合征与鸡传染性鼻炎的鉴别

[**相似点**] 鸡肿头综合征与鸡传染性鼻炎均有打喷嚏，甩头，

眼睑、颜面肿胀，下颌部、肉髯水肿，眼结膜充血肿胀等临床症状。

［**不同点**］鸡传染性鼻炎的病原是副鸡嗜血杆菌，一侧或两侧颜面肿胀。剖检可见鼻腔眶下窦黏膜充血肿胀，覆有黏性分泌物。用眼鼻分泌物在血液琼脂平板上与金黄色葡萄球菌交叉接种，可见葡萄球菌菌落周围本菌旺盛生长发育并呈卫星现象，将此细菌涂片染色镜检，可见革兰氏阴性嗜血杆菌。

3. 鸡肿头综合征与鸡慢性呼吸道病的鉴别

［**相似点**］鸡肿头综合征与鸡慢性呼吸道病均有打喷嚏，摇头，眼睑肿胀，运动失调等临床症状。

［**不同点**］鸡慢性呼吸道病的病原为鸡毒支原体。病鸡表现一侧或两侧眶下窦发炎肿胀，常有鼻液堵塞鼻孔，用翅拂擦翅羽有鼻液。剖检可见鼻孔、鼻窦、气管有较多黏液，气囊有干酪样渗出物，心包炎，肝周炎，用平板凝集反应可见明显的凝集颗粒。

4. 鸡肿头综合征与鸡大肠杆菌病（全眼球炎）的鉴别

［**相似点**］鸡肿头综合征与鸡大肠杆菌病（全眼球炎）均有羽毛松乱，精神不振，眼睑肿胀等临床症状。

［**不同点**］鸡大肠杆菌病的病原为大肠杆菌。病鸡表现眼皮肿胀，不能睁眼，眼内蓄积脓性渗出物。剖检可见纤维素性心包炎，心包膜肥厚、浑浊，纤维素和干酪状渗出物混在一起附着在心包膜表面。肝脏有大小不等的坏死斑，脾脏充血肿胀。

5. 鸡肿头综合征与鸡霍乱的鉴别

［**相似点**］鸡肿头综合征与鸡霍乱均有羽毛松乱，精神不振，眼睑肿胀等临床症状。

［**不同点**］鸡霍乱鸡冠肉髯发绀水肿，剧烈腹泻，粪便黄绿色，剖检可见心冠脂肪、心外膜有出血点，肝脏表面有多个针尖至小米粒大小的白色坏死灶。

6. 鸡肿头综合征与鸡弓形虫病的鉴别

［**相似点**］鸡肿头综合征与鸡弓形虫病均有食欲不振，步态

不稳，共济失调，歪头，角弓反张等临床症状。

[不同点] 鸡弓形虫病的病原为弓形虫。病鸡厌食消瘦，鸡冠苍白萎缩，贫血，歪头和失明。剖检可见心包、小肠有圆形结节，前胃壁增厚，肝、脾有坏死灶。用腹腔液涂片镜检可见弓形虫。

7. 鸡肿头综合征与鸡磺胺类药物中毒的鉴别

[相似点] 鸡肿头综合征与鸡磺胺类药物中毒均有精神沉郁，食欲不振，共济失调，头部肿大等临床症状。

[不同点] 鸡磺胺类药物中毒的病因是磺胺类药物服用过多。病鸡渴欲增加，腹泻，头部呈蓝紫色，溶血性贫血。剖检可见皮肤、肌肉、内脏器官出血，皮下有大小不等的出血斑，肾呈土黄色、表面有紫红色出血斑，肾盂、肾小管充血、有磺胺结晶，输尿管充血、有尿酸盐，心外膜出血。

【防制】

1. 预防措施

① 制订控制免疫缺陷病原的计划，有效控制免疫缺陷病的发生，避免免疫抑制。对父母代种鸡要进行传染性法氏囊炎和大肠杆菌病的确切接种，以保证较高的母源抗体水平，对肉用仔鸡也应进行马立克氏病和大肠杆菌病的接种。同时做好新城疫、传染性支气管炎、支原体等疾病的防治工作。保证呼吸道黏膜的完整性和局部抗体，对控制肉鸡群和呼吸道感染至关重要。保证饮水和饲料的清洁卫生，减少霉菌及其毒素和其他有毒有害物质的含量。

② 鸡场应采取良好的生物安全措施，避免呼吸道病毒和免疫抑制病毒的侵入。做好鸡场鸡舍的清洁卫生和消毒工作。采用全进全出的饲养方式。保持鸡舍通风换气良好，饲养密度适宜，温度、湿度稳定，空气清新洁净，减少应激的发生，如断喙、转群、免疫接种等生产程序必须进行时，可在饲料或饮水中加入高剂量的抗应激剂如速补-14、维生素 C 等来缓解应激。

③ 种鸡在 2 周龄和 9 周龄接种 TRT/SHS 弱毒苗或油乳剂

灭活苗，以预防 SHS 的发生。

2. 发病后措施

及早选用抗生素类药物治疗。大肠杆菌易伴随此病发生，要针对不同的致病株选择敏感药物，选用氟哌酸、喹乙醇、青霉素、庆大霉素或磺胺类药物可降低死亡率。此外，有报道认为，本病连用 3 天氟甲喹效果较好。

十三、鸡脑脊髓炎（AE）

鸡传染性脑脊髓炎（流行性震颤）是一种主要侵害雏鸡的病毒性传染病，以共济失调和头颈震颤为主要特征。母鸡感染后产蛋量急剧下降。

【病原】鸡传染性脑脊髓炎的病毒属于小 RNA 病毒科，肠道病毒属，病毒粒子具有六边形轮廓，无囊膜，直径 24～32 纳米。病毒可在易感雏鸡、鸡胚、鸡胚肾细胞、神经胶质细胞及成纤维细胞上生长繁殖。病毒可抵抗氯仿、酸、胰酶、胃蛋白酶和 DNA 酶。在二价镁离子的保护下可抵抗热效应，56℃ 1 小时稳定。化学灭活剂中以氧化剂最有效，紫外线有灭活作用，但不完全破坏其抗原性，病毒在粪便中至少存活 4 周以上。

【流行病学】鸡对本病最易感，各日龄均可感染，雏鸡才有明显症状。此病的传染性强，病毒通过肠道感染后，经粪便排毒，病毒在粪便中能存活相当长的时间。因此，污染的饲料、饮水、垫草、孵化器和育雏设备都可能成为病毒传播的来源，如果没有特殊的预防措施，该病可在鸡群中传播。本病一年四季均可发生，但主要集中在冬季。

本病以垂直传播为主，也可水平传播。产蛋鸡感染后，一般无明显的临床症状，但在感染急性期可将病毒排入蛋中，这些蛋虽然大都能孵化出雏鸡，但雏鸡在出壳时或出生后数日内呈现症状。这些被感染的雏鸡粪便中含有大量的病毒，可通过接触感染其他雏鸡，造成重大的经济损失。

本病流行无明显的季节性，一年四季均可发生，以冬春季节稍多。发病及死亡率因鸡群中易感鸡多少、病原毒力高低、发病日龄大小而有所不同。雏鸡发病率一般为 $40\%\sim60\%$，死亡率为 $10\%\sim25\%$，甚至更高。

【临床症状】主要见于 3 周龄以内的雏鸡，虽然出雏时有较多的弱雏并可能有一些病雏，但有神经症状的病雏大多在 $1\sim2$ 周龄出现。病雏最初表现为迟钝，继而出现共济失调，表现为雏鸡不愿走动而蹲坐在自身的跗关节上，驱赶时可勉强以跗关节着地走路，走动时摇摆不定向前猛冲后倒下。或出现一侧或双侧腿麻痹，一侧腿麻痹时，走路跛行，双腿麻痹时则完全不能站立，双腿呈一前一后的劈叉姿势，或双腿倒向一侧。肌肉震颤大多在出现共济失调之后才发生，在腿、翼，尤其是头颈部可见明显的阵发性震颤，频率较高，在病鸡受惊扰如给水、加料、倒提时更为明显。部分存活鸡可见一侧或两侧眼的晶状体浑浊或浅蓝色褪色，眼球增大及失明。成年鸡主要表现产蛋率大幅下降，1 周左右后迅速的上升，其他无明显表现。

【病理变化】病鸡唯一可见的肉眼变化是腺胃的肌层有细小的灰白区，个别雏鸡可发现小脑水肿。组织学变化表现为非化脓性脑炎，脑部血管有明显的管套现象；脊髓背根神经炎，脊髓根中的神经原周围有时聚集大量的淋巴细胞。小脑分子层易发生神经原中央虎斑溶解，神经小胶质细胞弥漫性或结节性浸润。此外尚有心肌、肌胃肌层和胰脏淋巴小结的增生、聚集以及腺胃肌肉层淋巴细胞浸润。

【实验室检查】病毒分离、荧光抗体试验、琼脂扩散试验及酶联免疫吸附试验。

【鉴别诊断】

1. 鸡传染性脑脊髓炎与鸡马立克氏病的鉴别

[相似点] 鸡传染性脑脊髓炎与鸡马立克氏病均有共济失调，双腿麻痹，脱水，消瘦等临床症状；并均有相同的神经病变。

[不同点] 鸡马立克氏病是由鸡马立克氏病毒引起的，发病日龄较晚（3～4 周龄发病），剖检可见外周神经变粗，各脏器均

有大小不等的肿瘤。用羽毛做琼脂扩散试验（PPA）羽毛与中央孔之间出现沉淀线，呈阳性反应。

2. 鸡传染性脑脊髓炎与鸡病毒性关节炎的鉴别

［相似点］鸡传染性脑脊髓炎与鸡病毒性关节炎均有不愿走动，逐渐消瘦，生长受阻，产蛋量下降等临床症状。

［不同点］鸡病毒性关节炎是由呼肠孤病毒引起的，自然发病多见于4～7周龄，跗关节肿胀，皮外可见皮下组织呈紫红色。剖检可见滑液囊充血、出血，关节腔有黄色或血色渗出液，或有脓，呈干酪样物，肌腱断裂且与周围组织粘连，用酶联免疫吸附试验（ELISA）双抗双心法可检出病毒性关节炎病毒。

3. 鸡传染性脑脊髓炎与鸡维生素E缺乏症的鉴别

［相似点］鸡传染性脑脊髓炎与鸡维生素E缺乏症均有精神沉郁，共济失调，行走不便，不能站立，成年鸡产蛋量及孵化率下降等临床症状；并均有脑膜充血、出血等剖检病变。

［不同点］维生素E缺乏症是由维生素E缺乏引起的，发病周龄（一般在2～4周龄发生）比鸡传染性脑脊髓炎（3周龄以内的雏鸡发生）晚一些，病雏常伴有白肌病及渗出性物质，剖检可见小脑水肿，表现有出血点，脑内还有黄绿色浑浊的坏死区，而鸡传染性脑脊髓炎病在脑部无肉眼可见的明显变化。

4. 鸡传染性脑脊髓炎与鸡维生素A缺乏症的鉴别

［相似点］鸡传染性脑脊髓炎与鸡维生素A缺乏症均有精神沉郁，羽毛松乱，生长缓慢，消瘦，共济失调，走路不稳，驱赶、刺激时出现神经症状等等。

［不同点］维生素A缺乏症是由维生素A缺乏引起的，雏鸡流泪，角膜浑浊、软化或穿孔，口腔有白色小结节，覆有豆渣样薄膜。成年鸡喙爪色浓，趾爪蜷缩。剖检可见咽喉黏膜有白色结节，覆有豆渣样膜，肾灰白色，肾小管、输尿管充满白色尿酸盐。

5. 鸡传染性脑脊髓炎与鸡维生素D缺乏症的鉴别

［相似点］鸡传染性脑脊髓炎与鸡维生素D缺乏症均有精神

沉郁，共济失调，行走不便，不能站立，成年鸡产蛋量及孵化率下降等临床症状。

［不同点］维生素 D 缺乏症是由维生素 D 缺乏引起的，虽然最早可在 10～11 日龄发生，但一般要到 1 月龄后才发生，具有明显的骨软症而瘫痪。

鸡传染性脑脊髓炎除表现雏鸡瘫痪外，其头颈部神经性震颤症状明显。

6. 鸡传染性脑脊髓炎与鸡维生素 B_2 缺乏症的鉴别

［相似点］鸡传染性脑脊髓炎与鸡维生素 B_2 缺乏症均有不愿走路，常以跗关节着地，腿麻痹，生长受阻等临床症状。

［不同点］维生素 B_2 缺乏症的病因是维生素 B_2 缺乏，虽然也以跗关节着地，以翅保持移动平衡，一般多在 2～3 周龄发生腹泻，足趾向内蜷多在 2 周龄之后发生，趾爪明显，皮肤干而粗糙，据此易与鸡传染性脑脊髓炎相区别。

7. 鸡传染性脑脊髓炎与鸡喹乙醇中毒（成年鸡）的鉴别

［相似点］鸡传染性脑脊髓炎与鸡喹乙醇中毒（成年鸡）均有沉郁，常蹲下，拍翅。

［不同点］鸡喹乙醇中毒的病因是吃喹乙醇超量。鸡冠暗红，死前拍翅膀且挣扎尖叫，有的下蛋即死。剖检可见体表有少量出血点、肝肿大、色暗、质脆，切面看似很烂、多血，腹壁、肝面、肠系膜胆汁浸润。心包粘连，卵巢变性。卵黄呈白色小点、卵黄膜破裂、卵黄溢出。

【防制】

1. 预防措施

（1）加强消毒与隔离　防止从疫区引进种蛋与种鸡

（2）免疫接种　目前有两类疫苗可供选择。

① 活毒疫苗。一种用 1143 毒株制成的活苗，可通过饮水法接种，鸡接种疫苗后 1～2 周排出的粪便中能分离出脊髓炎病毒，这种疫苗可通过自然扩散感染，且具有一定的毒力，故小于 8 周

龄、处于产蛋期的鸡群不能接种这种疫苗，以免引起发病，建议于 10 周龄以上，但不能迟于开产前 4 周接种疫苗，接种后 4 周内所产的蛋不能用于孵化，以防雏鸡由于垂直传播而发病；一种活毒疫苗常与鸡痘弱毒疫苗制成二联苗，一般于 10 周龄以上至开产前 4 周之间进行翼膜刺种。

② 灭活疫苗。用野毒或鸡胚适应毒接种 SPF 鸡胚，取其病料灭活制成油乳剂疫苗。这种疫苗安全性好，接种后不排毒、不带毒，特别适用于无脑脊髓炎病史的鸡群。可于种鸡开产前 18～20 周接种。

（3）发病期间种蛋不能孵化　种鸡如果在饲养管理正常而且无任何症状的情况下产蛋数量减少，应请兽医部门做实验室诊断。若诊断为本病，在产蛋量恢复正常之前，或自产蛋量下降之日算起至少半个月以内，种蛋不能用于孵化，可作商品蛋处理。

2. 发病后措施

本病尚无有效的治疗方法。雏鸡发病，一般是将发病鸡群扑杀并做无害化处理。如有特殊需要，也可将病鸡隔离，给予舒适的环境，提供充足的饮水和饲料，饲料和饮水中添加维生素 E、维生素 B_1，避免尚能走动的鸡践踏病鸡等，可减少发病与死亡。成年鸡群发病，没有明显的病态症状，只是产蛋率降低，一般不用采取特殊措施，一段时间后即可恢复，并且产蛋率仍能达到较高的水平。

十四、鸡病毒性肾炎（AVN）

鸡病毒性肾炎是由小 RNA 病毒（肠道病毒）所引起的，呈亚临床症状的一种急性高度接触性传染病，主要侵害鸡肾脏。本病的特征为对 1 月龄以内的雏鸡有较强的致病性，引起雏鸡间质性肾炎，影响生长发育，不显症状。

【病原】鸡肾炎病毒（ANV）属于细小核糖核酸病毒科的肠道病毒属。病毒粒子无囊膜，呈 20 面体对称的球形，核酸型为RNA，单链。病毒在细胞质内复制。对乙醚、氯仿、胰酶、pH3.0

有抵抗力。ANV 能在鸡肾细胞及鸡胚上生长。ANV 至少存在 2 种不同的血清型。

【流行病学】鸡病毒性肾炎的自然宿主是鸡，人工接种可导致火鸡发病。该病呈隐性感染，自然感染或人工感染鸡所表现出的症状均不明显。该病多发生于 2 周龄以内的雏鸡，2 周龄以上的鸡不易感染，但在感染鸡体内可测出病毒抗体。在自然条件下，感染的鸡都是本病的传染源。通过直接或间接接触而传播。病毒随粪便排出体外，污染饲料、饮水、用具和环境等，从而引起健康鸡感染发病。感染途径不影响该病毒对雏鸡的致病力。由于病毒在鸡粪便中可存活相当长的时间，所以经口感染而导致该病的广泛流行。

【临床症状】自然感染和人工感染的鸡均难以观察到明显的临床症状。随着病程的发展，鸡群表现出生长缓慢，增重明显下降和肾脏损害。有时在感染鸡群也可观察到腹泻和肺炎。感染的肉鸡在临床上往往表现生长停滞，个体矮小，呈僵鸡状。

【病理变化】本病肉眼可见的病变仅限于肾脏，肾脏苍白褪色，但不肿大，偶尔可见肾周围有尿酸盐沉积。此病变主要见于 2 周龄的雏鸡。

【鉴别诊断】

1. 鸡病毒性肾炎与鸡肾型传染性支气管炎的鉴别

[相似点] 鸡病毒性肾炎与鸡肾型传染性支气管炎均有肾脏病变。

[不同点] 鸡肾型传染性支气管炎的病原是传染性支气管炎病毒，呼吸道症状明显。呼吸困难，精神沉郁，厌食，排灰白色稀便或白色淀粉糊样稀便。剖检可见肾肿大、苍白，肾小管因尿酸盐沉积而变粗，心脏、肝脏表面有时也沉积尿酸盐，似一层白霜，泄殖腔内常有大量的石灰膏样尿酸盐。法氏囊内充血、出血，黏液增多，有的可见呼吸道病变，有的不明显。

鸡病毒性肾炎无呼吸困难，病变仅限于肾脏，肾脏苍白褪色，但不肿大，偶尔可见肾周围有尿酸盐沉积。

2. 鸡病毒性肾炎与鸡内脏型马立克氏病的鉴别

［**相似点**］鸡病毒性肾炎与鸡内脏型马立克氏病均有肾脏病变。

［**不同点**］鸡内脏型马立克氏病在几乎所有的内脏器官，如心脏、腺胃、卵巢、睾丸、肝脏、脾脏、胰腺等均可发生病变，尤以卵巢最为严重。

鸡病毒性肾炎的病变仅限于肾脏，肾脏苍白褪色，但不肿大，偶尔可见肾周围有尿酸盐沉积。

3. 鸡病毒性肾炎与鸡住白细胞原虫病的鉴别

［**相似点**］鸡病毒性肾炎与鸡住白细胞原虫病均有肾脏病变。

［**不同点**］鸡住白细胞原虫病的临床症状明显。病雏食欲减退，精神沉郁，体温升高，冠髯苍白，两翅瘫痪，流口涎，下痢，粪便呈绿色。剖检可见病尸消瘦，口流鲜血，全身皮下出血。肝、脾、肾肿大，出血，胸肌、腿肌有出血斑点和灰白色或灰黄色由裂殖体形成的小结节。采取病鸡静脉血、心血或肝、脾、肾组织涂片镜检，可观察到成熟配子寄生的宿主细胞。

鸡病毒性肾炎的临床症状不明显，病变仅限于肾脏，肾脏苍白褪色，但不肿大，偶尔可见肾周围有尿酸盐沉积。

4. 鸡病毒性肾炎与鸡内脏型痛风病的鉴别

［**相似点**］鸡病毒性肾炎与鸡内脏型痛风病均有肾脏病变。

［**不同点**］鸡内脏型痛风病肾脏尿酸盐沉积严重，肾小管因蓄积尿酸盐而变粗，使肾表现形成花纹。输尿管明显变粗，严重的有筷子甚至香烟粗，管内充满石灰样尿酸盐沉淀物。心、肝、脾、肠系膜及腹膜等，均覆盖一层白色尿酸盐，似薄膜状，刮取少许置显微镜下观察，可见到大量针状的尿酸盐结晶。

鸡病毒性肾炎肉眼可见的病变仅限于肾脏，肾脏苍白褪色，但不肿大，偶尔可见肾周围有尿酸盐沉积。

5. 鸡病毒性肾炎与鸡药物中毒的鉴别

［**相似点**］鸡病毒性肾炎与鸡药物中毒均有肾脏病变。

［**不同点**］鸡药物中毒的临床症状明显，多有神经症状，剖检时，除肾脏外其他器官也有病变；鸡病毒性肾炎无神经症状，除肾脏外其他器官无病变。

【**防制**】本病目前尚无特殊疗法，常规的卫生管理及预防各种病原微生物的混合感染是必要的。

十五、鸡白血病

鸡白血病（AL），是由禽白血病病毒引起的一种慢性传染性肿瘤病（因为鸡白血病病毒与鸡肉瘤病毒具有一些共同的重要特征，习惯上将它们放在一起，称之为白血病/肉瘤群）。鸡白血病有多种类型，如淋巴细胞性白血病、成红细胞性白血病、成髓细胞性白血病、骨髓细胞瘤、内皮瘤等。其主要特征为病鸡血细胞和血母细胞失去控制而大量增殖，使全身很多器官发生良性或恶性肿瘤，最终导致死亡或失去生产能力。本病流行近年来呈上升趋势，淋巴细胞性白血病的发病率最高，其他类型较少发生。

【**病原**】禽白血病病毒（ALV）属反转录病毒科，C 型肿瘤病毒属禽白血病/肉瘤病毒群。并分为 A、B、C、D 和 E 五个亚群。A 亚群是最常见的，并且与淋巴白血病最密切相关。B 亚群在鸡群中偶尔也可分离到。禽白血病/肉瘤病毒对脂溶剂和去污剂敏感，对热的抵抗力弱。病毒材料需保存在 $-60℃$ 以下，在 $-20℃$ 很快失活。本群病毒在 pH5～9 之间稳定。

【**流行病学**】在自然感染条件下，本病仅发生于鸡，不同品种、品系的鸡的易感性有一定的差异。一般母鸡比公鸡易感，鸡的发病年龄多集中于 6～18 月龄以下，特别是 4 月龄以下很少发生，1 岁以上也很少发生。发病季节多为秋、冬、春季，这可能与鸡的日龄有关。饲料管理不良、球虫病及维生素缺乏症等，能促使本病的发生。

本病的传染源是病鸡和带毒鸡，后者在本病的传播中起重要作用。母鸡整个生殖系统都有病毒繁殖，并以输卵管的蛋白分泌部病毒浓度最高。所以，本病主要的传播方式是垂直传播，接触传播不太重要。由于带毒鸡所产的种蛋携带病毒，其孵出的雏鸡也带毒，成为重要的传染源。本病虽污染广泛，但发病率很低，一般呈个别散发，偶尔大量发病。

【临床症状及病理变化】

1. 淋巴细胞性白血病

淋巴细胞性白血病通常又称大肝病，是常见的一种，潜伏期可达14～30周之久。自然病例常于14周龄后出现，性成熟期发病率最高。本病无特征性症状，仅可见鸡冠苍白、皱缩、偶有发绀，体质衰弱，进行性消瘦，下痢，腹部常增大，有时可摸到肿大的肝脏。肿瘤主要发生于脾脏、肝脏和法氏囊，也见于肾、肺、心、骨髓等。肿瘤可分为结节型、粟粒型、弥漫型和混合型四种。结节型从针尖到鸡卵大，单在或大量分布。肿瘤一般呈球形，也可为扁平型。粟粒型的结节直径在2毫米以下，常大量均匀分布于肝实质中。弥漫型肿瘤使器官均匀增大、增重好几倍，色泽灰白，质地变脆。法氏囊一般肿大，并可见多发性肿瘤。

2. 成红细胞性白血病

成红细胞性白血病有增生型和贫血型两种。增生型较常见，特征是血液中的红细胞明显增多；贫血型的特征是显著贫血，血液中未成熟细胞少。两型病鸡早期均全身衰弱，嗜睡，鸡冠苍白或发绀，消瘦，下痢，毛囊多出血。病程从几天到几个月。病鸡全身贫血变化明显，肌肉、皮下组织及内脏器官常有小出血点。增生型的特征为肝、脾广泛肿大，肾肿较轻。病变器官呈樱桃红色。贫血型内脏常萎缩，特别是肝和脾。

3. 成髓细胞性白血病

成髓细胞性白血病的临床症状与成红细胞性白血病相似，但病程后者长。其特征变化为血液中的成髓细胞大量增加，每毫升血液中可高达200个。剖检时，病鸡骨髓坚实，红灰色到灰色。实质器官肿大，严重病例肝、脾、肾常有灰色弥散性浸润，使脏器呈颗粒状外观或有斑状花纹。

4. 骨髓细胞瘤病

骨髓细胞瘤病病鸡的骨骼上常见由骨髓细胞增生形成的髓瘤，因而病鸡的头部出现异常的突起，胸部与跗骨部有时也见有这种突起。病程一般较长。

5. 脆性骨质硬化型白血病（骨化石病）

脆性骨质硬化型白血病病鸡双腿发生不正常的肿大和畸形，走路不协调或跛行，发育不良，皮肤苍白，贫血。最长侵害的是肢体的长骨，骨干或干骺端可见均匀或不规则增厚，晚期病鸡胫骨具有"长靴样"特征。

剖检时，首先是胫骨、跗骨和距骨骨干出现病变，其次是其他长骨、骨盆、肩胛骨和肋骨，趾骨常无变化，病变常呈两侧对称。病初在正常骨头上可见浅黄色病灶，骨膜增厚，骨呈海绵样，极易切断。逐渐向周围扩散，并进入骨骺端，骨头呈梭形。病变可由轻度外生骨疣，到巨大的不对称增大，乃至将骨髓腔完全堵塞不等，到后期则骨质石化，剥开时就露出坚硬多孔而不规则的骨石。本病常与淋巴性白血病合并发生，所以内脏器官同时可以发现肿瘤病灶。如病鸡无并发症，内脏器官往往发生萎缩。

6. 血管瘤

用野毒对雏鸡接种，在3～4周可出现血管瘤。多数分离物或病毒株可引起本病，各种年龄的鸡都曾发现过。血管瘤常见单个发生于皮肤中，也常有多发的，瘤壁破溃可导致大量出血，瘤旁羽毛被血污染。病鸡苍白，常死于出血。剖检时，因属血管系统的瘤，故常波及血管壁各层。皮肤中或内脏器官表面的血管瘤很像血疱，内脏的瘤中常可找到血凝块。海绵状血管瘤的特征是，由内皮细胞组成薄壁的血液腔显著扩张。毛细血管瘤是灰粉红色到灰红色的实心团。血管内皮可增生进入密集的团中，只留很小的缝隙作为血液的通路，或者发展为有毛细管腔的格子状，或者成为由胶状囊支持的散在血管腔。值得注意的是，血管瘤常与成红细胞性白血病和成髓细胞性白血病同时出现。

7. 肾真性瘤

肾真性瘤多数病例发生于 2～6 月龄的鸡。当肿瘤不大，无其他并发症时，不易见到症状。肿瘤长大时，病鸡消瘦，虚弱。一旦压迫坐骨神经，则发生瘫痪。剖检时，瘤的外观，由埋藏于肾实质内的粉红灰色的结节，到取代大部分肾组织的淡灰色分叶的团块不等。瘤子由一根纤维性有血管的细柄与肾相连着。大瘤子常有囊肿，有时甚至占领两肾。有些瘤主要由增大的上皮内陷的小管与畸形肾小球构成的不规则团块，乃至类立方形只有很少管状结构的大形细胞组成，称之为腺瘤。也有发生囊肿的小管占优势的，称之为囊腺瘤。有的还可见角质化的分层鳞状上皮结构（珠子）、软骨或硬骨，这类生长物称之为肾真性瘤。

8. 结缔组织肿瘤

结缔组织肿瘤所指以病毒为病原迹象，具有传染性的结缔组织肿瘤。它包括纤维肉瘤和纤维瘤、黏液肉瘤和黏液瘤、组织细胞瘤、骨瘤和骨生成的肉瘤和软骨瘤。这些肿瘤有的是良性的，也有的是恶性的。良性瘤长得慢，不侵犯周围组织；恶性瘤长得快，发生浸润，能转移。结缔组织肿瘤发展迅速，任何年龄的鸡均可发生。肿瘤可无限制地生长，常因继发细菌感染、毒血症、出血或机能障碍导致死亡。良性者可不致死，恶性者病程急剧的可在数日内死亡。剖检时，可见纤维瘤、黏液瘤和肉瘤，这些最可能发生于皮肤或肌肉中；软骨或硬骨或混合组成的瘤，可发生于这两种组织中。结缔组织肿瘤的转移灶，最常发于肺、肝、脾和肠浆膜中。

【鉴别诊断】

1. 鸡淋巴细胞性白血病与鸡马立克氏病的鉴别

［**相似点**］鸡淋巴细胞性白血病与鸡马立克氏病均有精神不振，食欲减退，消瘦，冠髯苍白等临床症状；并具备内脏有大小不等的肿块，法氏囊肿大等剖检病变。

［**不同点**］鸡淋巴细胞性白血病在 4 月龄之后发生，6～18

月龄为主要发病期，马立克氏病此时已很少发生；淋巴细胞性白血病可见法氏囊发生结节状肿瘤，马立克氏病则常引起法氏囊萎缩，个别病例法氏囊壁增厚，但无肿瘤；淋巴细胞性白血病不出现马立克氏病那样的麻痹、"灰眼"症状。

2. 鸡淋巴细胞性白血病与鸡传染性法氏囊病的鉴别

［相似点］鸡淋巴细胞性白血病与鸡传染性法氏囊病均有精神不振，食欲减退，下痢等临床症状；并均有法氏囊肿大等剖检病变。

［不同点］鸡传染性法氏囊病是由鸡传染法氏囊病病毒（IBDV）引起的，3～6周龄的雏鸡易发。鸡自啄肛门，头翅下垂，有冷感，微震颤，剖检可见肠黏膜、腺胃、肌胃浆膜下（尤其是腺胃、肌胃交界处）有暗红色出血点或出血斑，胸肌、大腿侧肌有出血条纹，法氏囊出血、水肿，后期萎缩。

鸡淋巴细胞性白血病在4月龄之后发生，6～18月龄为主要发病期，可见法氏囊发生结节状肿瘤。

3. 鸡淋巴细胞性白血病与鸡网状内皮组织增生病的鉴别

［相似点］鸡淋巴细胞性白血病与鸡网状内皮组织增生病均有精神不振，食欲减退等临床症状；并具有脾、肝、胸腺、法氏囊、胸腺结节性增生等剖检病变。

［不同点］鸡网状内皮组织增生病是由网状内皮组织增生病病毒（REV）引起的。病鸡生长停滞，羽毛生长不正常，躯干部位羽小支紧贴羽干。剖检可见胸腺萎缩、充血、水肿。肝、脾、胸腺、法氏囊、腺胃、性腺发生网状细胞弥散性和结节性增生（特征）。96孔培养板上用间接荧光抗体方法检验可确定。

鸡淋巴细胞性白血病肝脏肿大特别明显。

4. 鸡淋巴细胞性白血病与鸡弯曲杆菌性肝炎的鉴别

［相似点］鸡淋巴细胞性白血病与鸡弯曲杆菌性肝炎均有食欲不振，冠髯苍白、萎缩，消瘦，精神委顿、嗜睡，产蛋停止等临床症状；并均有肝肿大等剖检病变。

[**不同点**] 鸡弯曲杆菌性肝炎的病原为弯曲杆菌，急性病例多为雏鸡且腹泻。剖检可见青年鸡肝肿大 1～2 倍，色红黄或黄褐，切面、表面有粟粒至黄豆大的坏死灶。成年鸡肝稍小，质脆或硬化，有星状坏死灶、呈网络状。从培养基挑起菌落或肝隙状窦挑取菌落，用免疫过氧化物染色，菌落呈棕褐色。

鸡淋巴细胞性白血病肝肿大，直径在 2 毫米以下的肿瘤结节常大量均匀分布于肝实质中，肝脏均匀增大、增重好几倍，色泽灰白，质地变脆。

5. 鸡淋巴细胞性白血病与鸡球虫病的鉴别

[**相似点**] 鸡淋巴细胞性白血病与鸡球虫病均有精神委顿、嗜睡，食欲不振，冠髯苍白、贫血，下痢，渐进性消瘦等临床症状。

[**不同点**] 鸡球虫病的病原为艾美耳球虫，一般 3～4 周龄多发，嗉囊积食，稀粪含血或全血。剖检可见小肠发炎、肿胀、覆黏稠液、有小血块，盲肠肿胀、肥厚、呈棕红色或暗红色，内容物为血液、凝血块或黄白色干酪样物。肠系膜刮取物或肠内容物镜检可见球虫卵囊和大配子。

鸡淋巴细胞性白血病发病日龄较晚，无血粪和肠道炎症，剖检可见肝肿大，直径在 2 毫米以下的肿瘤结节常大量均匀分布于肝实质中，肝脏均匀增大、增重好几倍，色泽灰白，质地变脆。

6. 鸡淋巴细胞性白血病与鸡叶酸缺乏症的鉴别

[**相似点**] 鸡淋巴细胞性白血病与鸡叶酸缺乏症均有生长迟缓，贫血，母鸡停止产蛋等临床症状。

[**不同点**] 鸡叶酸缺乏症是由叶酸缺乏引起的，饲粮中给予补充，症状便有所缓解。病鸡表现羽毛生长不良和色素缺乏，腿软弱，死亡的鸡胚胫骨弯曲，肝脾贫血，胃有小出血点，肠系膜缺乏性炎症。

7. 鸡淋巴细胞性白血病与鸡弓形虫病的鉴别

[**相似点**] 鸡淋巴细胞性白血病与鸡弓形虫病均有食欲不振，

消瘦，冠髯苍白、皱缩，下痢等临床症状。

[**不同点**] 鸡弓形虫病的病原为弓形虫，病鸡表现共济失调，歪头转圈，角弓反张，失明。剖检可见心包圆形结节，心包积液，前胃壁增厚、有些有溃疡，小肠明显结节增厚，肝、脾有坏死灶。用腹腔液或组织涂片、姬姆萨染色可见虫体。

【防制】鸡白血病目前尚无有效的疫苗和治疗药物，只有加强预防措施，以杜绝本病的发生。定期进行种鸡检疫，淘汰阳性鸡，培育无白血病种鸡群；加强孵化室和鸡场的消毒卫生工作，从而切断包括经种蛋垂直传递的传播途径。

十六、鸡传染性矮小综合征

鸡传染性矮小综合征（传染性发育迟缓综合征、鸡苍白综合征、营养吸收不良综合征）是由呼肠孤病毒或自主细小病毒引起的，其主要特征是肉用仔鸡发育迟缓或停滞、腿软、鸡冠和胫部苍白，羽毛生长不良，造成鸡只增重低和饲料效益差。

【病原】目前关于本病的病原因子尚未有定论。1981 年 Heide 和 Page 分离到呼肠孤病毒，Wyeth 证明在病鸡中有嵌杯样病毒存在。最近 Kisary 研究后发现，有一种自主细小病毒是雏鸡流行传染性矮化综合征的病因。

【流行病学】本病主要危害肉鸡，对蛋鸡不产生明显的影响。病鸡最早出现在 4 日龄，8～12 日龄病死率增加，最高达 12％～15％。1～3 周龄对生长发育的影响特别明显。

病鸡和带毒鸡是本病的传染来源，被病鸡排泄物污染的饲料、水、用具等是传染媒介。传播途径有水平传播和垂直传播。在一地区本病可持续存在，有的鸡场则是周期性发生。

【临床表现】以鸡体矮小，精神不振，羽毛生长不良和腿瘸为特征。病鸡腹部膨胀、腹泻，排出黄褐色黏液性粪便，步态不稳，羽毛生长不良、蓬乱、无光泽，病鸡不活泼，外观呈球形，腿软弱无力和跛行，采食困难，消化不良，粪中有较多未消化的饲料碎片，体重比正常鸡轻 30％～40％。

【病理变化】病死鸡腺胃增大，胀满。肌胃缩小并有糜烂和溃疡。肠道肿胀，肠壁变薄而脆，有出血性卡他性肠炎，肠道内有未消化的饲料。局灶性心肌炎和心包液增加，法氏囊、胸腺和胰萎缩。大腿部皮肤色素消失，大腿骨骨质疏松或坏死和断裂。

【实验室检查】确诊需进行病原分离和鉴定。

【鉴别诊断】

1. 鸡传染性生长障碍综合征与鸡传染性贫血的鉴别

[相似点] 鸡传染性生长障碍综合征与鸡传染性贫血均有精神不振，羽毛松乱，生长不良等临床症状。

[不同点] 鸡传染性贫血是由传染性贫血病毒引起的，病鸡普遍腹泻，血稀如水。剖检可见肌肉和内脏器官苍白，肝、肾肿大、褪色或呈淡黄色。大腿骨髓呈淡黄色或粉红色，胸腺萎缩（特征）、呈深红褐色，红细胞明显减少。用病料1∶10稀释于肌肉或腹腔接种1日龄SPF雏鸡，可见典型症状和病理变化。

鸡传染性生长障碍综合征病鸡腹部膨胀、腹泻，排出黄褐色黏液性粪便，剖检可见肠道肿胀，肠壁变薄而脆，有出血性卡他性肠炎，肠道内有未消化的饲料。

2. 鸡传染性生长障碍综合征与鸡病毒性关节炎的鉴别

[相似点] 鸡传染性生长障碍综合征与鸡病毒性关节炎均有精神不振，羽毛松乱，生长不良、瘸腿、腹泻等临床症状。

[不同点] 鸡病毒性关节炎是由呼肠孤病毒引起的，自然发病多见于4~7周龄，跗关节肿胀，皮外可见皮下组织呈紫红色。剖检可见滑液囊充血、出血，关节腔有黄色或血色渗出液，或有脓，呈干酪样物，肌腱断裂且与周围组织粘连，用酶联免疫吸附试验（ELISA）双抗双心法可检出病毒性关节炎病毒。

3. 鸡传染性生长障碍综合征与鸡关节型葡萄球菌病的鉴别

[相似点] 鸡传染性生长障碍综合征与鸡关节型葡萄球菌病均有羽毛松乱，生长不良、瘸腿等临床症状。

[不同点] 鸡关节型葡萄球菌病的足趾病变严重，有的可出

现趾瘤，且有些抗生素对该病有效。病料切片染色镜检，可发现葡萄球菌。

鸡传染性生长障碍综合征腹部膨胀、腹泻，排出黄褐色黏液性粪便，抗生素治疗有效。

4. 鸡传染性生长障碍综合征与鸡白痢的鉴别

［相似点］鸡传染性生长障碍综合征与鸡白痢均有精神不振，羽毛松乱，食欲减退，生长不良，腹泻等临床症状。

［不同点］鸡白痢是由白痢沙门菌引起的。种蛋或孵化期间感染，雏鸡出壳后即可发病死亡，雏鸡出壳后感染多在 1~2 周龄发病，幼雏因肛门周围绒毛与粪便干结封住肛门不能排便而鸣叫，人工剥去干结物粪便即喷射而出。幸存者发育不良，有气喘和关节炎。剖检可见早期死亡的鸡肝肿大充血，有条纹出血，卵黄囊吸收不好。病程长的，心、肝、肺、盲肠、大肠和肌胃有坏死灶，盲肠有干酪样物。用马丁肉汤培养基培养，根据菌落和生化特性可以鉴定鸡白痢沙门菌落。

5. 鸡传染性生长障碍综合征与鸡球虫病的鉴别

［相似点］鸡传染性生长障碍综合征与鸡球虫病均有精神不振，羽毛松乱，生长不良，腹泻等临床症状。

［不同点］鸡球虫病是由艾美耳球虫引起的，一般 3~4 周龄多发，嗉囊积食，稀粪含血或全血。剖检可见小肠发炎、肿胀、覆黏稠液、有小血块，盲肠肿胀、肥厚、呈棕红色或暗红色，内容物为血液、凝血块或黄白色干酪样物。肠系膜刮取物或肠内容物镜检可见球虫卵囊和大配子。

6. 鸡传染性生长障碍综合征与鸡维生素 A 缺乏症的鉴别

［相似点］鸡传染性生长障碍综合征与鸡维生素 A 缺乏症均有精神沉郁，羽毛松乱，生长缓慢，消瘦等临床症状。

［不同点］维生素 A 缺乏症是由维生素 A 缺乏引起的，表现为雏鸡流泪，角膜浑浊、软化或穿孔，口腔有白色小结节，覆有豆渣样薄膜。成年鸡喙爪褪色，趾爪蜷缩。剖检可见咽喉黏膜有

白色结节，覆有豆渣样膜，肾灰白色，肾小管、输尿管充满白色尿酸盐。

7. 鸡传染性生长障碍综合征与鸡维生素 D、钙、磷缺乏症的鉴别

[**相似点**] 鸡传染性生长障碍综合征与鸡维生素 D、钙、磷缺乏症均有精神沉郁，羽毛松乱，生长缓慢，消瘦，腹泻，瘸腿等临床症状。

[**不同点**] 维生素 D、钙、磷缺乏症是由维生素 D、钙、磷缺乏引起的，表现为病鸡两腿无力，步态不稳，患软骨症，腿骨变脆易折断，喙和趾变软弯曲。剖检可见肋骨失去正常的硬度，在椎肋与胸肋结合处向内弯曲，椎肋与肋骨结合处肋骨的内侧有界限明显的球状突起，呈串珠状，一些肋骨在这一区域甚至发生自发性折裂。

【**防制**】

至今尚未取得较满意的防治措施。发病后，饲料中添加硫酸铜 0.35 千克/吨饲料，提高饲料的能量水平、含硫氨基酸水平和脂肪含量。改善管理水平和卫生条件，严格执行全进全出制，每批之间实施彻底的清洁方案，有利于该病的控制。

十七、大肠杆菌病

大肠杆菌病是由大肠埃希杆菌的某些致病性血清型菌株引起的疾病的总称。近年来，鸡大肠杆菌病已成为危害鸡场的主要的细菌性传染病，给养鸡业造成巨大的损失。

【**病原**】大肠埃希杆菌是中等大小的杆菌，其大小为（1～3）微米×（0.5～0.7）微米，有鞭毛，无芽孢，有的菌株可形成荚膜，革兰氏染色阴性，需氧或兼性厌氧，易于在普通培养上增殖，适应性强。大肠杆菌的血清型极多。不同地区有不同的血清型，同一地区不同鸡场有不同的血清型，甚至同一鸡场同一鸡群也可以存在多个血清型。大肠杆菌按照致病力大小可将其分为致病性、非致病性和条件性 3 种类型。大肠杆菌在自然界中分布极广。在鸡舍内的水、粪便和尘埃中可以存活数周和数月之久。本菌对一般的消毒剂敏感，对抗生素及磺胺类药物等极易产生耐药性。

【流行病学】各种年龄的鸡都能感染，雏鸡的易感性较高，20～45日龄的肉鸡最易发生。发病早的有4日龄、7日龄，也有大雏发病。本病一年四季均可发生，但以冬末春初较为常见。

本病的传播途径广泛。一是消化道。本病菌污染饲料和饮水，尤以污染饮水引起发病最为常见。二是呼吸道。携有本菌的尘埃被易感鸡吸入，进入下呼吸道后侵入血液引起发病。三是蛋壳穿透。种蛋产出后，被粪便污染，在蛋温降至环境温度的过程中，蛋壳表面沾染的大肠杆菌很容易穿透蛋壳进入蛋内。污染的种蛋常于孵化的后期引起胚胎死亡，或刚出壳的雏鸡发生本病。四是经蛋传播。患有大肠杆菌性输卵管炎的母鸡，在蛋的形成过程中本菌即可进入蛋内，这样引起本病经蛋传播。五是通过交配、断喙、雌雄鉴别等途径传播。鸡群密集、空气污浊、过冷过热、营养不良、饮水不洁都可促使本病流行。

本病常与沙门菌病、法氏囊病、新城疫、慢性呼吸道病、传染性支气管炎、葡萄球菌病、盲肠肝炎、球虫病等并发或继发；发病率、死亡率与血清型和毒力、有无并发或继发感染、环境条件是否良好、采取措施是否及时有效等有关。发病率一般在30％～69％之间，死亡率为42％～75％。

【临床症状和病理变化】

1. 急性败血型

病鸡不显症状而突然死亡；或症状不明显；部分病鸡离群呆立或拥挤打堆，羽毛松乱，食欲减退或废绝，排黄白色稀粪，肛门周围羽毛污染。发病率和死亡率较高。这是目前危害最大的一个型。通常所说的鸡大肠杆菌病指的就是这个型。主要病变：纤维素性心包炎，表现为心包积液，心包膜浑浊、增厚、不透明，甚者内有纤维素性渗出物，与心肌相粘连；纤维素性肝周炎，表现为肝脏不同程度肿大，表面有不同程度的纤维素性渗出物，甚者整个肝脏为一层纤维素性薄膜所包裹；纤维素性腹膜炎，表现为腹腔有数量不等的腹水，混有纤维素性渗出物，或纤维素性渗出物充斥于腹腔肠道和脏器间。据我们的经验，这三个纤维素性炎症具有诊断意义。

2. 雏鸡脐炎

一般是由大肠杆菌和其他细菌混合感染，发生在出壳的初期，多数在出壳后 2～3 天内死亡。病雏软弱、腹胀、畏寒聚集，下痢（白色或黄绿色），有刺激性恶臭味，死亡率达 10% 以上。腹部膨大，直肠内积水样粪便，脐孔未闭合呈蓝黑色，卵黄囊不吸收或吸收不良，内有黄绿色、干酪样、黏稠或稀薄的水样、脓样内容物。肝黄土色、质脆，有斑状或点状出血。

3. 气囊炎

病菌经消化道进入气囊，引起急性气囊炎，表现咳嗽和呼吸困难。病死率为 5%～20%，有时可达 50%。气囊壁增厚、浑浊，囊内常有白色的干酪样渗出物。心包腔有浆液纤维素性渗出物，心包膜和心外膜增厚。腹腔积液，肝脏肿大，肝周炎，有胶样渗出物包围，肝被膜浑浊增厚，有纤维素附着。

4. 大肠杆菌性肉芽肿

病鸡内脏气管上产生典型的肉芽肿，外表无可见症状。可见盲肠、直肠和回肠的浆膜上有土黄色脓肿或肉芽结节。肝脏上有坏死灶。

5. 全眼球炎

舍内污浊、大肠杆菌含量高、年龄大幼雏易发。其他症状的后期出现一侧性眼睑封闭，外观肿胀，内有脓性和干酪性物，眼球发炎。部分肝肿大，有心包炎。

6. 卵黄性腹膜炎

又称"蛋子瘟"。这是笼养蛋鸡的一种重要疾病。病鸡的输卵管常因感染大肠杆菌而产生炎症，炎症产物使输卵管伞部粘连，漏斗部的喇叭口在排卵时不能打开，卵泡因此不能进入输卵管而跌入腹腔而引发本病。广泛的腹膜炎产生大量的毒素，引起发病母鸡死亡。病、死母鸡，外观腹部膨胀、重坠，剖检可见腹腔积有大量卵黄，卵黄变性凝固，肠道或脏器间相互粘连。

7. 输卵管炎

多见于产蛋期母鸡，输卵管充血、出血，或内有多量分泌物，产生畸形蛋和内含大肠杆菌的带菌蛋，严重者减蛋或停止产蛋。

8. 生殖器官病

患病母鸡卵泡膜充血，卵泡变形，局部或整个卵泡红褐色或黑褐色，有的硬变，有的卵黄变稀。有的病例卵泡破裂，输卵管黏膜有出血斑和黄色絮状或块状的干酪样物；公鸡睾丸膜充血，交媾器充血、肿胀。

9. 肠炎

肠黏膜充血、出血，肠内容物稀薄并含有黏液血性物，有的腿麻痹，有的病鸡后期眼睛失明。

【实验室检查】

1. 病原分离及纯培养

初始分离可同时使用普通肉汤、普通琼脂斜面和麦康凯培养基。在琼脂培养基上长出中等大小、半透明、露珠样的菌落，在麦康凯培养基上菌落呈红色。一些菌株在血液琼脂培养基上能溶血。对使用过药物治疗的病鸡或死鸡进行本菌分离时，普通肉汤十分必要。

2. 染色镜检及形态观察

将分离到的菌株进行革兰氏染色镜检，本菌为阴性的短小杆菌。

3. 生化试验

本菌分解乳糖和葡萄糖，产酸产气，不分解蔗糖，不产生硫化氢，V-P试验阴性，利用枸橼酸盐阴性，不液化明胶，靛基质及 M. R. 反应为阴性，动力试验不定。但生化试验不能鉴别分离到的菌株有无致病力。

4. 致病性试验

经上述步骤鉴定的大肠杆菌，用其 24 小时的肉汤培养物注射于小鸡或小鼠，即可测知其致病力。

通过上述几个步骤，即可确定所分离到的是否为大肠埃希杆菌以及是否属致病性菌株。

【鉴别诊断】

1. 鸡大肠杆菌病与鸡白痢的鉴别

［相似点］鸡大肠杆菌病与鸡白痢均有精神不振，羽毛蓬乱，呼吸困难，腹泻，发育不良等临床症状。

［不同点］鸡白痢是由鸡白痢沙门菌引起的，以蛋传播为主，有的未出壳或刚出壳的雏鸡即出现死亡。病雏排白色稀便，肛门周围被粪便沾污，积粪封住肛门时排粪鸣叫，除粪块稀粪喷射而出。剖检可见心、肺、盲肠、大肠、肌胃有坏死结节，盲肠有干酪样物。取病料用普通肉汤琼脂平板直接分离，根据菌落特征（光滑、闪光、均质、隆起、透明、呈圆形多角形，密集的菌落为 1 毫米或更小，孤立的 4 毫米或更大）可确定。

大肠杆菌病病鸡排黄白色稀粪，肛门周围羽毛污染。剖检可见纤维素性心包炎、纤维素性腹膜炎、纤维素性渗出物充斥于腹腔肠道和脏器间。

2. 鸡大肠杆菌病与鸡副伤寒的鉴别

［相似点］鸡大肠杆菌病与鸡副伤寒均有体温升高（43～44℃），羽毛松乱，呆立或挤堆，厌食，饮水增加，下痢，肛门粪污等临床症状。

［不同点］鸡副伤寒是由副伤寒沙门菌引起的，4～6 周龄为死亡高峰，1 月龄以上很少死亡。青年鸡、成年鸡发病后多数恢复迅速。剖检可见输卵管增生性病变，卵巢有化脓性坏死病变（心包、肝周、腹腔无纤维性分泌物），用单克隆抗体和核酸探针为基础的检测沙门菌诊断盒容易做出诊断。

大肠杆菌病剖检可见纤维素性心包炎、纤维素性腹膜炎、纤维素性渗出物充斥于腹腔肠道和脏器间。

3. 鸡大肠杆菌病与鸡链球菌病的鉴别

[相似点] 鸡大肠杆菌病与鸡链球菌病均有羽毛松乱，减食或废食，腹泻，粪呈黄白色等临床症状；并均有心包、腹腔有纤维素，肝肿大，肝周炎等剖检病变。

[不同点] 鸡链球菌病是由链球菌引起的，表现为病鸡突发委顿，嗜睡，冠髯发紫或苍白，足底皮肤坏死，濒死前角弓反张、痉挛。剖检可见皮下、浆膜、肌肉水肿，肝瘀血、呈暗紫色、有出血点和坏死点（无纤维素包围），肺瘀血、水肿。病料染色镜检可见革兰氏阳性的单个或短链球菌。

大肠杆菌病剖检可见纤维素性心包炎、纤维素性腹膜炎、纤维素性渗出物充斥于腹腔肠道和脏器间。

4. 鸡大肠杆菌病与鸡结核病的鉴别

[相似点] 鸡大肠杆菌病与鸡结核病均有精神委顿，羽毛松乱，不愿活动，减食或废食，腹泻，产蛋下降，有关节炎等临床症状；并均有肝、脾有结节块（肉芽肿）等剖检病变。

[不同点] 鸡结核病是由结核分枝杆菌引起的，表现为病鸡渐进性消瘦，胸骨突出如刀，翅下垂。剖检可见肝、脾、肠道、气囊、肠系膜等均有结核结节（粟粒大、豆大、鸽蛋大），切开干酪样物，涂片后用姜-尼氏染色法染色，镜检显红色结核分枝杆菌。

大肠杆菌病剖检可见纤维素性心包炎、纤维素性腹膜炎、纤维素性渗出物充斥于腹腔肠道和脏器间。

5. 鸡大肠杆菌病与鸡溃疡性肠炎的鉴别

[相似点] 鸡大肠杆菌病与鸡溃疡性肠炎均有精神不振，羽毛松乱，离群呆立，拉稀、有黏液和血液等临床症状。

[不同点] 鸡溃疡性肠炎的病原为肠道梭菌。所排稀粪呈黄绿色或淡红色、带有黏液且具有特殊恶臭。剖检可见肝肿大、呈砖红色或紫褐色，有粟粒至豆粒大的灰白色、黄色坏死灶，脾肿

大、呈黑褐色，十二指肠肥厚，黏膜明显发黑、出血，盲肠黏膜有粟粒大小的干酪样坏死物的溃疡，病料染色镜检可见菌体和芽孢。

大肠杆菌病剖检病鸡肝脏可见纤维素性肝周炎。

6. 鸡大肠杆菌病（全眼球炎）与黏膜型鸡痘的鉴别

[**相似点**] 鸡大肠杆菌病与黏膜型鸡痘均有眼部病变。

[**不同点**] 黏膜型鸡痘是由鸡痘疱疹病毒引起的，病鸡张口喘气、个别鸡流鼻液、眼内流出水液样或黏液样，上下眼睑粘连肿胀。剖检可见喉头和气管内有黄、白色干酪样假膜覆盖在上面。在鸡冠、肉髯、眼睑处有灰白色的小结节，严重的呈黄色或灰黄色。

鸡大肠杆菌（全眼球炎）病患鸡眼睑肿胀、流泪、怕光、瞳孔逐渐浑浊，随后眼房水和角膜浑浊，视网膜脱落，失明，眼球萎缩。

7. 鸡大肠杆菌病与鸡绦虫病的鉴别

[**相似点**] 鸡大肠杆菌病与鸡绦虫病均有减食或废食、腹泻，粪便混有血液，羽毛粪污等临床症状。

[**不同点**] 鸡绦虫病的病原为绦虫。粪检有虫卵或孕卵节片、卵袋。剖检可在小肠见虫体。

8. 鸡大肠杆菌病与肉鸡腹水征（卵黄性腹膜炎）的鉴别

[**相似点**] 鸡大肠杆菌病与肉鸡腹水征（卵黄性腹膜炎）均有食欲减退，羽毛松乱，腹部膨大、下垂等临床症状；并有腹水混有纤维素，心包积液（急性败血症）等剖检病变。

[**不同点**] 鸡腹水征的病因是缺氧、饲喂高能量饲料或缺某种元素所致。病鸡腹部皮肤膨大、变薄、发亮，体温正常，鸡冠紫红，皮肤发绀，穿刺可抽出大量腹水。剖检可见腹水淡红色或稻草色，含有纤维素。肝紫色，表面附着淡黄色胶冻样物。

9. 鸡大肠杆菌病与鸡衣原体病的鉴别

[**相似点**] 鸡大肠杆菌病与鸡衣原体病均有羽毛松乱，食欲

不振，腹泻等临床症状；并均有心包膜增厚，纤维素性心包炎，肝周有纤维素，卵囊性腹膜炎等剖检病变。

［不同点］鸡衣原体病由禽衣原体引起，表现为病鸡冠髯苍白、髯、眼睑、下颌水肿，眼鼻有浆性黏性分泌物，严重消瘦，胸骨隆起。剖检可见鼻腔有多量黏液，黏膜水肿、有出血点，眶下窦有干酪样物，气囊壁厚、表面有纤维素性渗出物如海蜇皮。用肝、脾、心包、心肌压片，姬姆萨染色衣原体呈紫色。

10. 鸡大肠杆菌病与鸡肿头综合征的鉴别

［相似点］鸡大肠杆菌病与鸡肿头综合征均有精神不振，羽毛松乱，肿头等临床症状。

［不同点］鸡肿头综合征病鸡病初打喷嚏，眼结膜潮红，头部皮下水肿，很快波及下颌、肉髯水肿，肉用种鸡频频摇头，运动失调，角弓反张，头如"观星状"。剖检可见鼻甲骨黏膜紫红色，头部皮下呈黄色水肿或化脓。取病料接种鸡或火鸡可以复制肿头病的症状和病变。

11. 鸡大肠杆菌病与六鞭原虫病的鉴别

［相似点］鸡大肠杆菌病与六鞭原虫病均有挤堆，剧烈腹泻，粪呈黄色。

［不同点］六鞭原虫病的病原为六鞭原虫。沉郁，垂翅，粪水样、多泡沫，晚期惊厥昏迷。剖检可见肠卡他性膨胀，肠内容物水样、有泡沫，肠卡他性炎，刮取肠黏膜镜检，可见大量运动快、体积小的六鞭原虫。

12. 鸡大肠杆菌病与六节片戴文绦虫（四角、棘沟、有轮、赖利绦虫）病的鉴别

［相似点］鸡大肠杆菌病与六节片戴文绦虫（四角、棘沟、有轮、赖利绦虫）均有传染性，食减或废绝，腹泻，粪混有血液，羽毛粪污。

［不同点］六节片戴文绦虫病的病原为绦虫。粪检有虫卵或孕节片、卵袋。剖检可在小肠见虫体。

【防制】

1. 预防措施

（1）引种 从洁净的无病原性大肠杆菌感染的种鸡场购买雏鸡，加强运输过程中的卫生管理。

（2）优化环境 选好场址和隔离饲养，场址应建立在地势高燥、水源充足、水质良好、排水方便、远离居民区（最少 500米），特别要远离其他鸡场、屠宰厂或畜产加工厂。生产区与生活区及经营管理区分开，饲料加工、种鸡、育雏、育成鸡场及孵化厅分开（相隔 500 米）。

（3）科学饲养管理 鸡舍温度、湿度、密度、光照、饲料和管理均应按规定要求进行，减少各种应激反应。搞好鸡舍空气净化：一是及时清粪，并堆积密封发酵，及时通风换气。二是重视环境治理，饲养场地绿化，种草植树。三是使用药物，过氧乙酸喷雾，常规方法是用 0.3％过氧乙酸，按 30 毫升/米^3 喷雾，每周 1～2 次，对发病鸡舍每天 1～2 次；或多聚甲醛，在 25 米^3 垫料中加入 4.5 千克多聚甲醛，它可和空气中的氨中和，氨浓度很快下降到 $5×10^{-6}$，但 21 天后又回升到 $100×10^{-6}$，因此应重新使用。四是使用添加剂，饲料内添加复合酶制剂，如使用含有 β-葡聚糖的复合酶，每吨饲料可按 1 千克添加，可长期使用；或饲料内添加有机酸，如延胡索酸、柠檬酸、乳酸、乙酸及丙醇等；或使用微生态制剂，如赐美健、EM 制剂（国产商品名称为"亿安"）；或添加惠康宝，该制剂是丝兰属植物茎部提取物，主要成分是沙皂素；或添加寡聚糖，又称寡糖，如糖萜素，使用方法，蛋鸡 $400×10^{-6}$（配以 25％大蒜素 $50×10^{-6}$），肉仔鸡（400～450）$×10^{-6}$ 拌料；或使用速达菌毒清，使用方法，肉仔鸡，1～10 日龄、21～30 日龄、31～40 日龄及 41～50 日龄各阶段分别饮用 4～5 天，每毫升速达菌毒清加水 1 千克，蛋鸡，每隔 10 天饮用 4 天。

（4）加强消毒工作 种蛋、孵化厅及鸡舍内外环境要搞好清洁卫生，并按消毒程序进行消毒，以减少蛋、孵化和雏鸡感染大肠杆菌及其传播；防止水源和饲料污染，可使用颗粒饲料，饮水中可加酸化剂或消毒剂，如含氯或含碘等消毒剂；采用乳头饮水器饮水，水槽料槽每天应清洗消毒；灭鼠、驱虫；鸡舍带鸡消毒有降尘、杀菌、降温及中和有害气体等作用。

（5）加强种鸡管理　及时淘汰处理病鸡；进行定期预防性投药和做好病毒病、细菌病的免疫；采精、输精严格消毒，每只鸡使用一个消毒的输精管。

（6）提高鸡体免疫力和抗病力　采用本地区发病鸡群的多个菌株或本场分离的菌株制成的大肠杆菌灭活苗（自家苗）进行免疫接种有一定的预防效果。需进行 2 次免疫，第 1 次在 4 周龄，第 2 次在开产前。种鸡接种疫苗有利于提高雏鸡质量。自家菌苗的优点：一是血清型对号，预防效果好；二是安全，即使 1 日龄的雏鸡注射 1 毫升也无不良反应，对雏鸡的生长发育和成年鸡的产蛋无不良影响；三是不用冷藏运输，一般可存放于阴凉处，当然如能在 4～8℃环境保存更为理想。

免疫时使用免疫促进剂，如维生素 E 0.03％，或左旋咪唑 0.02％拌料；维生素 C（高稳西为微囊化维生素 C）按 0.2％～0.5％拌饲或饮水；维生素 A 1.6 万～2 万单位/千克饲料拌饲；电解多维按 0.1％～0.2％饮水，连用 3～5 天。

使用亿妙灵，可以用于细菌或细菌病毒混合感染的治疗，提高疫苗接种的免疫效果，对抗免疫抑制和协同抗生素的治疗。使用方法：预防，1∶2000 倍，治疗，1∶1000 倍，加水稀释，每天 1 次，1 小时内饮完，连用 3 天（预防）及 5 天（治疗）。

同时要搞好其他常见病毒病的免疫，如 ND、IB、IBD、MD 及 AI 等。还要控制好支原体、传染性鼻炎等细菌病。

2. 发病后措施

应选择敏感药物在发病日龄前 1～2 天进行预防性投药，发病后做紧急治疗。

氨苄青霉素（氨苄西林），按 0.2 克/千克饮水或按 5～10 毫克/千克拌料内服；或阿莫西林，按 0.2 克/千克饮水；或先锋必

1 克/10 千克水，饮水，连用 3 天，首次为 1 克/7 千克水；或庆大霉素，2 万～4 万国际单位/千克饮水；卡那霉素，2 万国际单位/千克饮水或 1 万～2 万国际单位/千克体重肌注，每日 1 次，连用 3 天；或硫酸新霉素，0.05％饮水或 0.02％拌饲；或链霉素，30～120 毫克/千克饮水，13～55 克/吨拌饲，连用 3～5 天；或土霉素，按 0.1％～0.6％拌饲或 0.04％饮水，连用 3～5 天；或强力霉素，0.05％～0.2％拌饲，连用 3～5 天；或磺胺嘧啶（SD），0.2％拌饲，0.1％～0.2％饮水，连用 3 天；或磺胺喹噁啉（SQ），0.05％～0.1％拌饲，0.025％～0.05％饮水，连用 2～3 天，停 2 天，再用 3 天；或氟苯尼考 5～8 克/100 千克或丁胺卡那霉素 8～10 克/100 千克饮水 3～5 天等。

十八、鸡白痢（PD）

鸡白痢是由鸡白痢沙门菌引起的一种常见和多发的传染病。本病的特征为幼雏感染后常呈急性败血症，发病率和死亡率都高，成年鸡感染后，多呈慢性或隐性带菌，可随粪便排出，因卵巢带菌，严重影响孵化率和雏鸡成活率。

【病原】病原为鸡白痢沙门菌。鸡白痢沙门菌为革兰氏阴性小杆菌。在麦康凯培养基上生长良好，24 小时长出细小、透明、圆整和光滑、不变色的菌落，在伊红美蓝琼脂上生长淡蓝色菌落。本菌在有利环境中可以存活数年，但对热、化学消毒剂和不利环境的抵抗力较差，污染鸡蛋的沙门菌，煮沸 5 分钟可杀灭，70℃经 20 分钟可使之死亡。常用消毒药可将其杀死。

【流行病学】各种品种的鸡对本病均有易感性，以 2～3 周龄以内的雏鸡的发病率与病死率为最高，呈流行性。随着日龄的增加，鸡的抵抗力也增强。成年鸡感染常呈慢性或隐性经过。现在也常有中雏和成鸡感染发病引起较大危害的情况发生。可经蛋垂直传播，也可水平传播。种鸡可以感染种蛋，种蛋感染雏鸡。孵化过程中也会引起感染。病鸡的排泄物及其污染物是传播本病的媒介物，可以传染给同群未感染的鸡。

本病的发生和死亡受多种诱因的影响，环境污染，卫生条件差，温度过低、潮湿、拥挤、通风不良，饲喂不良以及其他疾病，如霉形体、曲霉菌病、大肠杆菌等混合感染，都可加重本病的发生和死亡。存在本病的老鸡场，雏鸡的发病率为 20%～40%，但新传入发病的鸡场，其发病率显著增高，甚至有时高达100%，病死率也高。

【临床症状】本病在雏鸡和成年鸡中所表现的症状和经过有显著的差异。

1. 胚胎感染

感染种蛋孵化一般在孵化后期或出雏器中可见到已死亡的胚胎和即将垂死的弱雏。胚胎感染出壳后的雏鸡，一般在出壳后表现衰弱、嗜睡、腹部膨大、食欲丧失，绝大部分经 1～2 天死亡。

2. 雏鸡

潜伏期 4～5 天，故出壳后感染的雏鸡，多在孵出后几天才出现明显的症状。7～10 天后雏鸡群内病雏逐渐增多，在第 2～3 周达高峰。发病雏鸡呈最急性者，无症状迅速死亡。稍缓者表现精神委顿，绒毛松乱，两翼下垂，缩头颈，闭眼昏睡，不愿走动，拥挤在一起。病初食欲减少，而后停食，多数出现软嗉症状。同时腹泻，排稀薄如糨糊状粪便，肛门周围绒毛被粪便污染，有的因粪便干结封住肛门周围，影响排粪。由于肛门周围炎症引起疼痛，故常发生尖锐的叫声，最后因呼吸困难及心力衰竭而死。有的病雏出现眼盲，或跗关节呈跛行症状。病程短的 1 天，一般为 4～7 天，20 天以上的雏鸡病程较长。3 周龄以上发病的极少死亡。耐过鸡生长发育不良，成为慢性患者或带菌者。

3. 青年鸡

该病多发生于 40～80 天的鸡，地面平养的鸡群发生此病较网上和育雏笼育雏育成发生的要多。从品种上看，褐羽产褐壳蛋鸡高。另外，育成鸡发病多有应激因素的影响。如鸡群密度过大，环境卫生条件恶劣，饲养管理粗放，气候突变，饲料突然改变或品质低下等。本病发生突然，全群鸡只食欲、精神尚可，总是见鸡群中不断出现精神、食欲差和下痢的鸡只，常突然死亡。死亡不见高峰而是每天都有鸡只死亡，数量不一。该病病程较长，可拖延 20～30 天，死亡率可达 10％～20％。

4. 成鸡

成年鸡白痢多是由雏鸡白痢的带菌者转化而来的，呈慢性或隐性感染，一般不见明显的临床症状，当鸡群感染比例较大时，明显影响产蛋量，产蛋高峰不高，维持时间短，种蛋的孵化率和出雏率均下降。有的鸡见鸡冠萎缩，有的鸡开产时鸡冠发育尚好，以后则表现出鸡冠逐渐变小、发绀。病鸡时有下痢。

【病理变化】

1. 胚胎感染

胚胎感染的主要病理变化是肝脏的肿胀和充血，有时正常黄色的肝脏夹杂着条纹状出血。胆囊扩张，充满胆汁。卵黄吸收不良，内容物有轻微的变化。

2. 雏鸡

雏鸡脱水、眼睛下陷、脚趾干枯。卵黄吸收不全，卵黄囊的内容物质变成淡黄色并呈奶油样或干酪样黏稠物；心包增厚，心脏上常可见灰白色坏死小点或小结节；肝脏肿大，并可见点状出血或灰白色针尖状的灶性坏死点；胆囊扩张，充满胆汁；脾脏肿大，质地脆弱；肺可见坏死或灰白色结节；肾充血或贫血，输尿管显著膨大，有时在肾小管中有尿酸盐沉积。肠道呈卡他性炎症，特别是盲肠常可出现干酪样栓子。

3. 青年鸡

肝脏肿至正常的数倍，整个腹腔常被肝脏覆盖，肝的质地极脆，一触即破，被膜上可见散在或较密集的小红点或小白点，腹腔充盈血水或血块，脾脏肿大，心包扩张，心包膜呈黄色不透明。心肌可见数量不一的黄色坏死灶，严重的心脏变形、变圆。整个心脏几乎被坏死组织代替。肠道呈卡他性炎症，肌胃常见坏死。

4. 成鸡

卵巢与卵泡变形、变色及变性，卵巢未发育或发育不全，输卵管细小，卵子变形呈梨形、三角形、不规则等形状，卵子变色呈灰色、黄灰色、黄绿色、灰黑色等不正常色泽，卵泡或卵黄囊内的内容物变性，有的稀薄如水，有的呈米汤样，有的较黏稠呈油脂样或干酪状。有病理变化的卵泡或卵黄囊常可从卵巢上脱落下来，成为干硬的结块阻塞输卵管，有的卵子破裂造成卵黄性腹膜炎，肠道呈卡他性症状。

【实验室检查】血液凝聚试验和细菌分离鉴定可以确诊。

【鉴别诊断】

1. 鸡白痢与鸡伤寒的鉴别

[相似点] 鸡白痢与鸡伤寒的病原均为沙门菌，均有冠苍白、羽毛蓬乱，病雏排白色稀便，肛门周围被粪便污染，发育不良，气喘，呼吸困难等临床症状；并均有病雏心肌、肺、肌胃有坏死性等剖检病变。

[不同点] 鸡伤寒是由伤寒沙门菌（比白痢沙门菌短粗，长1.0～2.0微米，宽1.5微米，两端染色略深）引起的，大鸡和成鸡较多发，体温43～44℃，腹膜炎时如企鹅站立，感染4天内可发生死亡。1～6月龄损失严重。剖检可见肝肿大，呈棕绿色或古铜色，有奶油外观。在鸟氨酸培养基上不脱羧。用病料分离培养鉴定鸡伤寒沙门菌。

鸡白痢雏鸡多发。肝脏肿大，并可见点状出血或灰白色针尖状的灶性坏死点。

2. 鸡白痢与鸡副伤寒的鉴别

[相似点] 鸡白痢与鸡副伤寒的病原均为沙门菌，均有冠髯苍白，羽毛蓬乱，病雏排白色稀便，肛门周围被粪便污染，发育不良，气喘，呼吸困难，病雏偎近热源，成鸡食欲不振，饮水增加，拉稀粪等临床症状；并均有肺充血、有血性条纹，肝、脾、肾肿大等剖检病变。

[**不同点**] 鸡副伤寒由副伤寒沙门菌 [菌体（0.4～0.6）微米×(1～3)微米，有周鞭毛] 引起，不仅鸡易感，也可感染其他禽类、家畜和人。病鸡排水样粪，盲肠和结膜炎，6～10 日龄死亡最多，1 月龄以上死亡少见。成年鸡多迅速恢复，死亡率不超过 10%。剖检可见卵黄凝固，心包有粘连。火鸡常见十二指肠出血性炎症。雏鸡感染见肝脏显著肿大，有时有坏死灶。盲肠内形成干酪样物，直肠肿大并有出血斑点。还有心包炎、心外膜炎及心肌炎。成年母鸡以输卵管坏死性增生病变、卵巢化脓性坏死性病变为特征。

鸡白痢排稀薄如糨糊状粪便，肛门周围绒毛被粪便污染，有的因粪便干结封住肛门周围，影响排粪。卵黄吸收不全，卵黄囊的内容物质变成淡黄色并呈奶油样或干酪样黏稠物。主要病变可见肝脏有点状出血及坏死点，胆囊肿大，脾有时肿大，肾脏暗红充血或苍白贫血，常出现腹膜炎变化。

3. 鸡白痢与鸡曲霉菌病的鉴别

[**相似点**] 鸡白痢与鸡曲霉菌病多在 4～6 日龄多发，第 2～3 周龄死亡率最高。均有精神不振，闭目缩颈，翅膀下垂，腹泻，气喘，呼吸困难等临床症状。

[**不同点**] 鸡曲霉菌病主要是由烟曲霉菌所引起的幼雏呼吸道传染病。致病性曲霉菌不但侵害雏鸡引起发病，同样能使雏鸭、雏鹅感染发病和死亡。雏鸡感染后发病快慢与死亡多少主要取决于曲霉菌污染饲料与垫草的严重程度，饲喂发霉饲料和使用发霉垫草时间的长短。多数发病率和死亡率都较白痢病高。该病在梅雨季节最为常见。病鸡对外界反应淡漠，头颈伸直，张口呼吸，耳听有沙沙声，结膜炎。剖检可见肺有霉菌结节，周围有红色浸润，切开干酪样物有层状结构，气囊浑浊也有霉菌结节。肺霉菌结节玻璃压片可见曲霉菌的菌丝。

鸡白痢在出壳后 2 周内的雏鸡发病率和死亡率最高，随着鸡龄的增长，抗病力明显增强，一般 20 日龄后即趋于停止死亡。患白痢病的雏鸡常排出一种白色、糨糊状的黏稀粪，有的病雏肛门周围绒毛黏附白色、石灰样"糊屁股"物的粪便，严重者甚至阻塞肛门，导致排粪困难。剖检病雏鸡，常见心肌上有白色结节（曲霉菌病则无此病灶）。

4. 鸡白痢与鸡弯曲杆菌性肝炎的鉴别

[相似点] 鸡白痢与鸡弯曲杆菌性肝炎均为雏鸡多发，有精神萎靡，闭目缩颈，羽毛松乱，腹泻，肛门粪污，成年鸡贫血，产蛋量下降等临床症状。

[不同点] 鸡弯曲杆菌性肝炎由弯曲杆菌引起，患鸡的粪便病初为黄褐色，后为糊状，重时水样。急性，肝瘀血，呈淡红褐色，有出血点和少量坏死灶。亚急性，肝肿大1～2倍，红黄色或黄褐色，有粟粒至黄豆大的灰黄色或灰白色坏死灶。慢性，肝稍肿，质脆或硬化，布满坏死灶，取培养的菌落染色镜检，可见弯曲杆菌。

鸡白痢排出一种白色、浆糊状的黏稀粪，有的病雏肛门周围绒毛黏附白色、石灰样"糊屁股"物的粪便。剖检病雏鸡，常见心肌上有白色结节。

5. 鸡白痢与鸡传染性法氏囊病的鉴别

[相似点] 鸡白痢与鸡传染性法氏囊病均有食欲减退，精神不振，闭目缩颈，翅膀下垂，排白色稀粪等临床症状。

[不同点] 鸡传染性法氏囊病病鸡体温初高后降，中期又高，濒死前体温35℃左右。排出白色水样粪便，病雏闭目昏睡，后期冷感，趾爪干燥，眼窝凹陷。鸡场初病时症状典型，一旦暴发则呈亚临床型，症状不明显。剖检可见法氏囊肿大2～3倍，质硬，黏膜皱褶有出血，水肿液粉红色，严重时紫黑色，浆膜下水肿胶冻样。肾肿大、有坏死灶。脾明显肿大，胸肌色暗，大腿侧肌肉有条纹和斑状紫红色出血。翅膀下、心肌、肠黏膜、腺胃乳头周围、肌胃浆膜有暗红色或淡红色出血。琼脂扩散呈阳性反应。

鸡白痢排出一种白色、糨糊状的黏稀粪，有的病雏肛门周围绒毛黏附白色、石灰样"糊屁股"物的粪便。心包增厚，心脏上常可见灰白色坏死小点或小结节，肺可见坏死或灰白色结节。肠道呈卡他性炎症，特别是盲肠常可出现干酪样栓子。

6. 鸡的沙门菌病与禽弯曲杆菌性肺炎的鉴别诊断

[**相似点**] 鸡的沙门菌病与禽弯曲杆菌性肺炎均有传染性。幼禽倦怠，羽毛松乱，呆立缩颈。腹泻、排水样粪，肛周粪污。成年禽脱水消瘦。剖检肝有坏死点。

[**不同点**] 禽弯曲杆菌性肺炎的病原为弯曲杆菌。雏鸡多为急性，稀粪初为黄褐色糊状后水样。慢性冠髯苍白、干枯、皱缩。青年鸡初产蛋多沙壳蛋、软壳蛋，产蛋鸡产蛋减少 25％～35％。剖检主要病变在肝脏，急性肿大淤血，淡红褐色。慢性稍小、质脆或硬化，坏死灶连成网络状。挑取培养的菌落或肝隙状窦的菌落，用免疫过氧化物酶染色，可见到棕褐色的菌体。

【防制】

1. 预防措施

（1）检疫净化鸡群　种鸡场严格检疫，利用血清学试验，剔除阳性反应的带菌者。第 1 次检疫在 60～70 日龄，第 2 次在 16 周进行，以后每隔 1 个月进行 1 次，直至全群的阳性率不超过 0.5％为止。

（2）严格消毒　种鸡场和孵化场做好对环境、用具和种蛋的消毒；做好孵化过程和孵化间隔的消毒；雏鸡出壳后再进行 1 次低浓度、短时间的甲醛熏蒸（如果浓度大和时间长易引起结膜和角膜炎症，影响雏鸡的质量）；雏鸡入舍后要做好用具、设备、环境消毒，定期进行带鸡消毒。

（3）加强饲养管理　提高育雏温度 2～3℃；保持饲料和饮水卫生；密切注意鸡群动态，发现糊肛应及时挑出淘汰。雏鸡开食之日起，在饲料或饮水中添加抗菌药物预防。使用药物见治疗部分。

2. 发病后措施

① 磺胺嘧啶、磺胺甲基嘧啶和磺胺二甲基嘧啶为首选药，

在饲料中添加不超过 0.5%，饮水中可用 0.1%～0.2%，连续使用 5 天后，停药 3 天，再继续使用 2～3 次。

② 雏鸡出壳后至 5 日龄，每千克饮水加庆大霉素 10 万单位。或在饲料中拌入 0.04% 土霉素，连喂 3～5 天。

③ 采用 0.03% 的氟苯尼考饮水，连续 6 天，全天饮用，效果较好。

④ 对重病雏鸡可用卡那霉素治疗，每只鸡每天用 1 毫升，分两次胸部肌内注射，连用 2～3 天。

⑤ 微生物制剂。近年来微生物制剂在防治雏鸡下痢方面有较好的效果，这些制剂安全、无毒、不产生不良反应，细菌不产生抗药性，价廉等，常用的有促菌生、调痢生、乳酸菌等，在用这些药物的同时及其前后 4～5 天应该禁用抗菌药物。如促菌生，每只鸡每次服 0.5 亿个菌，每日 1 次，连服 3 天，效果甚好。剂型有片剂，每片 0.5 克，含 2 亿个菌；胶囊，每粒 0.25 克，含 1 亿个菌。这些微生物制剂的效果在多数情况下相当或优于药物预防的水平。

⑥ 使用草药方剂。白头翁、白术、获苓各等份共研细末，每只幼雏每日 0.2～0.3 克，中雏每日 0.3～0.5 克，拌入饲料，连喂 10 天，治疗雏鸡白痢，疗效很好，病鸡在 3～5 天内病情得到控制而痊愈。或黄连、黄芩、苦参、金银花、白头翁、陈皮各等份共研细末，拌匀，按每只雏鸡每日 0.3 克拌料，防治雏鸡白痢的效果优于抗生素。

十九、慢性呼吸道病（CRD）

鸡毒支原体感染引起鸡呼吸道症状的一种疾病称为慢性呼吸道病。其特征是病鸡咳嗽、鼻窦肿胀、流鼻液。气喘并有呼吸啰音，雏鸡生长发育不良，母鸡产蛋减少，疾病发展缓慢，病程较长，可在鸡群中长期蔓延，并发其他细菌性和病毒性疾病，致使病情加剧，死亡率增高，是危害养鸡业的常见病和并发病。

【病原】鸡毒支原体在分类学上是属支原体科支原体属，具有一般支原体的形态特征，革兰氏染色阴性。鸡毒支原体对环境的抵抗力低弱。一般的消毒药物均能将它迅速杀死，但对青霉素有抵抗力。在水内立刻死亡，在 20℃ 的鸡粪内可生存 1～3 天。在卵黄内 37℃ 能生存 18 周，20℃ 存活 6 周，在 45℃ 中经 12～14 小时死亡。液体培养物在 4℃ 中不超过 1 个月，在 −30℃ 中可保存 1～2 年，在 −60℃ 中可生存多年，冻干培养物在 −60℃ 中的存活时间更长。但各个分离株的保存时间极不一致，有的分离株远远达不到这么长的时间。

【流行病学】本病主要感染鸡和火鸡，4～8 周龄的鸡最易感，纯种鸡较杂交鸡严重，成年鸡常为隐性感染；本病的传播方式有水平传播和垂直传播，水平传播是病鸡通过咳嗽、喷嚏或排泄物污染空气，经呼吸道传染，也能通过饲料或水源由消化道传染，也可经交配传播。垂直传播是由隐性或慢性感染的种鸡经卵传递给后代，这种垂直传播可造成本病代代相传。隐性或慢性感染的种鸡所产的带菌蛋，可使 14～21 日龄的胚胎死亡或孵出弱雏，这种弱雏因带病原体又能引起水平传播。

本病在鸡群中流行缓慢，仅在新疫区表现急性经过，当鸡群遭到其他病原体感染或寄生虫侵袭时，以及影响鸡体抵抗力降低的应激因素如预防接种、卫生不良、鸡群过分拥挤、营养不良、气候突变等均可促使或加剧本病的发生和流行，带有本病病原体的幼雏，用气雾或滴鼻的途径免疫时，能诱发致病。若用带有病原体的鸡胚制作疫苗时，则能造成疫苗的污染。

本病一年四季均可发生，但以寒冷的季节流行较严重。本病在我国的鸡场普遍存在，感染率达 20%～70%，病死率的高低取决于管理条件和有否继发感染，一般达 20%～30%，本病的危害还在于使病鸡生长发育不良，胴体降级，成年鸡的产蛋量减少，饲料的利用率下降。

【临床症状】本病的潜伏期，在人工感染为 4～21 天，自然感染可能更长。病鸡先是流稀薄或黏稠鼻液，打喷嚏，鼻孔周围和颈部羽毛常被沾污。其后炎症蔓延到下呼吸道即出现咳嗽，呼吸困难，呼吸有气管啰音等症状。病鸡食欲不振，体重减轻消瘦。到了后期，如果鼻腔和眶下窦中蓄积渗出物，就引起眼睑和眶下窦肿胀，发硬，眼部突出如肿瘤状。眼球受到压迫，发生萎缩和造成失明，可以侵害一侧的眼睛，也可能是两侧。同时发生病鸡食欲不振，体重减轻。母鸡常产出软壳蛋，同时产蛋率和孵化率下降，后期常蹲伏一隅，不愿走动。公鸡的症状常较明显。本病在成年鸡多呈散发，雏鸡群则往往大批流行，特别是冬季最严重。

【病理变化】肉眼可见的病变主要是鼻腔、气管、支气管和气囊中有渗出物，气管黏膜常增厚。胸部和腹部气囊变化明显，早期为气囊轻度浑浊、水肿，表面有增生的结节病灶，外观呈念珠状。随着病情的发展，气囊增厚，囊腔内有大量的干酪样渗出物，有时能见到一定程度的肺炎病变。在严重的慢性病例，眶下窦黏膜发炎，窦腔中积有浑浊黏液或干酪样渗出物，炎症蔓延到眼睛，往往可见一侧或两侧眼部肿大，眼球破坏，剥开眼结膜可以挤出灰黄色的干酪样物质。病鸡严重者常发生纤维性或纤维素性化脓性心包炎、肝周炎和气囊炎，此时经常可以分离到大肠杆菌。出现关节症状时，尤其是跗关节，关节周围组织水肿，关节液增多，开始时清亮而后浑浊，最后呈奶油状黏稠度。

【实验室检查】确诊必须做病原分离鉴定或凝聚试验或酶联免疫吸附试验。

【鉴别诊断】

1. 鸡慢性呼吸道病与鸡传染性鼻炎的鉴别

[**相似点**] 鸡慢性呼吸道病与鸡传染性鼻炎均有精神萎靡，流鼻液，打喷嚏，甩头，结膜炎，产蛋率下降等临床症状；并均有鼻腔、眶下窦有分泌物等剖检病变。

[**不同点**] 鸡传染性鼻炎由副鸡嗜血杆菌引起，传播迅速。病鸡一侧或两侧颜面肿胀，仅鼻腔、眶下窦充血、出血和有分泌物（头部及眼围水肿为特征，磺胺类药物有较好的疗效）。肺及气囊无变化，通常无明显的气囊病变及呼吸啰音。

鸡慢性呼吸道病在鸡群中流行缓慢，有呼吸啰音，气囊增厚，囊腔内有大量的干酪样渗出物，有时能见到一定程度的肺炎病变。

在临床上，鸡慢性呼吸道病与鸡传染性鼻炎不仅症状相似，容易误诊，而且常混合感染。不过，链霉素、北里霉素、禽喘灵等药物对这两种病均有良好的疗效，不能做出可靠的诊断时宜选用这些药物。

2. 鸡慢性呼吸道病与鸡传染性支气管炎的鉴别

［相似点］鸡慢性呼吸道病与鸡传染性支气管炎均有流鼻液，咳嗽，打喷嚏，呼吸有啰音，流泪，产蛋率下降等临床症状。

［不同点］鸡传染性支气管炎是由鸡传染性支气管炎病毒引起的。临床上表现全群鸡急性发病，传播迅速，主要侵害 30 日龄内的雏鸡，气管充血、水肿、上皮脱落、支气管黏膜下胶样变性，有时出现气囊纤维素性炎，肺部在气管周围水肿为特征。雏鸡输卵管有特征性病变，成年鸡卵巢炎，产蛋量大幅度下降并出现严重畸形蛋，蛋清稀薄。

鸡慢性呼吸道病是由败血性霉形体引起的慢性呼吸道病，传播速度慢，1～2 月龄易感，成年鸡多为隐性。典型症状及病变也见于雏鸡，鼻、气管、支气管和气囊有浑浊黏稠的渗出物，但链霉素、北里霉素、泰乐霉素、红霉素药物治疗有效。

注意：鸡传染性支气管炎和慢性呼吸道病相互诱发，易造成混合感染。因此，对鸡传染性支气管炎选用药物控制继发感染时，不宜使用磺胺类药物。因为这类药物不仅会进一步影响产蛋率，而且对慢性呼吸道病无效。

3. 鸡慢性呼吸道病与传染性喉气管炎的鉴别

［相似点］鸡慢性呼吸道病与传染性喉气管炎均有咳嗽，打喷嚏，呼吸有啰音，结膜炎，产蛋率下降等临床症状。

［不同点］鸡传染性喉气管炎是由传染性喉气管炎病毒引起的，表现为全群鸡急性发病，侵害大月龄的鸡，有伸颈张口呼吸，发出极响的喘鸣音，并会咳出血样分泌物，喉头常有凝固物

堵塞，气管栓塞，窒息而死亡。各种抗菌药物均无直接疗效，病理变化局限于气管和喉部，呈出血性或假膜性气管炎和喉气管炎病症。

慢性呼吸道病传播速度慢，黏稠的鼻液堵塞鼻孔，常用翅膀擦拭，导致翅膀沾有鼻涕。剖检鼻孔、鼻窦、气管、肺有较多黏性浆性分泌物。有关节炎时关节肿胀，关节液如油状黏稠。用平板凝集反应为阳性。

4. 鸡慢性呼吸道病与鸡新城疫的鉴别

[相似点] 鸡慢性呼吸道病与鸡新城疫均有呼吸困难，呼吸有啰音，咳嗽，产蛋率下降等临床症状。

[不同点] 鸡新城疫是由新城疫病毒引起的，表现为全群鸡急性发病，症状明显，虽然呼吸道症状与慢性呼吸道病相似，但消化道严重出血，并且出现神经症状，这些易与慢性呼吸道病区别（鸡新城疫可诱发慢性呼吸道病，而且其严重病症会掩盖慢性呼吸道病，往往是新城疫症状消失后，慢性呼吸道病的症状才逐渐显示出来）。

5. 鸡慢性呼吸道病与禽流感的鉴别

[相似点] 鸡慢性呼吸道病与禽流感均有呼吸困难，呼吸有啰音，咳嗽，打喷嚏，流鼻液，流泪等临床症状。

[不同点] 禽流感的病原为 A 型流感病毒。发病迅速，病鸡冠髯和眼周围呈黑红色，头、颈、声门水肿，口腔黏膜有出血点，有时排灰、绿或红色稀粪，腿麻痹。剖检可见鼻咽有灰或红色渗出液，腺胃黏膜、肌胃角质下层出血，两胃交界处严重出血，十二指肠、胸骨内面、胸肌、腹部脂肪、心脏均有出血，肝、脾、肾有黄色小坏死灶。用酶联免疫吸附试验可于感染后 6 天检出流感病毒抗体。鸡慢性呼吸道病缺乏以上表现。

6. 鸡慢性呼吸道病与鸡曲霉菌病的鉴别

[相似点] 鸡慢性呼吸道病与鸡曲霉菌病均有呼吸困难，打喷嚏，呼吸时有"沙沙"水泡声，摇头甩鼻，眼睑肿大，结膜

炎，产蛋率下降等临床症状。

［**不同点**］鸡曲霉菌病是由曲霉菌所引起的，幼雏多为急性暴发。常因饲料或褥草发霉，被曲霉菌污染而发病。在肺上有粟粒大的黄色或灰白色结节，培养可出现烟曲霉菌。气囊也有霉菌结节，有时形成霉斑。

鸡慢性呼吸道病的典型症状是上呼吸道和其邻近黏膜发炎，出现浆液性或黏液性鼻漏，表现窦炎、结膜炎和气管炎及气囊炎。病变部位主要见于气管、气囊（胸腹部气囊浑浊最为常见，严重者呈现纤维素性炎，气囊壁增厚水肿，后期囊壁上常附有黄白色干酪样物、呈念珠状）、窦及肺等呼吸系统。

7. 鸡慢性呼吸道病与维生素 A 缺乏症的鉴别

［**相似点**］鸡慢性呼吸道病与维生素 A 缺乏症均有病鸡生长不良，眼睑肿大，结膜炎等临床症状。

［**不同点**］维生素 A 缺乏症的病因是维生素 A 缺乏。病鸡眼中蓄积的豆渣样渗出物为白色，不发黄，喉部及食道黏膜上有许多白色小结节（特征病变），腿部褪色，抗生素治疗无效，而用鱼肝油治疗很快见效，这些均可以与鸡慢性呼吸道病区别。不过，鸡维生素 A 缺乏症也可诱发慢性呼吸道病。

【防制】

1. 预防措施

（1）建立无支原体病的种鸡群 支原体可以垂直传播，传染范围一代一代呈放大的趋势，所以建立无支原体病的种鸡群是从源头控制本病，也是最彻底的措施。需要加强对种鸡场和种鸡群的严格管理，如定期检疫、定期消毒、定期投药和隔离饲养等。要从确定无本病的种鸡场和孵化场引种。

（2）加强饲养管理 鸡舍环境要清洁卫生，经常清扫、消毒，保持适宜的温湿度和新鲜的空气，避免氨气、硫化氢等有害气体超标，及时接种疫苗，预防其他呼吸道疾病的发生。搞好局部免疫和呼吸道黏膜的保护，提高局部抵抗力。保持饲料营养全面平衡，使用抗应激添加剂，减少和避免应激的发生。

（3）疫苗接种　1～3日龄用敏感药物防止鸡群感染，15日龄用弱毒苗免疫，可以使鸡群得到良好的保护。种鸡群在弱毒苗免疫的基础上在产蛋前注射油乳剂灭活苗，可以大大减少经蛋的传播。

2. 发病后措施

发病后使用链霉毒、土霉素、泰乐菌素、壮观霉素、林可霉素、四环素、红霉素治疗本病都有一定的疗效。

罗红霉素（或链霉素），肌内注射，成年鸡20万国际单位/只，5～6周龄雏鸡5万～8万国际单位/只，早期治疗效果很好，2～3天即可痊愈。或土霉素（或四环素），肌内注射10万国际单位/千克体重；大群治疗时，可在饲料中添加土霉素，每千克饲料添加2～4克，充分混合，连喂1周。支原净饮水，120～150毫克/千克水，氟哌酸对本病也有疗效。注意有些鸡支原体菌株对链霉素和红霉素具有抗药性。

草药治疗：麻黄、杏仁、石膏、桔梗、黄芩、连翘、金荞麦根、牛蒡子、穿心莲、干草，共研细末，混匀拌料，每只按每天0.5～1克，连续使用5～6天，效果良好。

此外，本病的药物治疗效果与有无并发感染的关系很大，病鸡如果同时并发其他病毒病（例如传染性喉气管炎），疗效不明显。

二十、禽霍乱（FC）

禽霍乱（禽巴氏杆菌病、禽出血性败血症）是一种侵害家禽和野禽的接触性疾病。本病常呈现败血性症状，发病率和死亡率很高，但也常出现慢性或良性经过。

由于禽霍乱发病和流行表现的突然性（禽霍乱为内源性感染的疾病，平时弱毒力的多杀性巴氏杆菌在鸡体内与鸡长期共存而不致病，但有时却因客观条件的改变，使鸡遭受逆境，致使多杀性巴氏杆菌的毒力迅速增强，造成禽霍乱在某一地区的暴发性流行)、禽霍乱菌苗的防疫作用表现局限性(禽型多杀性巴氏杆菌的血清型很多，而且菌苗免疫持续时间短，使用范围小，机体反应大，致使免疫鸡群仍有发病)和禽霍乱的死亡率累计数表现规模性等，禽霍乱仍具有较大的危害。

【病原】多杀性巴氏杆菌是两端钝圆、中央微凸的短杆菌，长1～1.5微米，宽0.3～0.6微米，不形成芽孢，也无运动性。本菌对物理和化学因素的抵抗力比较低。在培养基上保存时，至少每月移植2次。在自然干燥的情况下，很快死亡。在37℃保存的血液、猪肉及肝、脾中，分别于6个月、7天及15天死亡。在浅层的土壤中可存活7～8天，粪便中可活14天。普通消毒药常用浓度对本菌都有良好的消毒力，1%石炭酸、1%漂白粉、5%石灰乳、0.02%升汞液数分钟至十数分钟死亡。日光对本菌有强烈的杀菌作用，薄菌层暴露在阳光下10分钟即被杀死。热对本菌的杀菌力很强，马丁肉汤24小时培养物加热60℃1分钟即死。

【流行病学】本病一年四季均可发生，但在高温多雨的夏、秋季节以及气候多变的春季最容易发生。本病常呈散发或地方性流行，16周龄以下的鸡一般具有较强的抵抗力。鸡霍乱造成鸡的死亡损失通常发生于产蛋鸡群，因这种年龄的鸡较幼龄鸡更为易感。但临床也曾发现10天发病的鸡群。自然感染的鸡的死亡率通常是10%～20%或更高，经常发生产蛋下降和持续性局部感染。慢性感染的鸡被认为是传染的主要来源。细菌经蛋传播很少发生。大多数家畜都可能是多杀性巴氏杆菌的带菌者，污染的笼子、饲槽等都可能传播病原。多杀性巴氏杆菌在鸡群中的传播主要是通过病鸡的口腔、鼻腔和眼结膜的分泌物进行的，这些分泌物污染了环境，特别是饲料和饮水。粪便中很少含有活的多杀性巴氏杆菌。

饲养管理不良、体内寄生虫病、营养缺乏、气候突变、饲养密度大和通风不良等都可提高鸡对多杀性巴氏杆菌的易感性。

【临床症状和病理变化】自然感染的潜伏期一般为2～9天，有时在引进病鸡后48小时内也会突然爆发病例。由于鸡的机体抵抗力和病菌的致病力强弱不同，所表现的病状亦有差异。一般分为最急性、急性和慢性三种病型。

1. 最急性型

常见于流行初期，以产蛋高的鸡最常见。病鸡无前驱症状，晚间一切正常，吃得很饱，次日发病死在鸡舍内。最急性型死亡的病鸡无特殊病变，有时只能看见心外膜有少许出血点。

2. 急性型

此型最为常见，病鸡主要表现为精神沉郁，羽毛松乱，缩颈闭眼，头缩在翅下，不愿走动，离群呆立。病鸡常有腹泻，排出黄色、灰白色或绿色的稀粪。体温升高到 43～44℃，减食或不食，渴欲增加。呼吸困难，口、鼻分泌物增加。鸡冠和肉髯变青紫色，有的病鸡肉髯肿胀，有热痛感，产蛋鸡停止产蛋。最后发生衰竭，昏迷而死亡，病程短的约半天，长的 1～3 天。急性病例的病变特征：病鸡的腹膜、皮下组织及腹部脂肪常见小点出血。心包变厚，心包内积有多量不透明的淡黄色液体，有的含纤维素絮状液体，心外膜、心冠脂肪出血尤为明显。肺有充血或出血点。肝脏的病变具有特征性，肝稍肿，质变脆，呈棕色或黄棕色。肝表面散布有许多灰白色、针头大的坏死点。脾脏一般不见明显变化，或稍微肿大，质地较柔软。肌胃出血显著，肠道尤其是十二指肠呈卡他性和出血性肠炎，肠内容物含有血液。

3. 慢性型

由急性不死转变而来，多见于流行后期。以慢性肺炎、慢性呼吸道炎和慢性胃肠炎较多见。病鸡鼻孔有黏性分泌物流出，鼻窦肿大，喉头积有分泌物而影响呼吸。经常腹泻。病鸡消瘦，精神委顿，冠苍白。有些病鸡一侧或两侧肉髯显著肿大，随后可能有脓性干酪样物质，或干结、坏死、脱落。有的病鸡有关节炎，常局限于脚或翼关节和腱鞘处，表现为关节肿大、疼痛、脚趾麻痹，因而发生跛行。病程可拖至 1 个月以上，但生长发育和产蛋长期不能恢复。慢性型因侵害的器官不同而有差异。当呼吸道症状为主时，见到鼻腔和鼻窦内有多量黏性分泌物，某些病例见肺硬变。局限于关节炎和腱鞘炎的病例，主要见关节肿大变形，有炎性渗出物和干酪样坏死。公鸡的肉髯肿大，内有干酪样的渗出物，母鸡的卵巢明显出血，有时卵泡变形，似半煮熟样。

【实验室检查】取病鸡血涂片，肝脾触片经美兰、瑞氏或姬姆萨染色，如见到大量两极浓染的短小杆菌，有助于诊断。进一步的诊断须经细菌的分离培养及生化反应。

【鉴别诊断】注意与新城疫（只感染鸡，用抗菌药物治疗无效果）的鉴别诊断。

1. 禽霍乱与鸡新城疫的鉴别

［相似点］禽霍乱与鸡新城疫均有体温高（43～44℃），低头闭目，翅膀下垂，冠髯紫红、口鼻分泌物多、呼吸困难，拉出的稀粪带有血液，站立不稳，运动失调等临床症状；并有全身黏膜出血，心冠脂肪有出血点等剖检病变。

［不同点］鸡新城疫的流行范围比较大，而禽霍乱只局限于个别鸡群或小范围地区。鸭一般不感染鸡新城疫，而对禽霍乱则易感染。当在同一地区内鸡和鸭同时大批的发生死亡，则可能是禽霍乱而不会是鸡新城疫。在病症上，鸡新城疫可见神经症状，禽霍乱则无此症状，偶见有关节炎表现。剖检时，禽霍乱肝脏肿大有坏死点，鸡新城疫则无此病变。

2. 禽霍乱与鸡病毒性关节炎的鉴别

［相似点］禽霍乱与鸡病毒性关节炎均有关节肿大、化脓，跛行等临床症状。

［不同点］鸡病毒性关节炎的主要症状和病变均表现在腿部关节上，而且严重，使用抗生素无效；禽霍乱除具有关节症状与病变外，还可发现呼吸困难，流鼻液，肉髯肿大，肝脏有灰黄色或白色坏死灶等特征性症状和病变，一些抗生素对禽霍乱有效。

3. 禽霍乱与鸡传染性鼻炎的鉴别

［相似点］禽霍乱与鸡传染性鼻炎均有精神不振，呼吸困难，

鼻流黏液，跛行，下痢，粪绿色等临床症状；并有心冠脂肪有出血点等剖检病变。

[不同点] 鸡传染性鼻炎眼结膜发炎并伴有眼睑粘连，一侧或两侧眼眶周围组织肿胀，鼻孔流出的黏液性分泌物干燥后，在鼻孔周围凝结成淡黄色的结痂，禽霍乱则无此症状；剖检时，鸡传染性鼻炎在鼻腔和咽喉黏膜呈炎性充血和水肿，常有大量渗出液，但内脏器官病变不明显，只偶尔发生肺炎和气囊炎，禽霍乱心冠状沟部密布出血点，肝肿大有坏死灶，肌胃和十二指肠黏膜出血，整个肠道呈卡他性或出血性肠炎；鸡传染性鼻炎死亡率较低，而禽霍乱死亡率高。

4. 禽霍乱与鸡伤寒的鉴别

[相似点] 禽霍乱与鸡伤寒均有精神不振，呼吸困难，下痢，粪便呈绿色等临床症状。

[不同点] 鸡伤寒可发生于3周龄以上的青年鸡及成年鸡，病程长（3～30天），腹泻严重，肝脏表面有灰白色坏死点，但数量比较少，肝表面呈古铜色。伤寒还有脾肿大，胆囊肿大并充满绿色油状胆汁等病变。

禽霍乱在16周龄以前很少发生，发病高峰多集中在性成熟期。肝脏的病变具有特征性，肝稍肿，质变脆，呈棕色或黄棕色。肝表面散布有许多灰白色、针头大的坏死点。脾脏一般不见明显变化。

5. 禽霍乱与鸡链球菌病的鉴别

[相似点] 禽霍乱与鸡链球菌病均有精神不振，嗜睡缩颈，羽毛松乱，冠髯发紫、髯水肿，腹泻，粪绿色，产蛋减少等临床症状；并有肝肿大、暗紫，有坏死点，心冠、心外膜有出血点，心包积液有纤维素等剖检病变。

[不同点] 鸡链球菌病是由链球菌引起的。病鸡步履蹒跚，头震颤，有的患角膜炎、结膜炎，肿胀流泪，有圆圈运动，角弓反张。翅爪麻痹和痉挛。剖检可见肺瘀血、水肿，喉有干酪样粟

粒大的坏死灶，气管、支气管黏膜充血，表面有分泌物，慢性主要表现纤维素性关节炎、腱鞘炎、输卵管炎、卵黄性腹膜炎、纤维素性心包炎、肝周炎。病料涂片、染色，镜检可见革兰氏阳性单个或成对或短链排列的球菌。

禽霍乱肝脏的病变具有特征性，肝稍肿，质变脆，呈棕色或黄棕色。肝表面散布有许多灰白色、针头大的坏死点。脾脏一般不见明显变化。

6. 禽霍乱与鸡绿脓杆菌病的鉴别

［**相似点**］禽霍乱与鸡绿脓杆菌病均有传染性，多发于幼雏，精神不振，拉黄绿色稀粪，呼吸迫促，关节炎，跛行等临床表现以及心内、外膜有出血点，肝有坏死点，肠黏膜充血、出血等病理变化。

［**不同点**］绿脓杆菌病的病原为铜绿假单胞菌。腹部膨大，眼周、颈部、腿内侧水肿，肿胀破溃流出液体。颈部、脐部皮下呈黄绿色胶冻样浸润。在一定的培养基上菌落呈蓝绿色，肉汤培养液接种于鸡腹腔24小时死亡，病料能分离出绿脓杆菌。

7. 禽霍乱与曲霉菌病的鉴别

［**相似点**］禽霍乱与曲霉菌病均有精神不振，食欲减退，翅膀下垂，呼吸困难，口鼻有分泌物等临床表现。

［**不同点**］鸡曲霉菌病是由曲霉菌所引起的，幼雏多为急性暴发。常因饲料或褥草发霉，被曲霉菌污染而发病。在肺上有粟粒大的黄色或灰白色结节，培养可出现烟曲霉菌。气囊也有霉菌结节，有时形成霉斑。

禽霍乱常有腹泻，排出黄色、灰白色或绿色的稀粪，鸡冠和肉髯变青紫色，有的病鸡肉髯肿胀。肺有充血或出血点。肝稍肿，质变脆，呈棕色或黄棕色。肝表面散布有许多灰白色、针头大的坏死点。

8. 禽霍乱与鸡结核病的鉴别

［**相似点**］禽霍乱与鸡结核病均有精神不振，食欲减退，冠

髯苍白，患关节炎，长期拉稀，蛋产量下降等临床症状。

[不同点] 鸡结核病的病原为结核分枝杆菌。患鸡病初症状不明显，随后才表现出症状，渐进性消瘦，胸骨突出如刀，翅下垂。剖检可见肝、脾、肠道、气囊、肠系膜等均有结核结节（粟粒大、豆大、鸽蛋大），切开干酪样物，涂片后用姜-尼氏染色法染色，镜检显红色杆菌（其他分枝杆菌呈蓝色）。禽结核杆菌素注于肉髯皮内呈阳性反应。

9. 禽霍乱与鸡衣原体病的鉴别

[相似点] 禽霍乱与鸡衣原体病均有精神不振，食欲减退，冠髯苍白，流鼻液，下颌、髯水肿，拉稀等临床症状；并有心包、气囊有纤维渗出物，肝棕黄、有出血点、坏死点，鼻腔多量黏液，卵黄破裂等剖检病变。

[不同点] 鸡衣原体病是由鹦鹉热衣原体引起的，病鸡眼半闭，缩颈，头掩翅下，羽毛松乱，喜蹲伏，髯、眼睑、下颌水肿，严重消瘦，胸骨隆起，眶下窦有干酪样物，腹腔有棕红色液体。用肝、脾、心包、心肌压片，姬姆萨染色，衣原体呈蓝色。

10. 禽霍乱与鸡球虫病的鉴别

[相似点] 禽霍乱与鸡球虫病均有精神不振，食欲减退，渴欲增加，闭目打盹，腹泻等临床症状；并有肠道充血、出血等剖检病变。

[不同点] 鸡球虫病（由艾美耳球虫引起）一般在3～4周龄多发，嗉囊积食，稀粪含血或全血。剖检可见小肠发炎、肿胀、覆黏稠液、有小血块，盲肠肿胀、肥厚、呈棕红色或暗红色，内容物为血液、凝血块或黄白色干酪样物。肠系膜刮取物或肠内容物镜检可见球虫卵囊和大配子。

11. 禽霍乱与鸡隐孢子虫病的鉴别

[相似点] 禽霍乱与鸡隐孢子虫病均有精神不振，缩颈闭目，翅膀下垂，呼吸急迫，食欲减退或废绝等临床症状。

[不同点] 鸡隐孢子虫病（病原为隐孢子虫）病鸡咳嗽，打

喷嚏，伸颈张口呼吸，剖检可见喉气管水肿、多泡沫状液体、肺腹侧严重充血、表面湿润，常有灰白色硬斑，切面渗出液多。用生前呼吸道分泌物在饱和白糖溶液将卵囊浮集，镜检可见虫卵。

12. 禽霍乱与鸡住白细胞原虫病的鉴别

[**相似点**] 禽霍乱与鸡住白细胞原虫病均有精神沉郁，羽毛松乱，腹泻，排绿色的稀粪，呼吸困难等临床表现和内脏出血等病理变化。

[**不同点**] 鸡住白细胞原虫病的病原是住白细胞原虫科、住白细胞原虫属的卡氏住白细胞原虫和沙氏住白细胞原虫。鸡冠和肉髯苍白（冠上有叮咬的印记），死前口流鲜血。在胸肌、腿肌及肝脏上，发现白色的裂殖体呈粟粒大的小结节。

禽霍乱体温升高，排出黄色、灰白色或绿色的稀粪。鸡冠和肉髯变青紫色，有的病鸡肉髯肿胀，有热痛感。肝脏的病变具有特征性，肝稍肿，质变脆，呈棕色或黄棕色。肝表面散布有许多灰白色、针头大的坏死点。心管脂肪有出血点。

【防制】

1. 预防措施

（1）加强鸡群的饲养管理　平时严格执行鸡场兽医卫生防疫措施是防治本病的关键措施。一些不良的外界因素，如鸡群拥挤、圈舍潮湿、营养缺乏、寄生虫感染或其他应激因素都是本病的诱因。所以必须加强饲养管理，提供适宜的环境条件，以栋舍为单位采取全进全出的饲养制度，严格执行隔离卫生和消毒制度，从无病鸡场购鸡，减少本病的发生。

（2）药物预防　定期在饲料中加入抗菌药。在饲料中添加0.4%的喹乙醇或杆菌肽锌，具有较好的预防作用。当鸡群正处于开产前后或产蛋高峰期，对禽霍乱的易感性高，而时值秋末冬初，天气多变或连阴，发病的可能性大，可用土霉素 2～3 天（每千克饲料加 1.5～2 克），必要时间隔 10～15 天再用 1 次，对其他细菌性疾病也兼有预防作用。

（3）免疫接种　一般从未发生本病的鸡场不进行疫苗接种。对常发地区或鸡场，药物治疗效果日渐降低，本病很难得到有效控制，可考虑应用疫苗进行预防。最好利用本场分离的细菌，经鉴定合格后，制作自家灭活苗，定期进对鸡群行注射免疫，通过1～2年的免疫，本病可得到有效控制。现国内也有较好的禽霍乱蜂胶灭活疫苗，安全可靠，可在0℃下保存2年，易于注射，不影响产蛋，无不良反应和毒性。

2. 发病后的措施

及时采取封闭、隔离和消毒措施，加强对鸡舍和鸡群的消毒；有条件的地方应通过药敏试验选择有效药物全群给药。磺胺类药物、氟苯尼考、红霉素、庆大霉素、环丙沙星、恩诺沙星、喹乙醇均有较好的疗效。土霉素或磺胺二甲基嘧啶按0.5%～1%的比例配入饲料中连用3～4天，停药2天，再服用3～4天；或喹乙醇0.2～0.3克/千克拌料，连用一周，或每千克体重30毫克，每天1次饲喂，连用3～4天。对病鸡按每千克体重青霉素水剂1万单位肌内注射，每天2～3次。明显病鸡采用大剂量的抗生素进行肌内注射1～2次，这对降低死亡率有显著的作用。在治疗过程中，药的剂量要足，疗程合理，当鸡只死亡明显减少后，再继续投药2～3天以巩固疗效。

二十一、葡萄球菌病

鸡葡萄球菌病是由致病性葡萄球菌引起的一种急性或慢性非接触性传染病。近年来，随着我国养鸡业的发展，本病也成为一些养鸡场的常见病之一。

【病原】病原主要是金黄色葡萄球菌。典型的为圆形或卵圆形，直径0.7～1纳米，革兰氏阳性，培养物涂片常呈葡萄串状，脓液涂片呈单个或成双排列，致病性菌株的菌体稍小且各个菌体的排列和大小较为整齐。能产生多种毒素和酶，如溶血素、杀白细胞素、肠毒素、凝固酶等，与致病性有关。葡萄球菌的抵抗力较强，在干燥的脓汁或血液中可存活数月，加热70℃1小时、

80℃ 30 分钟才能将其杀死。一般消毒药中，以 3%～5% 石炭酸的消毒效果较好，也可用过氧乙酸消毒。

【流行病学】葡萄球菌在自然界分布很广，在人、畜、鸡的皮肤上也经常存在。各种年龄和品种的鸡均可感染，而以 1.5～3 月龄的雏鸡多见，常呈急性败血症。中雏和成鸡常为慢性、局灶性感染。

鸡对葡萄球菌较易感，主要经皮肤创伤或毛孔入侵。鸡群拥挤互相啄斗，鸡笼破旧致使铁丝刺破皮肤，患皮肤型鸡痘或其他造成皮肤破损等因素，都是引起本病的诱因。

本病一年四季均可发生，以雨季、潮湿季节发生较多。通常本病多为散发，但有时也迅速扩散至全群中，特别是当鸡舍卫生太差，饲养密度太大时，发病率更高。

【临床症状】根据病程可将本病分为急性和慢性两种，急性病例中除少数往往未见明显症状而突然发生急性败血症死亡外，多数可见精神沉郁，不食，腹泻，关节炎及关节周炎，胸腹部皮下水肿，内含血液，外观呈紫黑色，脱毛或破溃流出血水。有时翅膀发生坏疽，或在体表各部发生大小不一的出血性坏死，形成紫黑色结痂，病程 3～6 天。慢性者主要表现关节炎，跗、肘、趾等关节发炎肿胀，关节强硬，跛行、步态不稳，喜蹲厌动，结膜发炎，有时龙骨发生浆液性滑膜炎，食欲减少，生产性能下降，渐进性消瘦，衰竭，最后死亡。病程可达 2～3 周。康复者增重缓慢，在相当长的时间内仍有跛行现象，死亡率一般在 20% 以下。临诊病型如下。

1. 急性败血型

急性败血型是本病的常见病型。多发生于中雏，除具有急性病例的一般症状外，还表现体温升高，缩头垂翅，羽毛蓬乱，胸部皮下呈紫红色或紫黑色，有波动感，破溃后流出红色液体污染周围。特别是 40～60 日龄的笼养肉鸡，突出的表现是翅膀、胸腹臀皮下有浆液性渗出物，皮肤浮肿，有波动感，破溃后流出恶臭的液体，有些皮肤坏死、结痂，常在发病后 2～3 天死亡。

2. 脐炎型

脐炎型俗称"大肚脐"，是刚出壳不久的雏鸡的一种病型。突出表现为腹部膨大，脐孔及周围组织发炎肿胀或形成坏死灶，一般 2～5 天死亡。

3. 关节炎型

关节炎型表现为多个关节发炎肿胀，特别是趾、跖关节肿大为多见，呈紫红色或紫黑色，有的破溃并结痂。跛行、喜卧、消瘦，最后衰竭死亡。病程多为 10 天左右。

4. 其他病型

其他病型，如眼球炎、骨髓炎、耳炎、浮肿性或化脓性皮炎、腱鞘炎、胸囊肿和心内膜炎等。

【病理变化】

1. 急性败血型

主要病变是皮下、浆膜、黏膜水肿、充血、出血或溶血，有棕黄色或黄红色胶样浸润，特别是胸骨柄处肌肉呈弥漫隆出血斑或条纹状出血。实质脏器充血肿大，肝呈淡紫红色，有花纹斑。肝、脾有白色坏死点。输尿管有尿酸盐沉积。心冠状脂肪、腹腔脂肪、肌胃黏膜等出血水肿，心包有黄红色积液，个别病例有肠炎变化。

2. 脐炎型

脐部肿胀膨大，呈紫红色或紫黑色，有暗红色水肿液，时间稍久则为脓性干涸坏死。肝脏有出血点，卵黄吸收不全，呈黄红色或黑灰色。

3. 关节炎型

主要表现关节肿大，滑膜增厚，充血、出血，关节腔内有渗出液，有时含有纤维蛋白，病程长者则发生干酪样坏死。

4. 其他

如结膜炎或失明病例，往往在眼内有脓性或干酪样物。有的体表各部可见化脓性或坏疽性皮炎，若有鸡病混合感染时，则皮肤和眼部病变更严重。

【实验室检查】 根据本病的流行特点（有外伤因素存在、卫生条件差、管理不善等）、特征表现（败血症、皮炎、关节炎和脐炎等）及病变（皮肤、关节发炎、肿胀、化脓、坏死、结痂等）一般不难做出初步诊断。确诊则依赖于用病变部位脓汁或渗出液及血液等涂片镜检或分离培养，并进一步做生化试验、凝固酶试验、动物实验等对病原进行鉴定。

【鉴别诊断】

1. 鸡葡萄球菌病与鸡铜绿假单胞菌病的鉴别

[相似点] 鸡葡萄球菌病与鸡铜绿假单胞菌病均有精神沉郁，眼半闭，蹲伏，跛行，腹泻，粪呈黄绿色，嗉囊部、大腿内侧有水肿、破溃后流液，关节炎等临床症状；并均有皮下胶样浸润等剖检病变。

[不同点] 鸡铜绿假单胞菌病的病原为铜绿假单胞菌。两腿内侧皮下水肿，颈部、脐部皮下有淡黄色或淡绿色胶冻样浸润。水肿部不显红色，破溃后不流粉红色或红色液体。颈下、脐部皮下呈黄绿色胶样浸润。腹泻，粪便呈绿色。培养基菌落呈蓝绿色。

2. 鸡葡萄球菌病与鸡维生素 E-硒缺乏症的鉴别

[相似点] 鸡葡萄球菌病与鸡维生素 E-硒缺乏症均有关节肿大，跛行，不喜站立等临床症状。

[不同点] 鸡维生素 E-硒缺乏症的病因是鸡维生素 E、硒缺乏，多于 2～3 周龄发病，6 周龄肿大消失，12～16 周龄再次肿大，雏鸡渗出性素质，腹部皮下水肿，针刺流蓝绿色稠液。剖检可见骨骼肌、心肌、胸肌有灰白色条纹，尿中肌酸增多，肌肉内肌酸减少。

3. 鸡葡萄球菌病与病毒性关节炎的鉴别

[相似点] 病毒性关节炎与葡萄球菌病均出现关节炎、关节肿胀、跛行等症状。

[不同点] 病毒性关节炎是由呼肠孤病毒引起的主要发生在肉用型禽类的一种传染病，蛋鸡很少发生，临床上以胫和跗关节上方腱索肿大、腱鞘肿胀，关节腔内含有黄色的关节分泌物，日龄较长者严重时可致腓肠肌腱断裂，体表没有化脓、溃烂现象，精神状态和采食量无明显变化。葡萄球菌病的临床症状明显。

4. 鸡葡萄球菌病与鸡维生素 K 缺乏症的鉴别

[相似点] 鸡葡萄球菌病与鸡维生素 K 缺乏症均有胸、腹皮肤呈紫色，腹泻，精神沉郁，缩颈呆立等临床症状。

[不同点] 鸡维生素 K 缺乏症的病因是维生素 K 缺乏。病鸡翅膀皮下出血、有紫斑，冠髯苍白，发生擦伤或创伤等会引起出血不止，凝血时间延长，不如葡萄球菌病变严重，病料镜检无菌。

5. 鸡葡萄球菌病与鸡痛风的鉴别

[相似点] 鸡葡萄球菌病与鸡痛风均有关节肿胀，关节腔内有黏液，站立不稳，跛行，蹲伏等临床症状。

[不同点] 鸡痛风是由于饲喂大量富含核蛋白和嘌呤碱的蛋白质饲料引进禽体内蛋白质代谢障碍的营养代谢性疾病。病鸡排白色黏液状稀粪，含有多量尿酸盐，关节面及周围组织有白色尿酸盐沉积。剖检可见内脏表面和胸腹膜有石灰样尿酸盐结晶薄膜，关节有白色结晶。

6. 鸡葡萄球菌病与鸡腹水综合征（败血型）的鉴别

[相似点] 鸡葡萄球菌病与鸡腹水综合征（败血型）均有羽毛松乱，皮肤发紫，翅膀下垂，不愿走动等临床症状；并均有皮下瘀血，肝肿大、微呈紫红色，心包积液等剖检病变。

[不同点] 鸡腹水综合征的病因是缺氧、寒冷、饲料高能量，而且仅发生于肉鸡，病鸡腹部膨大、皮肤变薄、有波动，穿刺腹腔后流出大量液体。

7. 鸡葡萄球菌病与坏疽性皮炎的鉴别

[相似点] 鸡葡萄球菌病与坏疽性皮炎均有胸、腹皮肤发紫等表现。

[**不同点**] 坏疽性皮炎是由魏氏梭菌和腐败梭菌引起的，多发生于 4～16 周龄的鸡和火鸡，除大腿、胸腹部皮肤和深层组织、翅尖和趾坏死外，还可见出血性心肌炎，肝棕绿色有坏死点，镜检可发现大量的革兰阳性大杆菌。但坏疽性皮炎有时易与葡萄球菌混合感染。

8. 鸡葡萄球菌病与滑膜霉形体病的鉴别

[**相似点**] 鸡葡萄球菌病与滑膜霉形体病均有关节肿胀及跛行症状。

[**不同点**] 滑膜霉形体病的病原是滑膜支原体。病程较长，体表各部位不出血、化脓或溃烂，发病多因经蛋传播所引起而非外伤感染，用链霉素或泰乐菌素治疗有效，而对青霉素和磺胺类药物不敏感。若借助实验室诊断，更易将本病与相似疾病相区别。

鸡葡萄球菌病有败血症、皮炎、关节炎和脐炎等多种表现以及皮肤、关节发炎、肿胀、化脓、坏死、结痂等多种病变，还有外伤史，青霉素治疗效果良好。

9. 鸡葡萄球菌病与大肠杆菌病的鉴别

[**相似点**] 鸡葡萄球菌病与大肠杆菌病均有精神不振、皮肤出血坏死等表现。

[**不同点**] 大肠杆菌病是由大肠杆菌引起的，各种年龄的鸡（包括肉用仔鸡）都可感染，在雏鸡和青年鸡多呈急性败血症，而成年鸡多呈亚急性气囊炎和多发性浆膜炎。本病的感染途径有经蛋传染、呼吸道传染和经口传染。皮肤炎症的鸡群发生皮肤炎症、坏死、溃烂，有时形成结痂。肉芽肿的出现，心、肝、十二指肠及肠系膜有黄白色大小不等的肉芽结节，肠粘连，肝表面有大小不一的坏死灶。解剖败血症病鸡时，常可闻到特殊臭味，见到纤维素性心包炎，特征病变是肝呈铜绿色，有的肝脏表面有白色小病灶。胸肌充血。

鸡葡萄球菌病以轻型蛋鸡多发，以 40～60 日龄的鸡发病最多，皮肤或黏膜表面的破损，常是葡萄球菌侵入的门户。2 月龄以下的雏鸡死亡率较高，多为急性败血症症状，成年鸡发病的较少，大多表现为慢性经过。整个胸、腹部皮下充血、出血，呈弥漫性紫红色，有大量黄红色胶冻样水肿液。肝脏肿大，淡紫色，有花纹变化。

【防制】

1. 预防措施

（1）加强饲养管理，建立严格的卫生制度　避免鸡的皮肤损伤，包括硬物刺伤、胸部与地面的磨擦伤、啄伤等，以堵截病原菌的感染门户；饲养和孵化工作人员皮肤有化脓性疾病的不要接触种蛋，种蛋入孵前要进行消毒；饲喂全价饲料，要保证适当的维生素和矿物质；鸡舍应通风，干燥，饲养密度要适宜，防止拥挤；搞好鸡舍及鸡群周围环境的清洁卫生和消毒工作，定期对鸡舍用 0.2% 次氯酸钠或 0.3% 过氧乙酸进行带鸡喷雾消毒。

（2）在疫区预防本病可使用葡萄球菌多价菌苗，21～24 日龄的雏鸡皮下注射 1 毫升/只（含菌 60 亿/毫升），半个月产生免疫力，免疫期约 6 个月。

2. 发病后措施

（1）病鸡应隔离饲养　可从病死鸡分离出病原菌后做药敏试验，选用敏感的药物对病鸡群进行治疗，无此条件时，可选择青霉素 G［雏鸡饮水 2000～5000 单位/（只·次）；成年鸡肌内注射 2 万～5 万单位/（只·次），每天 2～3 次，连用 3～5 天］、新霉素（按 0.035% 浓度混料，连喂 5～7 天）、卡那霉素（按 0.015%～0.02% 浓度混水，连用 5 天）、庆大霉素（每千克饮水中加 10 万单位，连用 3～5 天）或新诺明（按 0.2% 浓度混料，连喂 3～5 天。重症鸡可肌内注射，每千克体重 20～30 毫克，每天 1 次，连用 3 天）进行治疗。

（2）草药治疗

处方 1：黄芩、黄连叶、焦大黄、黄柏、板蓝根、茜草、大蓟、车前子、神曲、甘草各等份加水煎汤，取汁拌料，按每只每天 2 克生药计算，每天 1 剂，连用 3 天，对急性鸡葡萄球菌病有治疗效果。

处方 2：鱼腥草、麦芽各 90 克，连翘、白及、地榆、茜草各 45 克，大黄、当归各 40 克，黄柏 50 克，知母 30 克，菊花 80 克，粉碎混匀，按每只鸡每天 3.5 克拌料，4 天为 1 个疗程，对鸡葡萄球菌病有很好的治疗效果。

二十二、禽曲霉菌病

禽曲霉菌病主要是由烟曲霉菌和黄曲霉菌等霉菌引起的多种禽类的一种真菌类疾病，雏鸡多发且呈急性群发性，发病率和死亡率都很高，成鸡则为散发，其主要特征是在呼吸器官组织中发生炎症并形成肉芽肿结节。

【病原】本病的病原为曲霉菌属中的多种曲霉菌，其中主要是烟曲霉，其次是黑曲霉、黄曲霉和土曲霉。偶尔可见青霉菌、白霉菌等。致病性最强的是烟曲霉菌。本菌的形态特点是分生孢子呈串珠状，在孢子柄顶部囊上呈放射状。烟曲霉的孢子呈暗绿色。其孢子在自然界中分布较广，常污染垫草及饲料。曲霉菌在自然界的适应能力很强，一般冷热干湿的条件下均不能破坏其孢子的生活能力，煮沸 5 分钟才能杀死。一般的消毒药须经 1～3 小时才能灭活。

【流行病学】胚胎期及 6 周龄以下的雏鸡比成年鸡易感，4～12 日龄最为易感，幼雏常呈急性暴发，发病率很高，死亡率一般在 10％～50％之间，成年鸡仅为散发，多为慢性。本病可通过多种途径而感染，曲霉菌可穿透蛋壳进入蛋内，引起胚胎死亡或雏鸡感染，此外，通过呼吸道吸入、肌内注射、静脉、眼睛接种、气雾、阉割伤口等感染本病。曲霉菌经常存在于垫料和饲料中，在适宜条件下大量生长繁殖，形成曲霉菌孢子，若严重污染环境与种蛋，可造成曲霉菌病的发生。

【临床症状】雏鸡发病多呈急性经过，病鸡表现呼吸困难，张口呼吸，喘气，有浆液性鼻漏。食欲减退，饮欲增加，精神委顿，嗜睡。羽毛松乱，缩颈垂翅。后期病鸡迅速消瘦，发生下痢。若病原侵害眼睛，可能出现一侧或两侧眼睛发生灰白色浑浊，也可能引起一侧眼肿胀，结膜囊有干酪样物。若食道黏膜受损时，则吞咽困难。少数鸡由于病原侵害脑组织，引起共济失调、角弓反张、麻痹等神经症状。一般发病后 2～7 天死亡，慢性者可达 2 周以上，死亡率一般为 5%～50%。若曲霉菌污染种蛋及孵化后，常造成孵化率下降，胚胎大批死亡。成年鸡多呈慢性经过，引起产蛋下降，病程有的拖延数周，死亡率不定。

【病理变化】 主要在肺和气囊上，肺脏可见散在的粟粒、大至绿豆大小的黄白色或灰白色的结节，质地较硬，有时气囊壁上可见大小不等的干酪样结节或斑块。随着病程的发展，气囊壁明显增厚，干酪样斑块增多，增大，有的融合在一起。后期病例可见在干酪样斑块上以及气囊壁上形成灰绿色霉菌斑。严重病例的，腹腔、浆膜、肝或其他部位表面有结节或圆形灰绿色斑块。

【实验室检查】 根据发病特点（饲料、垫草的严重污染发霉，雏鸡多发且呈急性经过）、临床特征（呼吸困难）、剖检病理变化（在肺、气囊等部位可见灰白色结节或霉菌斑块）等，做出初步诊断，确诊需进行微生物学检查和病原分离鉴定。

【鉴别诊断】

1. 鸡曲霉菌病与鸡白痢的鉴别

[**相似点**] 鸡曲霉菌病与鸡白痢均有精神萎靡，闭目缩颈，翅膀下垂，减食或废食，下痢，气喘，呼吸困难，成鸡贫血、产蛋下降等临床症状。

[**不同点**] 鸡白痢的病原为白痢沙门菌。雏鸡白痢除呼吸道症状外，还可见到排出石灰样白色粪便，同时肝、心、消化道也都受到侵害，但不形成曲霉菌病特征性同心圆肉芽肿结节，这些均可区别于曲霉菌病。用普通肉汤琼脂平板直接分离，根据菌落形态特征即可鉴定，血清检查有阳性鸡。此外，痢特灵、氯霉素等药物治疗雏鸡白痢有效，而对鸡曲霉菌病无效。

2. 鸡曲霉菌病与鸡慢性呼吸道病的鉴别

[**相似点**] 鸡曲霉菌病与鸡慢性呼吸道病均有打喷嚏，呼吸时

有啰音，摇头甩鼻，眼睑肿大，结膜炎，产蛋量下降等临床症状。

[**不同点**] 鸡慢性呼吸道病的病原为鸡毒支原体。病鸡咳嗽，一侧或两侧眶下窦肿胀，翅膀因擦鼻而沾有鼻液。剖检可见鼻腔、眶下窦、气管、肺有较多浆性黏性分泌物。平板凝集反应呈阳性（出现凝集颗粒）。

鸡曲霉菌病幼雏多为急性暴发。常因饲料或褥草发霉，被曲霉菌污染而发病。在肺上有粟粒大的黄色或灰白色结节，培养可出现烟曲霉菌。气囊也有霉菌结节，有时形成霉斑。

3. 鸡曲霉菌病与鸡传染性支气管炎病的鉴别

[**相似点**] 鸡曲霉菌病与鸡传染性支气管炎病均有精神不振，羽毛松乱，嗜睡，翅膀下垂，打喷嚏，伸颈张口呼吸，呼吸时有咕噜声，摇头甩鼻，下痢，产蛋量下降等临床症状。

[**不同点**] 鸡传染性支气管炎由病毒引起，其病原为传染性支气管炎病毒，疫情传播很快，各种年龄的鸡均可感染发病。成年鸡感染后产蛋量迅速下降，并产畸形蛋。病死鸡剖检后生殖器官病变明显，但肺不形成曲霉菌病特征性肉芽肿结节。这些均可区别于曲霉菌病。

4. 鸡曲霉菌病与鸡副伤寒的鉴别

[**相似点**] 鸡曲霉菌病与鸡副伤寒均有精神不振，羽毛松乱，嗜睡、呆立，翅膀下垂，下痢，结膜炎等临床症状。

[**不同点**] 鸡副伤寒是由副伤寒沙门菌引起的，病鸡饮水增加，呈水样下痢，近热源拥挤。剖检可见肝、脾充血，有出血条纹和出血点、坏死点，心包粘连。用克隆抗体和核酸探针为基础的检测沙门菌诊断药盒容易做出诊断。

鸡曲霉菌病常因饲料或褥草发霉，被曲霉菌污染而发病。在肺上有粟粒大的黄色或灰白色结节，培养可出现烟曲霉菌。气囊也有霉菌结节，有时形成霉斑。

5. 鸡曲霉菌病与鸡隐孢子虫病的鉴别

[**相似点**] 鸡曲霉菌病与鸡隐孢子虫病均有精神不振，打喷

嚏，闭目嗜睡，翅膀下垂，减食或废食，伸颈张口呼吸，呼吸困难等临床症状。

[**不同点**] 鸡隐孢子虫病的病原为鸡隐孢子虫。剖检可见喉气管水肿，有较多泡沫性液体和干酪样物，肺腹侧严重充血、有灰白色硬斑，切面多渗出液，生前取呼吸道黏液用饱和白糖溶液将卵囊浮集、镜检可见包裹内含4个裸露的香蕉形子孢子和一个大残体。

6. 鸡曲霉菌病与鸡线虫病（气管比翼线虫）的鉴别

[**相似点**] 鸡曲霉菌病与鸡线虫病（气管比翼线虫）均有精神不振，减食或废食，伸颈张口呼吸，摇头甩鼻，呼吸困难等临床症状。

[**不同点**] 鸡气管比翼线虫病的病原为比翼线虫。病鸡口内充满泡沫状唾液，后期呼吸困难，窒息死亡。剖检口腔、喉头可见杈子形虫体。

7. 鸡曲霉菌病与舟形嗜气管吸虫病的鉴别

[**相似点**] 鸡曲霉菌病与舟形嗜气管吸虫病均有传染性，喘气，伸颈张口呼吸。

[**不同点**] 舟形嗜气管吸虫病的病原为舟形嗜气管吸虫，有可能在水中啄食水螺或用碎螺作饲料而感染，气管、支气管、气囊黏液中可以检出虫体。

【防制】

1. 预防措施

注意不使用发霉的垫草和饲料，育雏室保持清洁、干燥，垫料要经常翻晒和更换；育雏室每日温差不要过大，按雏鸡日龄逐步降温；合理通风换气，减少育雏室空气中的霉菌孢子。有的育雏室可用干净的中粒沙子作垫料，育雏室清扫干净，用甲醛液熏蒸或0.3%过氧乙酸消毒后，再进雏饲养。为了防止种蛋被污染，应及时收蛋，保持蛋库与蛋箱卫生。

2. 发病后措施

及时隔离病雏，清除污染霉菌的饲料与垫料，清扫鸡舍，喷洒 1∶2000 的硫酸铜溶液，换上不发霉的垫料。严重病例扑杀淘汰，轻症者可用 1∶2000 或 1∶3000 的硫酸铜溶液饮水，连用 3～4 天，可以减少新病例的发生，有效地控制本病的继续蔓延。

（1）药物治疗 制霉菌素，成鸡 15～20 毫升，雏鸡 3～5 毫克，混于饲料喂服 3～5 天，有一定的疗效。或病鸡用碘化钾口服治疗，每升水加碘化钾 5～10 克，具有一定的疗效。或用硫酸铜按 1∶3000 的比例混水，连用 3～5 天。或用克霉唑口服，每千克体重 20 毫克，每日 3 次。

（2）草药治疗

处方 1：金银花、连翘、莱菔子（炒）各 30 克，丹皮、黄芩各 15 克，柴胡 18 克，桑白皮、枇杷叶、甘草各 12 克，水煎取汁 1000 毫升，为 500 只鸡的一日量，每日分 4 次拌料喂服，每天 1 剂，连用 4 剂，治疗鸡曲霉菌病的效果显著。

处方 2：桔梗 250 克，蒲公英、鱼腥草、苏叶各 500 克，水煎取汁，为 1000 只鸡的用量，用药液拌料喂服，每天 2 次，连用 1 周。另在饮水中加 0.1% 高锰酸钾。对曲霉菌病鸡用药 3 天后，病鸡群停止死亡，用药 1 周后痊愈。

二十三、铜绿假单胞菌病

近年来，随着养鸡业的不断发展，鸡的铜绿假单胞菌病也经常发生，且多见雏鸡发病，呈急性败血病，发病率和死亡率都很高，对雏鸡造成极大的危害。

【病原】病原为铜绿假单胞菌，是一种能运动的革兰氏阴性杆菌，单在或成双，有时呈短链。本菌可分解葡萄糖、伯胶糖、木糖、单奶糖产酸，过氧化氢酶阳性，氧化酶阳性，需氧。

【流行病学】铜绿假单胞菌在自然界中分布广泛，土壤、水、肠内容物、体表等处都存在；本病主要感染 1 周内的雏鸡。近年来在我国部分鸡场流行，主要是由于注射马立克氏病疫苗而感染铜绿假单胞菌所致。当气温升高，或再经过长途运输，会降低雏鸡机体的抵抗力，从而会导致雏鸡发病而且死亡快。

【临床症状】本病的病程比较短，病鸡临床表现多呈急性经过，精神沉郁，饮食废绝，体温升高达 43℃，腹部膨胀，手压软而无弹性，拉白色、绿色或褐色稀便，肛门水肿外翻，其周围被粪便污染，被毛蓬乱，闭目站立不稳，死亡率可达 70％～90％以上。雏鸡患铜绿假单胞菌病，往往发生在注射马立克氏病疫苗后的当天深夜或第 2 天；发病急，且死亡率高。

【病理变化】剖检病死雏鸡，皮下特别是头部周围皮下有浆液浸润，肝轻度肿大，包膜下有小坏死灶，心包浑浊肥厚，外膜有纤维素性渗出物，肾脏肿大，淤血；卡他性出血性肠炎，肠黏液增多，或混有血液；关节肿大，关节液浑浊增多。

【实验室检查】细菌分离鉴定。

【鉴别诊断】

1. 鸡铜绿假单胞菌病与鸡葡萄球菌病的鉴别

［相似点］鸡铜绿假单胞菌病与鸡葡萄球菌病均有精神沉郁，眼半闭，蹲伏，跛行，腹泻，粪呈黄绿色，嗉囊部、大腿内侧有水肿、破溃后流液，关节炎等临床症状；并均有皮下胶样浸润等剖检病变。

［不同点］鸡葡萄球菌病是由金黄色葡萄球菌引起的雏鸡传染病。胸腹部、大腿内侧皮下水肿，有数量不等的血样渗出液，外呈紫色或紫黑色，触摸有波动感，局部羽毛脱落或用手一摸即脱掉。皮肤破溃后流出褐色或紫红色的液体，使周围羽毛又湿又脏。有部分鸡在翅膀背侧及腹面、翅尖、尾部、头、脸、肉垂、背及腿部等部位，出现大小不等的出血斑，局部发炎、坏死或干燥结痂（呈暗紫色）。

鸡铜绿假单胞菌病两腿内侧皮下水肿，颈部、脐部皮下有淡黄色或淡绿色胶冻样浸润。水肿部不显红色，破溃后不流粉红色或红色液体。颈下、脐部皮下呈黄绿色胶样浸润。腹泻，粪便呈绿色。培养基菌落呈蓝绿色。

2. 鸡铜绿假单胞菌病与禽霍乱的鉴别

［相似点］鸡铜绿假单胞菌病与禽霍乱均有精神不振，拉黄

色稀粪，呼吸急促，关节炎，跛行等临床症状；并有心内、外膜有出血，肝有坏死点，肠黏膜充血、出血等剖检病变。

［**不同点**］禽霍乱是由多杀性巴氏杆菌引起的，有的鸡突然死亡，多是肥胖个体。有的病鸡鸡冠和肉髯变青紫色，有些病鸡一侧或两侧肉髯显著肿大，随后可能有脓性干酪样物质，或干结、坏死、脱落。有的病鸡有关节炎，常局限于脚或翼关节和腱鞘处，表现为关节肿大、疼痛、脚趾麻痹。剖检肺有充血或出血点。肝脏的病变具有特征性，肝稍肿，质变脆，呈棕色或黄棕色。肝表面散布有许多灰白色、针头大的坏死点。脾脏一般不见明显变化。

鸡铜绿假单胞菌病病鸡腹部膨大，眼周、颈部、腿内侧水肿，肿胀破溃流出液体。颈部、脐部皮下呈黄绿色胶冻样浸润。

3. 铜绿假单胞菌病与缺氧症的鉴别

［**相似点**］铜绿假单胞菌病与缺氧症均有精神不振，吃食不好等表现。

［**不同点**］缺氧症多发生在寒冷的冬季。出壳后雏鸡不吃不喝，1～5天内大批死亡，死亡率可以达到100％。公母雏鸡都有死亡，病鸡鸡爪干瘪。铜绿假单胞菌病只发生于母鸡（公雏不注射马立克氏病疫苗）。

4. 铜绿假单胞菌病与脱水症的鉴别

［**相似点**］铜绿假单胞菌病与脱水症均有精神不振，吃食不好等表现。

［**不同点**］雏鸡在出雏器内时间过长、长途运输以及育雏环境高温低湿等原因可引起脱水。脱水鸡表现为鸡爪干瘪，体轻，羽毛发干，单侧性肾脏肿大，有尿酸盐，个别鸡内脏痛风。3～5天内可引起1％～5％的死亡率。

5. 铜绿假单胞菌病与水中毒的鉴别

［**相似点**］铜绿假单胞菌病与水中毒均有精神不振、吃食不好、皮下渗出等表现。

［不同点］水中毒是因长途运输等原因引起雏鸡发生脱水，脱水雏鸡会因脱水暴饮而发生水中毒。剖检可见皮下有胶冻样渗出物，肠道水肿，有腹水。本病可造成 1‰～5‰ 的死亡。

【防制】

1. 预防措施

重要的是搞好孵化的消毒卫生工作。孵化用的种蛋在孵化之前可用福尔马林熏蒸后再入孵。对孵出的雏鸡进行马立克氏病疫苗注射，一定要注意针头的消毒卫生，避免通过注射感染发病。

2. 发病后措施

一旦暴发本病，选用高敏药物，如庆大霉素、妥布霉素、新霉素、多黏菌素、丁胺卡那霉素进行紧急注射或饮水治疗，可很快控制疫情。

二十四、传染性鼻炎（IC）

传染性鼻炎是由鸡嗜血杆菌和副鸡嗜血杆菌所引起鸡的急性呼吸系统疾病。主要症状为鼻腔与鼻窦炎，流鼻涕，脸部肿胀和打喷嚏。

【病原】鸡嗜血杆菌和副鸡嗜血杆菌呈多形性。在初分离时为一种革兰氏阴性的小球杆菌，两极染色，不形成芽孢，无荚膜无鞭毛，不能运动。本菌的抵抗力很弱，培养基上的细菌在 4℃ 时能存活 2 周，在自然环境中数小时即死。对热及消毒药也很敏感，在 45℃ 存活不超过 6 分钟，在真空冻干条件下可以保存 10 年。

【流行病学】发生于各种年龄的鸡，老龄鸡感染较为严重。病鸡及隐性带菌鸡是传染源，而慢性病鸡及隐性带菌鸡是鸡群中发生本病的重要原因。其传播途径主要以飞沫及尘埃经呼吸传染，但也可通过污染的饲料和饮水经消化道传染。

本病的发生与一些能使机体抵抗力下降的诱因密切有关。如鸡群拥挤，不同年龄的鸡混群饲养，通风不良，鸡舍内闷热，氨气浓度大，或鸡舍寒冷潮湿，缺乏维生素 A，受寄生虫侵袭等都能促使鸡群严重发病。鸡群接种鸡痘疫苗引起的全身反应，也常常是传染性鼻炎的诱因。本病多发于冬秋两季，这可能与气候和饲养管理条件有关。

本病的发病率虽高，但死亡率较低，尤其是在流行的早、中期鸡群很少有死鸡出现。但在鸡群恢复阶段，死淘增加，但不见死亡高峰。这部分死淘鸡多属继发感染所致。本病可使产蛋鸡的产蛋率显著下降，育成鸡生长停滞。

【临床症状】发生炎症者常仅表现鼻腔流稀薄清液，常不令人注意。一般常见症状为鼻孔先流出清液以后转为浆液性分泌物，有时打喷嚏。脸肿胀或显示水肿，眼结膜炎、眼睑肿胀。食欲及饮水减少，或有下痢，体重减轻。病鸡精神沉郁，面部浮肿，缩头，呆立。仔鸡生长不良，成年母鸡产卵减少；公鸡肉髯常见肿大。如炎症蔓延至下呼吸道，则呼吸困难，病鸡常摇头欲将呼吸道内的黏液排出，并有啰音。咽喉亦可积有分泌物的凝块。最后常窒息而死。

【病理变化】比较复杂多样，有的死鸡具有一种疾病的主要病理变化，有的鸡则兼有 2～3 种疾病的病理变化特征。具体来说在本病流行中由于继发症致死的鸡中常见鸡慢性呼吸道疾病、鸡大肠杆菌病、鸡白痢等。病死鸡多瘦弱，不产蛋；育成鸡的主要病变为鼻腔和窦黏膜呈急性卡他性炎，黏膜充血肿胀，表面覆有大量黏液，窦内有渗出物凝块，后成为干酪样坏死物。常见卡他性结膜炎，结膜充血肿胀。脸部及肉髯皮下水肿。严重时可见气管黏膜炎症，偶有肺炎及气囊炎。

【实验室检查】细菌的分离培养、鉴定，血清学试验和动物接种。

【鉴别诊断】

1. 鸡传染性鼻炎与慢性呼吸道病的鉴别

［相似点］鸡传染性鼻炎与慢性呼吸道病的呼吸道症状相似，都表现面部肿胀、流鼻液、流泪。

［不同点］鸡传染性鼻炎呈急性发生，慢性呼吸道病是逐渐

发病；鸡传染性鼻炎仅有少数鸡出现较轻的呼吸啰音和气囊病变，慢性呼吸道病在这两方面比较突出；磺胺类药物对鸡传染性鼻炎有显著疗效，对慢性呼吸道病例则无效（注：虽然这两种病有一些不同之处，但它们常相互诱发，共同存在，其症状与病变鉴别往往比较困难。若一时鉴别不清的，可先用链霉素治疗，对两种病均有效）。

2. 鸡传染性鼻炎与传染性支气管炎的鉴别

[相似点] 鸡传染性鼻炎与传染性支气管炎均有精神萎靡，流鼻液，打喷嚏，甩头，结膜炎，产蛋率下降等临床症状；并均有鼻腔、鼻窦有黏液等剖检病变。

[不同点] 鸡传染性鼻炎成年病鸡症状严重，主要表现鼻腔和鼻窦发炎，眼皮及其周围的颜面部肿胀。通常流鼻液，慢性病例可发出恶臭味。磺胺类药和抗生素治疗有效。

传染性支气管炎，雏鸡流鼻液，而且雏鸡发病较重，颜面部肿胀比较少见，磺胺类药和抗生素治疗没有直接效果。

3. 鸡传染性鼻炎与传染性喉气管炎的鉴别

[相似点] 鸡传染性鼻炎与传染性喉气管炎均有精神萎靡，流鼻液，结膜炎等临床症状。

[不同点] 鸡传染性喉气管炎是由传染性喉气管炎病毒引起的一种急性传染病，表现为出血性气管炎症，咳嗽时排出血性黏液，甚至带有血块。剖检可见气管黏膜出血性坏死，病程较长的鸡在喉气管黏膜上带有一层干酪样假膜，磺胺类药和抗生素治疗无直接效果。

鸡传染性鼻炎打喷嚏，甩头，眼睑肿胀，一侧或两侧颜面肿胀。剖检可见鼻腔、眶下窦有炎症。磺胺类药物和抗生素治疗有一定的效果。

4. 传染性鼻炎与鸡新城疫的鉴别

[相似点] 传染性鼻炎与鸡新城疫均有呼吸道症状。

[不同点] 鸡新城疫是由鸡新城疫病毒引起的一种急性传染

病，速发型的潜伏期在 2～5 天以上。无颜面浮肿、眼睑和肉髯水肿及眼结膜充血发炎现象。病鸡在肠、胃均有明显病变。传染性鼻炎的潜伏期极短，自然感染的潜伏期仅为 1～3 天。表现为打喷嚏，流鼻涕，颜面浮肿，眼睑和肉髯水肿，眼结膜充血发炎。病鸡内脏无肉眼可见的病变。

5. 鸡传染性鼻炎与鸡肿头综合征的鉴别

［相似点］鸡传染性鼻炎与鸡肿头综合征均有打喷嚏，甩头，眼睑肿胀，颜面肿胀，下颌部、肉髯水肿，眼结膜充血、肿胀，蛋产量下降等临床症状。

［不同点］鸡肿头综合征泪腺肿胀，一般在发病后 12～24 小时后头部开始肿胀（先从眼周围开始），早期用爪抓面部。肉用种鸡还有沉郁、昏迷持续和重复摇头等症状。剖检可见鼻甲骨黏膜轻度充血，头皮下组织黄色水肿和化脓。用病料接种同样发生头肿及病理变化。

6. 鸡传染性鼻炎与鸡慢性呼吸道病的鉴别

［相似点］鸡传染性鼻炎与鸡慢性呼吸道病均有精神萎靡，流鼻液，打喷嚏，甩头，结膜炎，产蛋率下降等临床症状；并均有鼻腔、眶下窦有分泌物等剖检病变。

［不同点］鸡慢性呼吸道病在鸡群中流行缓慢，呼吸道症状持续时间长，脸肿的鸡在鸡群中传播较慢，并且精神和采食量变化不大。气囊增厚，囊腔内有大量干酪样渗出物，有时能见到一定程度的肺炎病变。

鸡传染性鼻炎多是单侧脸肿，脸肿的鸡在鸡群中传播较快，仅鼻腔、眶下窦充血、出血和有分泌物（头部及眼围水肿为特征，磺胺类药物有较好的疗效）。肺及气囊无变化，通常无明显的气囊病变及呼吸啰音。

7. 鸡传染性鼻炎与禽流感的鉴别

［相似点］鸡传染性鼻炎与禽流感均有脸肿的症状。

［不同点］禽流感的病原是鸡 A 型流感病毒（AIV）。表现双

侧脸肿，发紫，死亡快，发病率高，抗菌药物无效。

鸡传染性鼻炎多是单侧脸肿，不发紫，蛋壳质量不发生变化，死亡率低，磺胺类药物治疗有效。

【防制】

1. 预防措施

应加强饲养管理，改善鸡舍的通风条件，保持适宜的密度，做好鸡舍内外的兽医卫生消毒工作，以及病毒性呼吸道疾病的防制工作，提高鸡只的抵抗力对防治本病有重要意义；鸡场内每栋鸡舍应做到全进全出，禁止不同日龄的鸡混养；清舍之后要彻底进行消毒，空舍一定时间后方可让新鸡群进入。

使用传染性鼻炎油佐剂灭活苗免疫接种，30～40日龄首免，每只鸡 0.3 毫升；18～19 周第 2 次免疫，每只鸡 0.5 毫升。污染鸡群免疫时要使用 5～7 天抗生素，以防带菌鸡发病。

2. 发病后措施

发病后及早使用药物治疗，磺胺类药物和抗生素的效果良好。当鸡群食欲尚好时，可投服易吸收的磺胺类药物和抗生素。0.05%～0.1%的复方磺胺嘧啶，或 0.2%磺胺二甲嘧啶拌料喂服，连用 5 天；当采食少时，可采用饮水或注射给药，链霉素（成鸡每只 15 万～20 万国际单位）、或庆大霉素（每只 2000～3000 国际单位）等连用 3～5 天。或复方泰乐菌素 0.2%浓度混水，连用 5 天。

治疗本病时需注意以下几点。

一是多种磺胺和抗生素类药物对本病都有疗效，但只能减轻病的症状和缩短病程，而不能消除带菌状态。

二是治疗本病时应注意，饮水比拌料的效果好，用药的同时补充一定量的维生素 A、维生素 D 及维生素 E 效果更好；当有霉形体、葡萄球菌合并感染时，必须同时使用泰乐菌素和青霉素才有效；为防止耐药菌株可并用两种药物；在不引起中毒的前提下，用药剂量要足，并要连续用够 1 个疗程；早期用药效果好，而且可避免对产蛋鸡造成卵巢感染。

三是疫苗的免疫效果差、免疫期短（2～3个月），故需连续进行2～3次菌苗接种，以后每3个月进行1次。免疫过的鸡群也只有80%的保护率。同时要改善饲养管理，多喂一些含维生素A的饲料。

二十五、坏死性肠炎

本病是由厌氧性梭状芽孢杆菌引起的鸡类疾病。

【病原】坏死性肠炎是小肠中的C型产气荚膜梭菌（魏氏梭菌）激增所致的。本菌是革兰氏阳性大杆菌，可产生芽孢，并且芽孢对外界环境和许多常用的酚和甲酚类消毒剂有较强的抵强力。

【流行病学】坏死性肠炎在4～8周龄的雏鸡中仅呈散发，但多发于肉用仔鸡。目前还不清楚本病是由于健康鸡从它们正常存在的大肠和盲肠的细菌向小肠迁移的原因，还是产生毒素的原因。鸡的死亡率一般为6%；变更饲喂计划、环境应激、饲养密度过大以及其他应激时可能引起本病的发生。

【临床症状】急性病例表现精神沉郁，体温升高到43.5℃以上。羽毛松乱，翅膀下垂，呈蹲坐姿势。皮肤出血、坏死，部分关节肿大，食欲减退或废绝，腹泻，排红褐色乃至黑褐色煤焦油样稀便，有时混有肠黏膜组织。发病后迅速死亡。慢性病例症状不明显，仅见肛门周围沾污粪便，病鸡生长发育不良。

【病理变化】病变主要在小肠，特别是小肠的后1/3部分。小肠腔内因存在大量气体而明显膨胀，肠壁有的部位黏膜脱落而菲薄，有的部位附有黄褐色伪膜而增厚。肠内含有白色、灰白色或黄白色渗出物，有的为血样、黑红色或褐色泥状。慢性病例多在小肠黏膜上形成伪膜。病鸡肌肉苍白并有出血点，腹腔内积有血液。肝、脾肿大2～3倍，肝脏有黄色坏死条纹，脾脏有出血点，表面有点状气泡。心脏表面有突出的芝麻大的黄白色结节，呈沙粒状。肺脏气肿，有大小不等、颜色不一的坏死灶。

【实验室检查】取肠损伤部位的刮取物抹片染色可见有大量

的革兰氏阳性菌，并且只有在厌氧培养时才能分离到本菌。

【鉴别诊断】

1. 鸡坏死性肠炎与鸡溃疡性肠炎的鉴别

[相似点] 鸡坏死性肠炎与鸡溃疡性肠炎均有精神委顿，羽毛松乱，消瘦，腹泻等临床症状；并均有肠炎、肝脾肿大等剖检病变。

[不同点] 鸡坏死性肠炎由产气荚膜杆菌引起，而鸡溃疡性肠炎由肠道梭菌引起。鸡坏死性肠炎只发生于鸡，其特征性病变为小肠下部肥厚和坏死，肝病变涂片染色镜检可见多量粗大杆菌，但无芽孢所见，应用青霉素和痢特灵等药物治疗有效。鸡溃疡性肠炎可使鸡、鹌鹑、火鸡以及其他鸟类发病，故将其病料喂鹌鹑可引起发病，但喂以坏死性肠炎的病料则不发病。

鸡溃疡性肠炎的典型病变为盲肠溃疡，其病变涂片后，经芽孢染色可见有典型芽孢，除氯霉素或链霉素外，其他抗生素防治无效。

2. 鸡坏死性肠炎与鸡组织滴虫病的鉴别

[相似点] 鸡坏死性肠炎与鸡组织滴虫病均有精神沉郁，食欲减退或废食，羽毛松乱，排血样粪便等临床症状。

[不同点] 鸡组织滴虫病是由组织滴虫引起的。病鸡畏寒，排淡黄色或淡绿色稀便，严重时大量排血，末期冠发紫（称黑头病）。剖检可见盲肠增厚，充满浆液性出血性渗出物，形成干酪样盲肠肠芯，黏膜有溃疡或穿孔，肝呈紫褐色、表面有黄绿色圆形凹陷，将盲肠内容物做悬滴镜检，可见组织滴虫。

3. 鸡坏死性肠炎与鸡戴文绦虫病的鉴别

[相似点] 鸡坏死性肠炎与鸡戴文绦虫病均有精神沉郁，食欲减退或废食，羽毛松乱，下痢，粪中带血等临床症状。

[不同点] 鸡戴文绦虫病的病原为戴文绦虫。病鸡粪检可见虫卵、孕结片、卵带。剖检肠内有绦虫。

4. 鸡坏死性肠炎与鸡喹乙醇中毒的鉴别

[相似点] 鸡坏死性肠炎与鸡喹乙醇中毒均有精神沉郁，食

欲减退或废食，排红色粪便或带血等临床症状。

[**不同点**] 鸡喹乙醇中毒的病因是日粮中喹乙醇过量。病鸡不愿活动，后期昏迷而死。剖检可见嗉囊充满食物，腺胃增厚。

5. 鸡坏死性肠炎与球虫病的鉴别

[**相似点**] 鸡坏死性肠炎与球虫病均有精神沉郁，食欲减退或废食，排红色粪便或带血等临床症状。

[**不同点**] 坏死性肠炎仅小肠的中后段病变，肠管因充气而明显膨胀增粗 2~3 倍，其他肠段无明显变化。而小肠球虫病的病变主要在中段，但肠壁明显增厚，剪开病变肠段出现自动外翻等。球虫病时，增生的肠黏膜直接涂片镜检，可见多数球虫卵囊。有时坏死性肠炎与球虫病混合感染，这时在抹片上可同时见到细菌和球虫卵囊。

【**防制**】

1. 预防措施

加强鸡群的饲养管理，搞好鸡舍的清洁卫生，减少病原菌的污染；动物蛋白、肉骨粉及鱼粉易受芽孢菌污染，储藏不好就会造成大量的细菌增生、繁殖，引起发病，应经常监测；在饲料或饮水中加入青霉素、四环素类、杆菌肽素、林可霉素（洁霉素）等抗生素预防和治疗。

2. 发病后措施

鸡群发病后，对病鸡应及时隔离，并全面彻底清扫和消毒鸡舍，避免病原菌扩散。使用庆大霉素（混水，每千克水中加 2 万单位，每天 2 次，连用 5 天）、青霉素（混水，每只雏鸡每次 5000 单位，在 1~2 小时内用完，每天 2 次，连用 5 天）、杆菌肽素（拌料，雏鸡 100 单位/只，青年鸡 200 单位/只，每天用药 1 次，连用 5 天）或环丙沙星（混料或饮水，每千克饲料或饮水中添加 25~50 毫克，连用 3~5 天）等药物治疗。

二十六、鸡溃疡性肠炎

鸡溃疡性肠炎是由肠道梭菌引起的一种急性肠道传染病，以消化道溃疡、出血，肝脏坏死为特征。因本病最早发现于鹌鹑，故又称鹌鹑病。

【病原】大肠梭状芽孢杆菌（肠道梭菌）呈杆状，为革兰氏染色阳性，两端钝圆。该菌能发酵葡萄糖、甘露糖、棉籽糖、蔗糖和海藻糖，微发酵果糖和麦芽糖。其最适培养基首选为含0.2%葡萄糖、8%无菌马血浆和0.5%酵母抽提物的色氨酸磷酸琼脂或胰蛋白示磷酸盐琼脂；最适pH值为7.2；最适生长温度为35～42℃。本菌能形成芽孢，因此对外界环境有很强的抵抗力。芽孢对辛酰及氯仿具有较强的抵抗力。其卵黄培养物在－20℃能存活16年，70℃能存活3小时，80℃1小时，而在100℃时仅能存活3分钟。肠梭菌在厌氧条件下培养的纯培养物具有极高的致病性。

【流行病学】本病多发于60～80日龄的鸡，一年四季均可发生，除肉鸡外，蛋鸡也可发生，鸡不易感染。发病率5%～70%不等，死亡率有时高达70%～80%。发病诱因主要是卫生条件不好，如潮湿、拥挤、通风不良、营养缺乏和继发于禽霍乱、鸡慢性呼吸道病等。病禽和带菌禽是本病的主要传染源；苍蝇也是本病的传播媒介。

【临床症状】急性病例通常不见明显症状而突然死亡，病程稍长的可表现食欲减退，精神不振，远离大群，独居一隅，蹲腿缩颈，羽毛松乱而无光泽。排出的粪便常附有黏液，多呈黄绿色或淡红色的稀便，常具有一种恶臭味。随着病程的延长而引起鸡体逐渐消瘦。有时肛门周围的羽毛也被黄色混有颗粒状粪便污染。

【病理变化】十二指肠肿胀，肠壁增厚出血，肠黏膜明显发黑，有时因肠黏膜脱落而呈现不规则的块状或附有麦麸状黄色坏死物，有时黏膜上出现暗紫色出血点或小坏死点，周围有一暗红色出血圈，从浆膜上即可看出。有时有粟粒大的小突起，中央呈喷火口样凹陷，其色稍发黑或无变化，突起内蓄有灰白色浆液状或有灰白色豆腐渣样坏死物。有的病例则出现边缘不整的溃疡，其上附有黄色片状坏死，高于表面，溃疡表面有时出血。

肝脏肿大呈砖红色或紫褐色，有时呈暗绿色。肝表面有粟粒大到黄豆粒大的灰白色坏死点，有时呈现几种染色不一的花斑坏死区则为本病特征性的肝坏死病变。脾脏亦多肿大呈黑褐色，有时因瘀血出现深浅不同的紫黑色花斑状，如同"雪花尼布"一样的病变。偶有粟粒大或高粱粒大的坏死点。心脏偶有少量出血点，心包液有时增多呈稻草黄色。

【实验室诊断】进行涂片镜检（无菌采集病死鸡肝、脾作涂片，经革兰染色，镜检，可见杆状、两端钝圆、菌体平直、芽孢偏于菌体一端、能运动、周身有鞭毛的革兰阳性杆菌）、细菌分离培养、生化试验等方法诊断。

【鉴别诊断】

1. 鸡溃疡性肠炎与坏死性肠炎的鉴别

［相似点］鸡溃疡性肠炎与坏死性肠炎均有精神不振，羽毛松乱，食欲减退或废食，排含血稀便等临床症状；并均有小肠壁增厚，黏膜有麸皮样坏死灶等剖检病变。

［不同点］坏死性肠炎只发生于鸡，其特征性病变为小肠下部肥厚和坏死，肝病变涂片染色镜检可有多量革兰阳性粗大杆菌，但无芽孢所见。应用青霉素和痢特灵等药物防治有效。

鸡溃疡性肠炎可使鸡、鹌鹑、火鸡以及其他鸟类发病，故将其病料喂鹌鹑可引起发病，但喂以坏死性肠炎的病料则不发病。本病的典型病变为盲肠溃疡。其肝病变涂片后，经芽孢染色可见有典型芽孢，除氯霉素或链霉素外，其他抗生素防治无效。

2. 鸡溃疡性肠炎与禽霍乱的鉴别

［相似点］鸡溃疡性肠炎与禽霍乱均有精神萎靡，羽毛松乱，腹泻等临床症状；并均有肝脏肿大、坏死，呈紫褐色等剖检病变。

［不同点］禽霍乱病鸡体温升高达 43～44℃，肉髯肿胀，剖检肝坏死的特点为肝脏表面的坏死点呈圆点状突起，溃疡性肠炎的肝坏死多呈不规则的条状，似隐含在肝内；鸡霍乱脾脏无变化，肠黏膜也很少有出血，更没有肠溃疡所见，肝涂片可发现典型的两极染色的多杀性巴氏杆菌，一般应用抗生素、呋喃类和磺

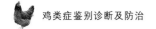

胺类药物防治均有效。

3. 鸡溃疡性肠炎与盲肠肝炎的鉴别

[相似点] 鸡溃疡性肠炎与盲肠肝炎均有精神萎靡，羽毛松乱，腹泻等临床症状；并均有肝脏肿大、坏死，肠炎等剖检病变。

[不同点] 鸡盲肠肝炎的肝坏死多呈圆形，坏死区稍稍凹陷，但边缘稍稍隆起。鸡溃疡性肠炎的肝坏死兼有坏死条或点，脾脏出血和溃疡则为盲肠肝炎所没有；盲肠肝炎有干酪样的凝固栓子，堵在肠里面，鸡溃疡性肠炎则无此病变；盲肠肝炎应用一般药物防治有效，而本病除氯霉素、链霉素外，一般药物均无理想疗效。

4. 鸡溃疡性肠炎与球虫病的鉴别

[相似点] 鸡溃疡性肠炎与球虫病均有精神萎靡，羽毛松乱，腹泻等临床症状；并均有肠黏膜炎症、出血等剖检病变。

[不同点] 鸡球虫病多发生于 15～30 日龄的雏鸡，而鸡溃疡性肠炎多发生在 60～80 日龄的青年鸡；鸡球虫病的剖检病变主要表现为肠道出血，其颜色鲜红，而鸡溃疡性肠炎出血较轻且颜色淡红；鸡球虫病一般无肝脾和肠道溃疡病变，其肠出血物镜检可发现球虫卵，一般药物防治有效。

5. 鸡溃疡性肠炎与沙门菌病、大肠杆菌病的鉴别

[相似点] 鸡溃疡性肠炎与沙门菌病、大肠杆菌病均有精神萎靡，羽毛松乱，腹泻等临床症状。

[不同点] 鸡溃疡性肠炎虽然经常可以同时分离出沙门菌和大肠杆菌，但是单纯由此两种细菌所引起的疾病不具有肠溃疡等病变，且应用土霉素、灭败灵、磺胺类、呋喃类药物防治，一般均有疗效。

6. 鸡溃疡性肠炎与鸡疏螺旋体病的鉴别

[相似点] 鸡溃疡性肠炎与鸡疏螺旋体病均有精神不振，减食，下痢、黏液呈绿色等临床症状；并有肝有坏死灶，肺瘀血等剖检病变。

[**不同点**] 鸡疏螺旋体病的病原为鸡疏螺旋体。病鸡排浆液性粪便，病后期贫血黄疸。剖检可见脾明显肿大、呈瘀血状出血、外观如斑点状，肠道仅有卡他性肠炎症。采血制成湿片，暗野镜检可见鸡疏螺旋体。鸡溃疡性肠炎小肠有大量圆形溃疡灶，中心凹陷，有时发生穿孔，肝脏有黄色或灰色圆形小病灶或大片不规则坏死区。

7. 鸡溃疡性肠炎与鸡衣原体病的鉴别

[**相似点**] 鸡溃疡性肠炎与鸡衣原体病均有精神不振，食欲减退或废食，羽毛松乱，眼半闭，下痢，粪绿色，消瘦等临床症状以及肝、脾有白色坏死点等剖检病变。

[**不同点**] 鸡衣原体病的病原为衣原体。病鸡鼻有黏性分泌物，冠、髯苍白，髯、眼睑、下颌水肿，胸骨隆起。剖检可见皮下有胶样浸润，眶下窦有干酪样物，鼻腔多黏液，纤维素性心包炎，气囊表面纤维素性渗出如海蜇皮样。肝棕黄、质脆，肺紫红，脾深紫。用肝、脾、心包、心肌压片，姬姆萨染色，衣原体呈蓝色。

鸡溃疡性肠炎小肠有大量圆形溃疡灶，中心凹陷，有时发生穿孔，肝脏有黄色或灰色圆形小病灶或大片不规则坏死区。

8. 鸡溃疡性肠炎与鸡住白细胞原虫病的鉴别

[**相似点**] 鸡溃疡性肠炎与鸡住白细胞原虫病均有精神沉郁，食欲不振，下痢等临床表现以及肝脏上有结节等病理变化。

[**不同点**] 鸡住白细胞原虫病的病原是住白细胞原虫属的住白细胞原虫。粪便呈绿色，贫血，鸡冠和肉垂苍白，两肢轻瘫，活动困难。白冠，全身性皮下出血，肌肉（尤其是胸肌、腿肌、心肌）有大小不等的出血点；各内脏器官上有灰白色或稍带黄色的、针尖至粟粒大的、与周围组织有明显界限的白色小结节，将这些小结节挑出并制成压片，染色后可见到有许多裂殖子散出。

鸡溃疡性肠炎排出的粪便常附有黏液，多呈黄绿色或淡红色的稀便，常具有一种恶臭味。有时肛门周围的羽毛也被黄色混有颗粒状粪便污染。小肠有大量的圆形溃疡灶，中心凹陷，有时发生穿孔，肝脏有黄色或灰色圆形小病灶或大片不规则坏死区。

【防制】

1. 预防措施

及时隔离病鸡，加强平时的消毒卫生工作是防治本病的有效措施。

2. 发病后措施

① 氟苯尼考饮水，12～15 克/100 千克水，连续饮用 3～5 天。

② 用链霉素防治，口服量每千克体重 5 万单位，7～8 天后可见死亡减少。

③ 用杆菌肽素治疗，每只雏鸡内服量为 20～50 单位，小鸡 40～100 单位，青年鸡 100～200 单位，成年鸡 200 单位，每天用药 1 次，连用 3 天，也有一定的疗效。

④ 用环丙沙星混料，每千克饲料添加 50 毫克，连喂 3～5 天，疗效理想。

二十七、鸡弧菌性肝炎

鸡弧菌性肝炎又称鸡弯曲杆菌性肝炎，是由弧菌引起的一种传染病。其特征为发病率高，死亡率低，病程缓慢，产蛋量下降，日渐消瘦，肝脏坏死。

【病原】病原是弯曲杆菌属中的空肠弯曲杆菌。弯曲杆菌是螺旋状弯曲的杆菌，在病料中呈弧形、撇点或 S 形。革兰氏染色阴性，两端或一端有一根鞭毛，具有活泼的螺旋状运动。本菌是微氧菌，能在含血液和万古霉素、多黏菌素 B、甲氧苄氨嘧啶等抗菌药物的培养基上生长，特别是在含有 5％氧、10％二氧化碳和 85％氮的微氧环境中，37～42℃（尤其是 42℃）的温度下生长最好。

弯曲杆菌的抗原结构比较复杂，应用间接血凝试验可将空肠弯曲杆菌分为 60 个血清型。从动物源菌株的血清分型提示，鸡与人的菌株的血清型的关系比较密切，鸡可能是人类弯曲杆菌性肠炎的主要传染源。

弯曲杆菌对外界环境的抵抗力较弱，干燥、日光可迅速将其杀死。对各种消毒药较敏感，5％次氯酸钠的 1∶200000 稀释液、0.25％甲醛溶液，可在 15 分钟内将其杀死；0.15％有机酸、1∶50000 季铵化合物等，都可在 1 分钟内灭活。

【流行病学】本病仅发生于鸡，多见于比较大的青年鸡和产蛋鸡，在雏鸡中也偶有发病，常呈散发或地方性流行。

本病的主要传染源是病鸡和带菌鸡。病鸡的肠道内存在大量的病原菌，随粪便排出后污染饲料、饮水及环境，主要通过消化道传染，也可以经种蛋传染。饲养管理不良、应激、球虫病及其他消耗性疾病，经常滥用抗生素破坏了肠道内的正常菌群等，都可促使本病的发生。

【临床症状】本病在鸡群中缓慢发生，持续较久。病鸡精神不振，鸡冠皱缩干枯并带皮屑，身体消瘦，青年母鸡开产推迟，成年鸡产蛋减少（有时减少 20％～30％）。个别比较肥胖的病鸡可能因严重肝炎而突然死亡。

【病理变化】主要病变在肝脏。肝脏肿胀、充血，表面可见有坏死区，肝脏也可能有许多出血点而呈现斑驳状。由于肝脏膜囊下血红细胞聚集而引起了泡沫状的病变，导致大量出血，以致造成死亡。泡沫状的囊可破裂，使血液流到腹腔内。受侵害的肝脏呈黄褐色，其表面隆起，呈菜花状。此外，在肝脏内部也可充满黏性的脓状物。这些病变不一定全部肝脏均受损害，经常只有部分肝叶表现病变。

患病雏鸡的心脏遭受损害较成年鸡严重，心脏呈灰白色而松软，可见有大面积的病变，在心脏及其周围可见有稻草色的渗出液。心包充满液体，有时可使心包膨胀。

慢性型病例出现肝硬化、肝萎缩和腹水。脾肿大偶见易碎的大坏死灶。卵巢表面卵泡萎缩，退化，仅见一丛豌豆大的卵泡。

【鉴别诊断】

1. 鸡弧菌性肝炎与雏鸡白痢的鉴别

[相似点] 鸡弧菌性肝炎与雏鸡白痢均有雏鸡精神萎靡，缩颈闭目，羽毛松乱，腹泻，成年鸡贫血，产蛋量下降等临床症状；并均有肝有坏死等剖检病变。

[不同点] 鸡白痢多发生于刚出壳的雏鸡，以腹泻为特征，排白色石灰样稀便，肛门周围被白色粪便污染甚至黏着；弧菌性肝炎多发于青年鸡和成年鸡，雏鸡很少发生，且仅偶见腹泻。

2. 鸡弧菌性肝炎与禽霍乱（慢性）的鉴别

[相似点] 鸡弧菌性肝炎与禽霍乱（慢性）均有精神不振，羽毛松乱，腹泻，产蛋量下降等临床症状；并均有肝有坏死等剖检病变。

[不同点] 禽霍乱病鸡一侧或两侧肉髯肿大，关节肿大，化脓，跛行。剖检可见肝脏有灰色的坏死点。坏死点分布在肝脏表面浅层。弧菌性肝炎病鸡肝脏有黄白色的坏死点呈星状散布在肝脏表面、深层。

3. 鸡弧菌性肝炎与鸡伤寒的鉴别诊断

[相似点] 鸡弧菌性肝炎与鸡伤寒均有雏鸡困倦，拉稀，肛门粪污，成年鸡冠髯苍白皱缩，精神委顿，产蛋量下降等临床症状；并均有肝肿大有小坏死灶，胆囊扩张充满稠胆汁等剖检病变。

[不同点] 鸡伤寒的病原为伤寒沙门菌。病鸡气喘，呼吸困难，生长不良。剖检可见肝呈棕绿色或古铜色，卵子出血、变形、变色，常因卵泡破裂而引起腹膜炎。用病料分离培养鉴定禽伤寒沙门菌。

鸡弧菌性肝炎肝脏肿胀、充血，表面可见有坏死区，肝脏也可能有许多出血点而呈现斑驳状。

4. 鸡弧菌性肝炎与鸡副伤寒的鉴别

[相似点] 鸡弧菌性肝炎与鸡副伤寒均有雏鸡倦怠，羽毛松乱，呆立缩颈，腹泻呈水样粪，肛门粪污，成年鸡脱水消瘦，产

蛋量下降等临床症状以及肝有坏死点等剖检病变。

[不同点] 鸡副伤寒的病原为副伤寒沙门菌。病雏偎近热源拥挤，常有结膜炎，目盲，成年鸡一般不显症状，有的出现短期症状（食欲不振、饮水增多、下痢脱水、精神倦怠），大多数恢复迅速，死亡率不超过10%。剖检可见心包有粘连、心包炎、腹膜炎、输卵管增生性病变，卵巢有化脓性坏死病变。用单克隆抗体和核酸探针为基础的检测沙门菌诊断盒容易做出诊断。

5. 鸡弧菌性肝炎与鸡白血病的鉴别

[相似点] 鸡弧菌性肝炎与鸡白血病均有食欲不振，冠髯苍白、皱缩，消瘦，精神委顿，打瞌睡，停止产蛋等临床症状；并均有肝肿大等剖检病变。

[不同点] 鸡白血病是由鸡白血病病毒引起的。该病一般多发于16周龄以上的鸡群，病鸡腹部膨大（肝肿大），手指直肠检查法氏囊肿大。剖检可见法氏囊内有结节状瘤，肝肿大呈灰白色（成红细胞白血病则肝脾均为樱红色），用葡萄球菌 A 蛋白酶联免疫吸附试验（PDA-ELISA）检验鸡白血病最敏感。鸡弧菌性肝炎肝脏肿胀、充血，表面可见有坏死区，肝脏也可能有许多出血点而呈现斑驳状。

6. 鸡弧菌性肝炎与鸡结核病的鉴别

[相似点] 鸡弧菌性肝炎与鸡结核病均有精神委顿，食欲不振，冠髯苍白，逐渐消瘦，羽毛松乱，腹泻，产蛋下降等临床症状；并均有肝大呈黄褐色、有灰白色坏死灶（类似结节）等剖检病变。

[不同点] 鸡结核病的病原为结核分枝杆菌。患鸡渐进性消瘦，胸骨突出如刀，翅下垂。剖检可见肝、脾、肠道、气囊、肠系膜等均有结核结节（粟粒大、豆大、鸽蛋大），切开干酪样物，涂片后用姜-尼氏染色法染色，镜检显红色杆菌（其他分枝杆菌呈蓝色）。禽结核杆菌素注于肉髯皮内呈阳性反应。

7. 鸡弧菌性肝炎与鸡住白细胞原虫病的鉴别

[相似点] 鸡弧菌性肝炎与鸡住白细胞原虫病均有精神委顿，

食欲不振，逐渐消瘦，羽毛松乱，冠白，腹泻等临床症状。

[**不同点**] 鸡住白细胞原虫病的病原是住白细胞原虫属的住白细胞原虫。夏秋季节发病，粪便呈绿色，贫血，鸡冠和肉垂苍白（但不萎缩），两肢轻瘫，活动困难。全身性皮下出血。各内脏器官上有灰白色或稍带黄色的、针尖至粟粒大的、与周围组织有明显界限的白色小结节，将这些小结节挑出并制成压片，染色后可见到有许多裂殖子散出。

弧菌性肝炎多发于青年鸡和成年鸡，雏鸡很少发生，且仅偶见腹泻。鸡弧菌性肝炎鸡冠萎缩苍白、干燥。肝脏肿胀、充血，表面可见有坏死区，肝脏也可能有许多出血点而呈现斑驳状。

【防制】

1. 预防措施

本病目前尚无有效的免疫制剂，预防本病主要是加强综合性兽医卫生措施。要做好鸡舍的清洁卫生和消毒，防止寄生虫病（毛细线虫病、肠道球虫病等）和某些传染病（大肠杆菌病、马立克氏病、支原线虫病、肠道球虫病等）的发生，保证鸡群健康，增强其抗病能力。

2. 发病后措施

处方 1：用痢特灵按 0.04% 浓度混料，连喂 3～5 天。或用磺胺二甲嘧啶 0.2% 浓度混料，连喂 3 天。或用金霉素按 0.05% 浓度混料，连喂 3 天。或用土霉素按 0.1% 浓度混料，连喂 3 天。

处方 2：用链霉素肌内注射，每千克体重 10 万单位，每天 2 次，连用 3 天。

二十八、鸡传染性滑膜炎

鸡传染性滑膜炎又称鸡滑液囊支原体病，是由滑膜霉形体引起的一种传染病。其主要特征为病鸡关节肿大，滑液囊和肌腱鞘发炎。鸡群中一旦感染本病，不易彻底清除，且易混合感染其他疾病，使病情复杂化。

【病原】 病原为滑膜支原体。滑膜支原体与败血支原体在许多方面都相似。滑膜支原体比败血支原体略小，直径约 0.2 微米，菌落特征为圆形隆起、略似花格状，有凸起的中心或无中心。在抵抗力方面也与败血支原体相似。

【流行病学】本病主要发生于鸡和火鸡。鸡急性发病大多在 9～12 周龄，同群鸡的发病率一般为 5%～15%，死亡率为 1%～10%，另外有些病鸡因下肢残废被淘汰。成年鸡也有时发病，表现为慢性感染。

本病可通过直接接触和经蛋传播，也可通过污染的空气及饲料经呼吸道、消化道传播。母鸡感染后所产的蛋中就存在支原体，随孵化过程而大量增殖，并引起鸡胚死亡，或孵出不能脱壳的雏鸡，此种带有支原体的幼雏，可成为传染源。

【临床症状和病理变化】本病自然感染的潜伏期比较长，通常为 11～21 天。病鸡最初表现羽毛松乱，失去光泽，腹泻物常呈硫黄色，粪便内还含有多量白粉状物质，采食减少，饲料消耗量下降。随着病情的发展，跗关节和趾蹠部肿大，跗关节红肿，可达鸽蛋大，出现跛行，行走时呈八字步。病重较久的关节变形，甚至不能行走，卧地不起，嗜睡。病重时可波及其他关节，如翅关节、胯关节等多处出现肿胀。有些病例可引起胸部囊肿，有时囊肿破裂而在胸部羽毛处形成污垢。有些病例出现呼吸道症状，呼吸困难，呼吸时有啰音。成鸡发病时，全身症状不明显，仅关节轻微肿胀，体重减轻，产蛋量明显减少。

剖检时可见关节和足垫肿胀，在关节的滑膜、滑膜囊和腱鞘内有大量炎性渗出物，初期渗出物黏稠、灰白色或黄色，慢性病鸡后期变为干酪样渗出物。肝脏、脾脏肿大，肾脏肿大呈苍白的斑驳状，呼吸道一般无明显变化。

【鉴别诊断】

1. 鸡传染性滑膜炎与鸡病毒性关节炎的鉴别

[相似点] 鸡传染性滑膜炎与鸡病毒性关节炎均有跗关节肿胀，跛行，不愿走动，精神不振，生长受阻等临床症状；并均有跗关节、软骨有溃疡等剖检病变。

[不同点] 鸡病毒性关节炎的病原为呼肠孤病毒，多发于5~7周龄的雏鸡，一般来说发病部位仅局限于跗关节和趾关节，无明显的全身症状及肝、脾、肾变化，很少直接引起死亡，火鸡不感染。这些可区别于传染性滑膜炎。

2. 鸡传染性滑膜炎与鸡关节炎型葡萄球菌病的鉴别

[相似点] 鸡传染性滑膜炎与鸡关节炎型葡萄球菌病均有跗关节肿胀，跛行，不愿走动，精神不振，生长受阻等临床症状。

[不同点] 鸡关节炎型葡萄球菌病的病原为葡萄球菌。病鸡表现腿、趾患部红、肿、热、痛严重，呈急性炎症，这些有别于传染性滑膜炎。

3. 鸡传染性滑膜炎与鸡烟酸缺乏症的鉴别

[相似点] 鸡传染性滑膜炎与鸡烟酸缺乏症均有羽毛松乱，生长缓慢，关节炎，下痢等临床症状。

[不同点] 鸡烟酸缺乏症的病因是鸡日粮中烟酸缺乏。病鸡羽毛稀少，皮肤发炎，有化脓结节，腿弯曲，骨粗短，雏鸡口膜发炎。跗关节病初轻度肿胀，有针尖大的出血点，后期变形，跗关节弯曲成弓。剖检可见肝肿大、色黄、质脆、有出血点，有的破裂，腹腔有凝血块。

4. 鸡传染性滑膜炎与鸡钙磷缺乏或比例失调的鉴别

[相似点] 鸡传染性滑膜炎与鸡钙磷缺乏或比例失调病症均有跗关节肿大，不能站立，跛行，产蛋量下降等临床症状。

[不同点] 鸡钙磷缺乏或比例失调症的病因是鸡日粮中钙磷缺乏或比例失调。病雏喙爪较易弯曲，肋骨末端有串珠状结节，成年鸡产薄壳蛋、软壳蛋，后期胸骨呈"S"形弯曲。剖检可见骨薄易折，关节软骨肿胀，有时缺损。

5. 鸡传染性滑膜炎与鸡痛风的鉴别

[相似点] 鸡传染性滑膜炎与鸡痛风均有关节肿胀，跛行，冠苍白，消瘦，贫血等临床症状。

[不同点] 鸡痛风的病因是鸡日粮中蛋白质过量引起的尿酸

血症。病鸡关节的肿胀初软而痛，后变硬并在皮下发生豌豆、蚕豆大的结节。剖检可见胸膜或内脏表面有薄膜状尿酸盐，关节内也有尿酸盐结晶。

【防制】其药物治疗可参见"鸡慢性呼吸道病"有关部分。本病能经种蛋传播，对种鸡最好也进行血清学检查，方法与慢性呼吸道病的血清学检查相同，并可以使用慢性呼吸道病诊断液，但滑膜霉形体诊断液不能用于检查慢性呼吸道病。

二十九、鸡疏螺旋体病

鸡疏螺旋体病是由鸡疏螺旋体引起的一种急性败血性传染病，其主要特征为病鸡高热、贫血、黄疸、肝脏肿大及内脏出血。

【病原】病原为鹅包柔氏螺旋体。鹅包柔氏螺旋体是螺旋体科疏螺旋体的一员，呈螺旋弯曲，疏松不规则排列 5～8 个螺旋；易着染，厌氧，能运动，属寄生菌，病原存在于血液中。螺旋体对外界环境的抵抗力不强。

【流行病学】本病多见于热带和亚热带蜱繁殖地区，多呈跳跃式流行，每年的 6～7 月份前后多发。

本病由蜱和吸血昆虫叮咬传播，蜱还可通过卵将本菌垂直传递给后代。鸡螨和鸡虱则能机械传播。除鸡外，火鸡、鹅、鸭、麻雀和乌鸦等均有自然感染性。病鸡康复后具有免疫力，其子代获得的被动免疫力可持续数周。不同日龄的鸡均易感，老龄鸡有较强的抵抗力。饲料中缺乏维生素的幼龄鸡多易患病，死亡率也高。

【临床症状】本病的潜伏期为 5～9 天。感染鸡表现突然发病，体温升高至 43℃ 以上，精神沉郁，羽毛松乱，呆立，头下垂，闭目嗜睡。食欲不振或废绝，渴欲增加，排出带有浆液性包层的绿色粪便，粪便中有白色块状物。鸡冠在病初保持红润，后期出现贫血和黄疸，或苍白松弛。

本病按其病程发展和临床症状可分为急性型、亚急性型和一过型。

1. 急性型

病的来势凶猛，在体温升高的同时血液中出现多量螺旋体，体温下降则虫体减少或消失，随病程（3～5 天）的发展可出现腹泻而突然死亡。

2. 亚急性型

此型病鸡最为多见，体温呈弛张热，随着体温的升高，血液中连续数日出现螺旋体。病程可持续 2 周以上，不予治疗死亡率也比较高。

3. 一过型

此型病鸡比较少见，在轻微出现上述症状后 1～2 天，体温下降，血液内螺旋体消失，病情好转，不予治疗可自行痊愈。

【病理变化】急性病鸡内脏器官出血、黄疸，血液稀薄呈咖啡色。脾脏肿大，因瘀斑性出血而呈斑点状，切面呈"槟榔"样外观。肝肿大，表面有出血点和白色坏死点。肾脏肿大苍白，肠道可见卡他性或坏死性肠炎变化。亚急性病鸡的变化与之相似，但肝、脾的损害不如上述变化显著和典型。

【鉴别诊断】

1. 鸡疏螺旋体病与鸡衣原体病的鉴别

［相似点］鸡疏螺旋体病与鸡衣原体病均有精神不振，减食或废食，体温高，下痢，排浆性绿色便，贫血等临床症状；并均有肾肿大，肝肿大有出血点和坏死点等剖检病变。

［不同点］鸡衣原体病的病原为衣原体。病鸡髯、眼睑、下颌水肿。眼、鼻有浆性、黏性分泌物。头部皮下胶样浸润，眶下窦有干酪样物，鼻腔黏膜出血、有多量黏液。腹腔内有无色液体，心包气囊有纤维素渗出物。用肝、脾、心包、心肌压片，姬姆萨氏染色，衣原体呈紫色。

2. 鸡疏螺旋体病与鸡溃疡性肠炎的鉴别

［相似点］鸡疏螺旋体病与鸡溃疡性肠炎均有精神不振，减食，下痢，黏液呈绿色等临床症状；并均有肝有坏死灶，脾有瘀

血等剖检病变。

［**不同点**］鸡溃疡性肠炎的病原为肠道梭菌。病鸡粪便呈绿色或淡红色，有特殊恶臭气味。剖检可见肝肿大呈砖红色或紫褐色，表面和边缘有粟粒至黄豆大灰白色、黄色或色泽不一的坏死灶，十二指肠黏膜发黑有出血，盲肠黏膜有出血，有粟粒大突起、中央凹陷并有干酪样物坏死灶，用病例涂片镜检可见菌体。

【**防制**】

1. 预防措施

为预防本病，在流行地区需实行防蚊、灭蜱及消灭鸡螨和鸡虱等措施。对新引进的鸡群应做好检疫。加强饲养管理，在饲料中补充足量的多种维生素，可增强鸡的抵抗力。

采集感染鸡的血液、器官悬液或感染的鸡胚材料，以 1％福尔马林或 1％的石炭酸在 50℃下处理 30 分钟，制成灭活菌苗，肌内或皮下注射接种，能产生良好的持久免疫力。

2. 发病后措施

对病鸡应用各种抗生素、新胂凡纳明（九一四）等药物治疗，均有疗效。据报道，用硫酸链霉素肌内注射，4 月龄以内的鸡用 30～50 毫克，成年鸡 100 毫克，每天 2 次，经 2～4 天治疗可痊愈。

三十、鸡肉毒梭菌中毒

鸡肉毒梭菌中毒是肉毒梭菌的毒素引起的一种食物中毒性疾病，其特征是病鸡肌肉麻痹并迅速死亡。肉毒梭菌中毒在禽类、畜类以及人类中均可发生。

【**病原**】病原为肉毒梭菌，肉毒杆菌亦称腊肠杆菌，属革兰氏阳性厌氧梭状芽孢杆菌，次极端有大形芽孢，有周鞭毛，能运动。本菌芽孢体外抵抗力极强，干热 180℃、15 分钟，湿热 100℃、5 小时，高压灭菌 120℃、20 分钟则可消灭。5％苯酚、20％甲醛，24 小时才能将其杀灭。

本菌按抗原性不同，可分 a、b、c、d、e、f、g 七种血清型，对人致病者以 a、b、e 三型为主，f 型较少见，c、d 型主要见于禽畜感染。各型均能产生外毒素，是一种嗜神经毒素，剧毒（对人的致死量为 0.01 毫克左右），毒素对胃酸有抵抗力，但不耐热。a 型毒素 80℃、5 分钟即可破坏，b 型毒素 88℃、15 分钟可破坏。毒素在干燥、密封和阴暗的条件下可保存多年。

【流行病学】肉毒梭菌是一种厌气性革兰氏阳性有芽孢的大杆菌，广泛存在于土壤中，在正常动物的消化道内也可分离到。病禽、病畜死亡时，消化道内的肉毒梭菌可能侵入肌肉，在无氧情况下生长繁殖并产生毒素。毒素可以在蝇蛆的体内和体表聚积，鸡及其他禽类食入引起中毒。肉毒梭菌也可以在死鱼、烂虾、腐败饲料中产生毒素。

本病各种年龄的禽均可发生，常发生于鸡、锦鸡和野鸡，多流行于夏秋季节、除秃鹫以外，大多数鸟类是易感的。在垫草中，某些甲虫已被检测到肉毒梭菌毒素，这可能是某些肉用仔鸡场反复发生的缘故。

【临床症状】本病的潜伏期长短不一，主要取决于食入毒素的数量，一般由采食到症状出现需 1～3 天，如食入大量毒素，可在几小时之内出现明显的临床症状。病鸡精神萎靡，食欲废绝，羽毛松乱，步态不稳，翅膀拖地，颈肌软弱麻痹，头下垂或把头搁在地上，头颈曲转，严重的病例倒地，头颈伸直，所以又叫"软颈病"。病后期可见羽毛震颤及羽毛脱落，下痢，死前出现昏迷。

【病理变化】尸体剖检不见特征性变化，一般可见轻度的卡他性肠炎和肠黏膜出血。心包积水，心肌出血。肝、脾、肾充血，脑组织出血。嗉囊和胃内有不消化的食物和腐败物。

【鉴别诊断】

1. 鸡肉毒梭菌中毒与鸡李氏杆菌病的鉴别

[相似点] 鸡肉毒梭菌中毒与鸡李氏杆菌病均多为群发，均有突然发病，精神萎靡，羽毛松乱，翅膀下垂，腿软无力，腹泻

等临床症状；并均有肠道出血等剖检病变。

［不同点］鸡李氏杆菌病的病原为鸡李氏杆菌。病鸡冠髯发绀、脱水、皮肤暗紫，倒地侧卧、腿划动，或盲目乱闯、尖叫，头颈弯曲，仰头，阵发性痉挛。剖检可见脑膜血管充血。肝肿大、呈土黄色、有紫色瘀血斑和白色坏死点、质脆易碎。脾肿大、呈黑红色。血液病料涂片、革兰染色可见排列"V"状的阳性小杆菌。

2. 鸡肉毒梭菌中毒与鸡食盐中毒的鉴别

［相似点］鸡肉毒梭菌中毒与鸡食盐中毒均有两肢无力，麻痹，腹泻，最后心衰死亡等临床症状；并均有肠道充血、出血等剖检病变。

［不同点］鸡食盐中毒是吃咸鱼粉或日粮中食盐过多而发病。病鸡无食欲，饮欲增加，口鼻流出大量黏液，嗉囊扩张。剖检可见脑膜血管充血、扩张，心包积液，肝瘀血、有出血斑，皮下组织水肿。用硝酸银滴定嗉囊内容物可测知食盐含量。

3. 鸡肉毒梭菌中毒与鸡黄曲霉毒素中毒的鉴别

［相似点］鸡肉毒梭菌中毒与鸡黄曲霉毒素中毒均有精神不振，打瞌睡，羽毛松乱，翅下垂，懒动等临床症状；并均有肠充血、出血等剖检病变。

［不同点］鸡黄曲霉毒素中毒的病因是鸡吃了黄曲霉毒素污染的饲料而发病。病鸡共济失调，跛行。颈肌痉挛，角弓反张，鸡冠苍白，稀粪含血。剖检可见肝肿大、呈橘黄色或土黄色，呈弥漫性出血和坏死。胆囊肿大、臂增厚（胆囊上皮增生）。脾肿大、呈淡黄色或灰黄色。腺胃、肌胃有出血。心脏色变白，肾肿大、苍白。卵巢卵泡膜增厚、呈紫红色或黄绿色，内容物呈油脂样或干酪样。将所用饲料用紫外线照射观察荧光，G 族毒素为亮黄绿色荧光，如为 B 族毒素可见到蓝紫色荧光。

【防制】注意不喂腐败性饲料，死亡的动物尸体应焚烧、深埋，有条件的可用肉毒梭菌抗毒剂治疗。也可应用泻剂，加速毒素排出。另外，据介绍，用焦四仙 200 克、苍术 75 克、砂仁 35 克、青皮 35 克、枳壳 40 克、皂角 40 克（500 只 50 日龄鸡的量），加水 1.5 千克，煎之灌服，有很高的疗效。

三十一、鸡冠癣

鸡冠癣是由鸡头癣菌引起的一种慢性皮肤霉菌病，又称头癣或黄癣。其特征是病鸡头部无羽毛部位，特别是鸡冠上形成黄白色、鳞片状的癣痂。严重病例，病变也可扩展到有羽毛处。

【病原】病原为头癣真菌。

【流行病学】本病主要发生于鸡，体型大的品种易感，鸡冠初长成的青年鸡易感。其他禽、畜和人也偶尔感染。本病多发于夏、秋高温多雨季节，传播途径主要经皮肤伤口，如蚊虫咬伤或擦伤而传染。鸡只接触也可相互传染。鸡群密度过大、拥挤和环境卫生不良，更易促使本病的发生和传播。

【临床症状和病理变化】病初在鸡冠上形成灰白色圆形斑点，这些小白点的表面脱落，好像冠上撒一层面粉样的鳞屑。随着病程的发展，鳞屑状沉淀物变厚，形成表面皱缩的痂皮。病变可逐渐扩大到整个冠部、肉髯、眼睑及耳部、头部，甚至体表有毛部的皮肤，致使羽毛成片脱落，皮肤增厚并覆盖鳞屑和痂皮。病鸡由于皮肤痛痒而表现不安，精神萎靡，瘦弱，贫血，黄疸，母鸡产蛋量下降。

严重病例的病原菌可引起上呼吸道和消化道黏膜的点状坏死、小结节和黄色干酪样沉淀物。偶见肺脏及支气管发生炎症病变。

【鉴别诊断】

1. 鸡冠癣与鸡痘（皮肤型）的鉴别

[相似点] 鸡冠癣与鸡痘（皮肤型）均有精神萎靡，贫血，鸡冠有斑点等临床症状。

[不同点] 鸡痘的病原是鸡痘病毒。病鸡病初在冠、髯、口角、眼睑、腿等处，出现红色隆起的圆斑，逐渐变为痘疹，初呈灰色，后为黄灰色。经 1～2 天后形成痂皮，然后周围出现瘢痕，

有的不易愈合。眼睑发生痘疹时，由于皮肤增厚，使眼睛完全闭合。剖检可见肠黏膜可出现小点状出血，肝、脾、肾常肿大，心肌有时呈实质变性。

2. 鸡冠癣与鸡泛酸缺乏症的鉴别

[相似点] 鸡冠癣与鸡泛酸缺乏症均有精神不振，食欲减退，羽毛生长不良等临床症状。

[不同点] 鸡泛酸缺乏症的病因是由于日粮中缺乏泛酸。病鸡瘦弱，口角、眼睑和肛门处形成局限性小痂块，眼睑常常由于黏液性渗出物黏着发生感染，影响视力。有的病鸡头部、趾间和脚底皮肤发炎，头部羽毛脱落。有的腿部皮肤增厚和角化，生长发育迟缓，发生脱腱病而死亡。剖检可见口腔内有脓性物质，腺胃有灰白色渗出物。肝脏暗黄色、肿大，有的肾脏轻度肿大，脾有些萎缩，脊髓神经变质。

3. 鸡冠癣与鸡螨虫病的鉴别

[相似点] 鸡冠癣与鸡螨虫病均有精神不振，食欲减退，羽毛生长不良，不安，瘦弱，贫血，黄疸等临床症状。

[不同点] 鸡螨虫病用放大镜观察鸡体，可发现鸡螨。鸡冠癣观察不到。

【防制】

1. 预防措施

本病的预防措施主要是严防病鸡传入，平时应加强饲养管理，避免鸡群过于拥挤，保持鸡舍的清洁卫生、通风干燥。

2. 发病后措施

发现病鸡应严格检查并及时隔离，重症病鸡立即淘汰，轻症病例应在隔离条件下治疗，通常可涂擦碘酊或碘甘油或5%石炭酸溶液、福尔马林软膏（福尔马林1份、凡士林溶在瓶内，加入福尔马林后盖紧瓶塞充分振荡，直至凡士林凝固为止）。上述药物均有疗效，一般于患部涂擦1～2次即愈。或制霉菌素2万～3万单位，一次内服，每天3次，连用3～5天。

三十二、鸡结核病

鸡结核病是由禽分枝杆菌引起的一种慢性接触性传染病。本病的特征是慢性经过，渐进性消瘦、贫血、产蛋量减少或不产蛋。剖检时，可见各组织器官，尤其是肝脏、脾脏和肠道形成结核结节。本病在国内外都有报道。在养禽场暴发时，多呈慢性经过，生长发育和生产性能受到影响，产蛋下降和发生死亡，造成严重的经济损失。但由于饲养方式不同，主要是饲养日期较短，肉鸡、填鸡等很快就屠宰，较少发现；种禽饲养时间虽然长些，但污染面不大，发病率较低。

【病原】本病的病原是禽结核分枝杆菌，是分枝杆菌属的一种，其特点是细菌短小，具有多型性。本菌无芽孢，无荚膜，无鞭毛，不能运动；本菌对一般的苯胺染料不易着色，革兰氏阳性，有耐酸染色的特性，用姜-尼氏染色法染色时，禽结核分枝杆菌呈红色，而其他一些非分枝杆菌染成蓝色，这种染色特性，可用于本病的诊断。

细菌对化学药剂的抵抗力也较强，对溶脂的离子清洁剂敏感；2%来苏儿、5%石炭酸、3%甲醛、10%漂白粉、70%～75%酒精敏感。4%NaOH、3%HCl 和 6%H_2SO_4 中 30 分钟，有相对的耐性，活力不受影响，故在实验中，常用此处理病料中的杂菌，培养基中也常加入，以达到控制杂菌的目的。结核杆菌对常用的磺胺药和抗生素均不敏感，链霉素、环丝氨酸等抗生素和异烟肼、对氨基水杨酸、利福平等药物，有抑菌或杀菌作用。

【流行病学】本病的主要传染源是病鸡和带菌鸡，其感染途径主要是消化道和呼吸道，也可经皮肤创伤侵入。病鸡、带菌鸡的分泌物和排泄物含有大量病原菌，污染土壤、垫草、用具、饲料和饮水，健康鸡吞食后而受感染。鸡蛋、野禽也能传染本病。运输工具和管理人员也能成为本病的传染媒介。饲养管理条件差、鸡群密度大、重复感染等都能促进本病的发生。由病鸡蛋孵出的雏鸡患病，多半为病程较短的全身性结核病而死亡。

【临床症状】鸡结核病的潜伏期较长，一般须经几个月才逐渐表现出明显的症状。病鸡精神沉郁，身体衰弱，不爱活动，日渐消瘦，体重减轻，特别是胸肌萎缩明显，胸骨突出、变形。随着病程发展可见羽毛松乱，皮肤干燥，冠、髯苍白。多数病鸡呈单侧性跛行和特异性痉挛，呈跳跃式的步态，偶有一侧翅膀下垂，肿胀的关节有时破溃，流出干酪样的分泌物。成年鸡产蛋量减少或停产。腹部可触摸到结节状或块状物及肝脏上的结节。如果在肠道有结核性溃疡，可导致病鸡严重腹泻或间歇性腹泻。最后病鸡多因全身衰竭而死亡。病程可长达数月乃至1年以上。

【病理变化】病死鸡常极度消瘦，肌肉萎缩。多在肝、脾、肠系膜、淋巴结及肺脏等器官形成粟粒大至豌豆大的灰黄色或灰白色的结核结节，大多为圆形，有的几个结节融合在一起呈不规则状，将结节切开，可见结节外面包裹一层纤维性的包膜，里面充满黄白色干酪样物质。在肠壁和腹壁上也常有许多大小不等的灰白色结核结节。此外，在骨骼、卵巢、睾丸、胸腺以及腹膜等处，也可见到结核结节。这些结核结节的特点通常是界限明显，坚韧如软骨，但具有中心柔软或干酪样的病灶，如完全钙化时则质如沙砾。

【鉴别诊断】

1. 鸡结核病与鸡伤寒的鉴别

[相似点] 鸡结核病与鸡伤寒均有精神委顿，羽毛松乱，冠髯苍白皱缩，贫血，腹泻等临床症状；并均有肺、肝有坏死灶等剖检病变。

[不同点] 鸡伤寒的病原为伤寒沙门菌。鸡感染后体温升高至 $43\sim44℃$，发生卵黄性腹膜炎时像企鹅样站立，病程 $5\sim10$ 天死亡。剖检可见肝呈棕绿色或古铜色（雏鸡变红），肝、肺、肌胃均有灰色坏死灶（不形成结节）。用病料分离培养可鉴定鸡伤寒沙门菌。

鸡结核病是一种慢性经过，渐进性消瘦、贫血、产蛋量减少或不产蛋。

2. 鸡结核病与鸡副伤寒的鉴别

[相似点] 鸡结核病与鸡副伤寒均有精神委顿，食欲不振，下痢，消瘦，关节炎，产蛋下降等临床症状；并均有肝、脾肿大等剖检病变。

[不同点] 鸡副伤寒是由沙门杆菌引起的。成鸡下痢，脱水后大多恢复迅速，死亡不超过 10%。剖检可见出血性坏死性肠炎、心包炎、腹膜炎，输卵管坏死性增生性病变，卵巢化脓性坏死性病变，以克隆抗体和核酸探针为基础的检测沙门菌诊断药盒容易做出诊断。

3. 鸡结核病与鸡大肠杆菌病的鉴别

[相似点] 鸡结核病与鸡大肠杆菌病均有精神不振，食欲减退或废绝，羽毛松乱，腹泻，关节炎等临床症状；并均有肝、脾有结节块（肉芽肿）等剖检病变。

[不同点] 鸡大肠杆菌病的病原为鸡大肠杆菌。病鸡排黄白色带血稀粪。剖检可见心包、肝、腹膜有纤维性炎，有大量纤维素。通过分离培养、染色镜检和生化试验确诊。

4. 鸡结核病与鸡链球菌病的鉴别

[相似点] 鸡结核病与鸡链球菌病均有精神委顿，食欲减退或废绝，羽毛松乱，冠髯苍白，腹泻，消瘦，关节炎，产蛋下降等临床症状。

[不同点] 鸡链球菌病是由链球菌引起的。病鸡嗜眠昏睡，冠髯有时发紫，慢性轻瘫，跗趾关节炎，足底皮肤坏死。剖检可见败血型皮下、浆膜、肌肉水肿，心包、腹腔浆膜有出血性纤维素渗出物。其他脏器均有出血点。病料涂片、染色镜检可见单个或短链排列的球菌。

5. 鸡结核病与鸡弯曲杆菌性肝炎的鉴别

[相似点] 鸡结核病与鸡弯曲杆菌性肝炎均有精神委顿，冠髯苍白，羽毛松乱，逐渐消瘦，腹泻，产蛋下降等临床症状；并均有肝肿大、呈黄褐色、有灰白色坏死灶（类似结节）等剖检

病变。

[不同点] 鸡弯曲杆菌性肝炎的病原为弯曲杆菌。病雏粪便先呈黄褐色，再呈面糊状，后水样。剖检可见亚急性肝肿大 1～2 倍，呈黄红色或黄褐色，肝、脾均有出血点、坏死点。肝隙状窦可见到菌落。用免疫过氧化物染色可见菌体呈棕黄色，培养的菌落镜检可见弯曲杆菌。

6. 鸡结核病与鸡曲霉菌病的鉴别

[相似点] 鸡结核病与鸡曲霉菌病均有精神不振，呆立，羽毛松乱，逐渐消瘦，贫血，产蛋下降，病程长（数周或数月）等临床症状；并均有肺、气囊有结节、切开呈干酪样等剖检病变。

[不同点] 鸡曲霉菌病的病原为曲霉菌，雏鸡发病时闭目昏睡，呼吸困难，摇头甩鼻；成年鸡也有呼吸困难。剖检可见肺有霉菌结节（粟粒至绿豆粒大），色呈灰白、黄白、淡黄，周围有红色浸润，柔软，干酪样物有层状结构。气囊的霉菌结节呈烟绿色或深褐色，用手拨动有粉状物飞扬。霉菌结节置玻璃片上加生理盐水、镜检肺部可见曲霉菌的菌丝，气囊可见分生孢子柄和孢子。

7. 鸡结核病与禽霍乱（慢性）的鉴别

[相似点] 鸡结核病与禽霍乱（慢性）均有精神不振，食欲减退，冠髯苍白，关节炎，长期拉稀，产蛋下降，病程长（几周）等临床症状。

[不同点] 禽霍乱的病原为巴氏杆菌。慢性病例多出现在该病流行后期，急性时口鼻流泡沫性黏液，冠髯黑紫水肿有热痛，剧烈腹泻、粪灰黄色或灰绿色。剖检可见皮下组织、腹腔脂肪、肠系膜、黏膜、浆膜有出血点，胸腔气囊、肠浆膜有纤维素性或干酪样渗出物。慢性鼻腔、气管、支气管卡他性炎症、分泌物增多，肺实质变硬，病料涂片镜检可见两极着色的短杆菌。

8. 鸡结核病与磺胺类药物中毒的鉴别

[相似点] 鸡结核病与磺胺类药物中毒均有精神委顿，羽毛

松乱，冠苍白，贫血，腹泻，增重缓慢，产蛋率下降。

[不同点] 磺胺类药物中毒是过量服用磺胺类药物后发病，渴欲增加，所产蛋壳变薄并粗糙，棕色蛋壳褪色。剖检可见皮肤、肌肉、皮下、内部器官有出血斑，肠道呈弥漫性出血，肝呈紫红色或黄褐色、表面有出血斑，脾有出血性梗死和灰色结节区，心肌也有刷状出血和灰色结节，脑充血、水肿，骨髓变为淡红色或黄色。

【防制】本病药物治疗的价值不大，主要是做好防疫工作。发现病鸡应及时隔离淘汰，死鸡不能随意乱扔，必须烧毁或深埋，以防传播疫病；对鸡舍和饲养用具要彻底清洗消毒，最好闲置几个月，淘汰老的旧设备；鸡群要进行定期检疫，发现阳性反应鸡立即淘汰，鸡场彻底消毒。6 个月以后，再进行第二次检疫，检查有无新的病鸡出现，直到所有的阳性鸡全部检出时为止；病鸡群所产的蛋，不能留作种用。

三十三、鸡伤寒

鸡伤寒是由鸡伤寒沙门菌引起的鸡败血性传染病，呈急性或慢性经过。主要侵害 3 月龄以上的家鸡，病情的急缓、发病率和死亡率的高低，因鸡群不同而有很大的差异。对鸡和火鸡的危害小于鸡白痢。本病遍及世界各国。

【病原】本病的病原为鸡伤寒沙门菌，为革兰氏阴性、短小、无鞭毛、无芽孢和无荚膜的杆菌，不能运动。抵抗力不强，一般的消毒药物和直射阳光均能很快将其杀死。

【流行病学】主要发生于鸡和火鸡，也可感染其他鸡类，一般呈散发性。死亡率为 15%～25%，有的高达 50%。本病主要发生于成年鸡和 3 周龄以上的青年鸡，3 周龄以下的雏鸡有时也发生。

本病的传染源主要是病鸡和带菌鸡，其粪便有大量病菌，污染土壤、饲料、饮水、用具、车辆及人员衣物等，不仅使同群鸡感染，而且广为散布。病菌主要以消化道或经眼结膜等途径感染，也能通过种蛋垂直传播。

【临床症状】潜伏期一般为 4～7 天。雏鸡发病时与鸡白痢相似，成鸡发病时，最急性者常无明显症状而突然死亡。急性经过者表现精神沉郁，羽毛蓬乱，食欲消失，口渴增加。体温升高，呼吸加快。拉黄绿色水样或泡沫状粪便。有些患鸡共济失调，发病后 3～5 天死亡。自然发病的死亡率差异较大，10%～50% 或更高。慢性经过者，表现贫血、冠髯苍白皱缩，个别发紫。食欲减少，交替出现腹泻、便秘。病程 8 天以后，死亡较少，多成为带菌鸡。

【病理变化】最急性病鸡眼观病变不明显。急性病例常见肝、脾、肾充血肿大。亚急性和慢性病例的特征性病变是肝脏肿大，充血变红，呈青铜色（暗黄绿色），表面有灰白色坏死点，胆囊肿大，充满绿色油状胆汁。心肌表面常有灰白色坏死点，病程较长的发生心包炎，心包膜增厚和心外膜粘连。肠道呈卡他性炎症，内容物黏稠含多量胆汁。脾脏肿大，质脆易碎，呈暗紫色。母鸡卵巢中一部分正在发育的卵泡充血、变色和变性，变性的卵泡破裂引起腹膜炎、内出血而死亡。公鸡睾丸可见大小不等的坏死病灶。

【实验室检查】确诊需要细菌分离和鉴定，特别是对于雏鸡发病较难与鸡白痢区分，更要依靠细菌学诊断。用鸡伤寒多价抗原与病鸡全血或血清做平板凝集试验，可检出阳性鸡。但由于鸡伤寒沙门菌与鸡白痢沙门菌具有共同的抗原，所以检出的阳性鸡很难分清是鸡白痢还是鸡伤寒，也许两种病同时存在。

【鉴别诊断】注意与鸡霍乱和新城疫相区别。

1. 鸡伤寒与鸡白痢的鉴别诊断

［相似点］鸡伤寒与鸡白痢的病原均为沙门菌，均有冠髯苍白，羽毛蓬乱，病雏排白色稀便，肛门周围被粪便污染，发育不良，气喘，呼吸困难等临床症状；并均有病雏心肌、肺、肌胃有坏死灶等剖检病变。

［不同点］鸡白痢的病原为鸡白痢沙门菌，雏鸡多发，以经

蛋传播为主，有的未出壳或刚出壳即死亡。3周龄达死亡高峰，成年鸡死亡少。剖检可见肝肿大充血呈黄绿色，粗糙质脆，有灰白色坏死灶，并有出血条纹。变质卵子排于腹腔或阻塞于输卵管。心包液多而浑浊甚至有粘连，鸟氨酸培养基上能迅速脱羧。用普通肉汤琼脂平板直接分离，根据菌落形态即可确定。

2. 鸡伤寒与鸡副伤寒的鉴别诊断

［相似点］鸡伤寒与鸡副伤寒的病原均为沙门菌，均有病雏减食、困倦、拉稀，成年鸡厌食，饮水多，下痢，肛门周围粪污，精神委顿，翅膀下垂等临床症状；并均有心包炎症，肝肿大等剖检病变。

［不同点］鸡副伤寒的病原为副伤寒沙门菌［菌体（0.4～0.6)微米×（1～2.3)微米，有周鞭毛］。鸡副伤寒不仅鸡易感，也可感染其他禽类、家畜和人。病鸡排水样粪，盲目和结膜炎，6～10日龄死亡最多，1月龄以上死亡少见。成年鸡多迅速恢复，死亡率不超过10%。剖检可见卵黄凝固，心包有粘连。火鸡常见十二指肠出血性炎症。成年母鸡以输卵管坏死性增生病变、卵巢化脓性坏死性病变为特征。

3. 鸡伤寒与鸡结核病的鉴别诊断

［相似点］鸡伤寒与鸡结核病均有精神委顿，羽毛松乱，冠髯苍白皱缩，贫血，腹泻等临床症状；并均有肝、肺有坏死灶等剖检病变。

［不同点］鸡结核病是由结核分枝杆菌引起的。病鸡渐进性消瘦，胸骨突出如刀，翅下垂。剖检可见肝、脾、肠道、气囊、肠系膜等均有结核结节（粟粒大、豆大、鸽蛋大），切开干酪样物，涂片后用萋-尼氏染色法染色，镜检显红色杆菌（其他分枝杆菌显蓝色）。禽结核杆菌素注于肉髯皮内呈阳性反应。

4. 鸡伤寒与鸡住白细胞原虫病的鉴别诊断

［相似点］鸡伤寒与鸡住白细胞原虫病均有雏鸡精神萎靡，下痢，发育受阻；中鸡、成鸡冠苍白、贫血、腹泻等临床症状。

［**不同点**］鸡住白细胞原虫病的病原为住白细胞原虫。病鸡口中流涎，粪呈绿色，呼吸困难，可因突发咯血而死。中鸡和成鸡排水样白色或绿色稀粪。剖检可见全身皮下出血，肌肉（胸肌、腿肌、心肌）有大小不等的出血点，各内脏器官有灰白色或淡黄色粟粒大小的结节，挑出结节内容物压片，可见裂殖子散出，采翅血管或鸡冠血涂片瑞氏或姬氏染色可见虫体。

5. 鸡伤寒与鸡绦虫病的鉴别诊断

［**相似点**］鸡伤寒与鸡绦虫病均有雏鸡精神萎靡，腹泻，并有粪污，呼吸困难等临床症状。

［**不同点**］鸡绦虫病的病原为绦虫。剖检可见小肠有炎症，并可见虫体。

6. 鸡伤寒与肉鸡腹水症的鉴别诊断

［**相似点**］鸡伤寒与肉鸡腹水症均有羽毛松乱，翅膀下垂，腹部彭大，如企鹅站立和走动等临床症状。

［**不同点**］鸡腹水症的病因是缺氧、饲喂高能量饲料或缺某种元素。病鸡腹部皮肤膨大、变薄、发亮，体温正常，鸡冠紫红，皮肤发绀，穿刺可抽出大量腹水。剖检可见腹水淡红色或稻草色，含有纤维素。肝紫色，表面附着淡黄色胶冻样物。

【防制】

1. 预防措施

加强种蛋和孵化、育雏用具的清洁和消毒。每次孵化前，孵化房及所有用具要用甲醛消毒，对引进的鸡要注意隔离及检疫；平时加强饲养管理，鸡舍及一切用具要做好清洁消毒，料槽和饮水器每天清洗 1 次，并防止被鸡粪污染。

2. 发病后措施

发生本病时，要隔离病鸡，对濒死鸡和死亡鸡及鸡群的排泄物要深埋或焚烧。对鸡舍、运动场和所有用具用消毒剂消毒，每日 1 次，连续 1 周。防止鸟、鼠等进入鸡舍。药物治疗。根据药敏试验，选用最佳药物。一般情况下，磺胺类药物（如复方敌菌净、磺胺二甲氧嘧啶等）有良好疗效，土霉素有中等疗效。也可先用痢特灵拌料，每千克饲料加 0.4～0.5 克，饲喂 5 天后，再每升水中加氟苯尼考 0.1～0.15 克，使用 3～4 天；或者单用痢特灵 7 天后停 3 天，再减半剂量用 7 天，效果较好。

三十四、鸡副伤寒

鸡副伤寒是指由鞭毛能运动的沙门菌所致的疾病的总称。幼雏多表现为急性热性败血症，与鸡白痢相似；成鸡一般呈慢性经过或隐性感染。本病不仅可以在各种幼龄家鸡中造成大批死亡，而且由于其慢性性质和难于根除，能给养鸡业造成损失，是养鸡业中比较严重的细菌性传染病之一。同时具有公共卫生意义，因为人类很多沙门菌感染的爆发都与鸡产品中存在的副伤寒沙门菌有关。

【病原】病原为除鸡白痢和鸡伤寒沙门菌以外的沙门菌，这些沙门菌已分离出的有 150 多种，引起鸡发病的主要是鼠伤寒沙门菌、肠炎沙门菌、鸡沙门菌和乙型副伤寒杆菌等十几种。均为革兰阳性短小杆菌，无芽孢和荚膜，但都有鞭毛，能运动。抵抗力不强，60℃ 15 分钟即可死亡，一般的消毒药物均可很快将其杀死。但在饲料和灰尘中可长期存在，在土壤中可以存活几个月。

【流行病学】主要感染幼龄的鸡、火鸡、鸭、鹅等禽类，人类食用带有副伤寒病菌的畜禽产品，能引起急性胃肠炎和败血症。在胚胎期和出雏器内感染的雏鸡副伤寒，常于 4～5 日龄发病，6～10 天达最高峰，病死率高低不一（10％～80％），1 月龄以上的鸡有较强的抵抗力，一般不引起死亡。青年鸡和成年鸡一般为慢性或隐性感染。本病常为散发和地方流行。

携带病原菌的动物很多，如老鼠、苍蝇、野鸟、家畜、家鸡等，人类也可带菌。传播途径十分广泛，可以通过卵、饲料、环境污染、动物和昆虫等传播，感染途径主要是消化道，可以通过呼吸道和皮肤创伤感染。

本病在孵化器内感染的较多，因为副伤寒沙门菌有鞭毛，能运动，易通过蛋壳而感染鸡胚。未经处理的鱼粉、骨粉、血粉等动物性饲料和谷物、豆饼等植物性饲料中都含有该类细菌，往往成为难以发现的致病因素。

【临床症状】本病的潜伏期为12～18小时，有时稍长些，其急性病例（败血症）主要见于幼雏，慢性型多发于青年鸡和成年鸡。在孵化器内感染的急性病例常在孵化后数天内发病，一般见不到明显症状而死亡。10日龄以上的雏鸡发病后，身体虚弱，羽毛松乱，精神萎靡，头、翅下垂，缩颈闭目，似昏睡状。食欲减退或废绝，饮水增加。怕冷，偎近热源或挤堆。下痢，排水样稀便，肛门周围有粪便污染。有的发生眼炎失明，有的表现呼吸困难。病程1～2天，按全群计算，死亡率10%～20%，严重时可达80%。

成年鸡一般不出现急性病例，常为慢性带菌者，病菌主要存在于肠道，较少存在于卵巢。有时可见成年鸡食欲减退，消瘦，轻度腹泻，产蛋量减少，孵化率降低。

【病理变化】雏鸡出壳后不久即死亡的无明显病变。大约在10日龄以后病死的，可见肝、脾、肾淤血肿大，肝脏表面有条纹状或针尖状出血和灰白色坏死点，胆囊扩张充满胆汁。心包炎，心包膜和外膜发生粘连，心包液增多呈黄色。盲肠内常有淡黄色干酪样物，小肠有出血性炎症。

成鸡慢性副伤寒的主要病变为肠黏膜有溃疡或坏死灶，肝、脾、肾不同程度的肿大，母鸡卵巢有慢性白痢的病变。

【实验室检查】确诊须经过病原菌的分离和鉴定。

【鉴别诊断】

1. 鸡副伤寒与鸡白痢的鉴别诊断

[相似点] 鸡副伤寒与鸡白痢的病原均为沙门菌，均有拉稀，肛周粪污，厌食，羽毛蓬乱，偎近热源，缩颈闭目，呼吸困难，关节炎，失明，成年鸡食欲不振，头颈蜷缩，下痢等临床症状；并均有肝肿大充血、有条纹状出血等剖检病变。

[**不同点**] 鸡白痢的病原为鸡白痢沙门菌，雏鸡多发，以经蛋传播为主，有的未出壳或刚出壳即死亡。3周龄达死亡高峰，成年鸡死亡少。剖检可见肝肿大充血呈黄绿色，粗糙质脆，有灰白色坏死灶，并有出血条纹。变质卵子排于腹腔或阻塞于输卵管。心包液多而浑浊甚至有粘连，鸟氨酸培养基上能迅速脱羧。用普通肉汤琼脂平板直接分离，根据菌落形态即可确定。

2. 鸡副伤寒与鸡伤寒的鉴别诊断

[**相似点**] 鸡副伤寒与鸡伤寒的病原均为沙门菌，均有病雏减食，困倦、拉稀，成年鸡厌食，饮水多，下痢，肛门周围粪污，精神委顿，翅膀下垂等临床症状；并均有心包炎症，肝肿大等剖检病变。

[**不同点**] 鸡伤寒的病原为伤寒沙门菌（菌体短粗，长 1.0～2.0 微米，宽 1.5 微米，两端染色略深），大鸡和成鸡较多发，体温 43～44℃，腹膜炎时如企鹅站立，感染 4 天内可发生死亡。1～6 月龄损失严重。剖检可见肝肿大，呈棕绿色或古铜色，有奶油外观。在鸟氨酸培养基上不脱羧。用病料分离培养鉴定鸡伤寒沙门菌。

3. 鸡副伤寒与鸡大肠杆菌病（急性败血症）的鉴别诊断

[**相似点**] 鸡副伤寒与鸡大肠杆菌病（急性败血症）均有体温高（42.5～43℃），羽毛松乱，呆立或挤堆，厌食，饮水增加，下痢，肛周粪污等临床症状。

[**不同点**] 鸡大肠杆菌病的病原为大肠杆菌。病鸡腹泻剧烈，粪黄白色、混有黏液或血液。剖检可见心包炎、腹膜炎及肝肿大，均有大量纤维素性渗出物充满和包围，通过病原分离和纯培养、染色镜检、生化试验确定大肠杆菌。用其肉汤培养物注于雏鸡、小鼠，即可测定致病性菌株。

4. 鸡副伤寒与鸡曲霉菌病的鉴别诊断

[**相似点**] 鸡副伤寒与鸡曲霉菌病均有精神不振，羽毛松乱，厌食，嗜睡呆立，翅膀下垂，下痢，结膜炎等临床症状。

［**不同点**］鸡曲霉菌病的病原为曲霉菌。病鸡对外界反应淡漠，头颈伸直，张口呼吸，耳听有沙沙声，打喷嚏。剖检可见肺有霉菌结节，周围红色浸润，切开干酪样物有层状结构，气囊也有霉菌结节，有时形成霉斑。镜检肺部结节玻璃压片可见曲霉菌的菌丝，气囊结节可见分生孢子柄和孢子。

5. 鸡副伤寒与鸡弯曲杆菌性肝炎的鉴别诊断

［**相似点**］鸡副伤寒与鸡弯曲杆菌性肝炎均有雏鸡羽毛松乱，倦怠，呆立缩颈，腹泻，排水样便，肛周粪污，成年鸡脱水消瘦等临床症状；并均有肝有坏死点等剖检病变。

［**不同点**］鸡弯曲杆菌性肝炎的病原为弯曲杆菌。雏鸡多为急性，病初稀粪为黄褐色糊状，后转为水样。慢性病例冠髯苍白、干枯、皱缩。青年鸡病初产蛋多为沙壳蛋、软壳蛋，产蛋鸡产蛋减少 25％～35％。剖检主要病变在肝脏，肝急性肿大瘀血，淡红褐色；慢性病例稍小，质脆或硬化，坏死灶连成网络状。挑取培养的菌落或肝隙状窦的菌落，用免疫过氧化物酶染色，可见到棕褐色的菌体。

6. 鸡副伤寒与鸡绿脓杆菌病的鉴别诊断

［**相似点**］鸡副伤寒与鸡绿脓杆菌病均多发于幼雏，均有精神不振，排水样粪，眼睑水肿，呼吸困难等临床症状；并均有内脏充血、出血等剖检病变。

［**不同点**］鸡绿脓杆菌病的病原为鸡绿脓杆菌。病鸡粪便为黄绿色水样，重时带血，眼周、颈部、腿内侧皮下水肿，水肿破裂流液体。跗跖关节肿胀发红，以跗关节着地。用肉汤培养液腹腔接种雏鸡，2～4 小时死亡，从心、肝、脾中重新分离到绿脓杆菌。

7. 鸡副伤寒与鸡结核病的鉴别诊断

［**相似点**］鸡副伤寒与鸡结核病均有精神委顿，食欲不良，下痢，消瘦，关节炎，产蛋下降等临床症状；并均有肝、脾肿大等剖检病变。

[**不同点**] 鸡结核病的病原为结核分枝杆菌。病鸡渐进性消瘦，胸骨突出如刀，翅下垂。剖检可见肝、脾、肠道、气囊、肠系膜等均有结核结节（粟粒大、豆大、鸽蛋大），切开干酪样，涂片后用姜-尼氏染色法染色，镜检显红色杆菌（其他分枝杆菌呈蓝色）。禽结核杆菌素注于肉髯皮内呈阳性反应。

8. 鸡副伤寒与鸡住白细胞原虫病的鉴别诊断

[**相似点**] 鸡副伤寒与鸡住白细胞原虫病均有雏鸡精神委顿，嗜睡呆立，闭眼厌食，下痢水样，消瘦等临床症状；并均有肝、脾有坏死灶等剖检病变。

[**不同点**] 鸡住白细胞原虫病的病原为住白细胞原虫。病鸡口中流涎，粪呈绿色，呼吸困难，可因突然咯血而死。中鸡和成鸡排水样白色或绿色稀粪。剖检可见全身皮肤下出血，肌肉（胸肌、腿肌、心肌）有大小不等的出血点，各内脏器官有灰白色或淡黄色粟粒大小的结节，挑出结节内容物压片，可见裂殖子散出，采翅血管或鸡冠血涂片，瑞氏或姬氏染色可见虫体。

【**防制**】
参见鸡伤寒。

三十五、链球菌病

鸡链球菌病（嗜眠症）是由一定血清型的链球菌引起的急性或慢性传染病。一般认为鸡链球菌病是继发性的、散发性的。该病在世界各地均有发生，死亡率在 0.5%～50% 不等。

【**病原**】病原主要是 C 群链球菌中的兽疫链球菌和 D 群中的粪链球菌及肠球菌等。本菌为球形，呈链状排列，无鞭毛，无芽孢，有荚膜。革兰氏阳性。在血液琼脂上发生溶血。本菌的抵抗力较弱，对热和一般的消毒药较敏感。

【**流行病学**】各品种、年龄的鸡均可感染，也无明显的季节性。鸡是链球菌的天然宿主，病鸡是主要的传染源，通过消化道、呼吸道或接触感染。鸡扁虱也可能成为病原体的传播者。

由于从健康鸡的上呼吸道黏膜中也分离到此类链球菌，因此有人认为此病的发生，是因饲养管理不当或其他因素，使机体抵抗力下降，致使存在于上述部位的链球菌毒力增强所致。

【临床症状】急性病例仅见几分钟的抽搐，无明显的临床症状。病程较长者，可出现高热和下痢，常有麻痹现象；慢性病例见食欲减少，羽毛蓬松，头藏于翅下，闭眼，昏迷，呼吸困难，有时高度昏睡，冠及肉髯苍白。持续性下痢，很快消瘦，并出现腹膜炎、输卵管炎，产卵停止。病愈鸡可长期带菌，急性病例死亡率可达 50％，慢性者较低。

【病理变化】皮下、全身浆膜水肿、出血，心包、腹腔有浆液性出血性或纤维素性炎症。肺充血出血，脾、肾肿大而出血。肝脏脂肪变性并有坏死灶。输卵管炎、卵黄性腹膜炎或出血性肠炎。有些病例还可见到关节炎、肝周炎，慢性病例的主要变化为肠炎、心内膜炎等。

【实验室检查】显微镜检查和细菌分离鉴定。

【鉴别诊断】

1. 鸡链球菌病与禽霍乱的鉴别诊断

［**相似点**］鸡链球菌病与禽霍乱均有精神委顿，闭目嗜睡，缩颈，羽毛松乱，冠髯发紫，髯水肿，腹泻，粪呈绿色，产蛋量减少等临床症状；并均有肝肿大、呈暗紫色、有坏死点，心冠沟、心外膜有出血点，心包积液、有纤维素等剖检病变。

［**不同点**］禽霍乱的病原为巴氏杆菌。病鸡口鼻流泡沫黏液，髯热痛。剖检可见鼻腔、皮下组织、肠系膜、浆膜、黏膜均有出血点，肠黏膜充血、出血，十二指肠最为严重，黏膜呈暗红色、弥漫性出血，肠内容物含有血液或纤维素。病料涂片镜检可见两极着色的卵圆形短杆菌。

2. 鸡链球菌病与鸡大肠杆菌病（败血型）的鉴别诊断

［**相似点**］鸡链球菌病与鸡大肠杆菌病（败血型）均有羽毛松乱，少食或废食，腹泻，粪黄白色，可发生卵囊性腹膜炎、关节炎，跛行等临床症状；并均有心包、腹腔有纤维素性渗出物，

肝肿大、肝周炎等剖检病变。

[不同点] 鸡大肠杆菌病的病原为大肠杆菌。病鸡离群呆立或挤堆，稀粪混有黏液或血液。剖检可见肝表面有纤维素渗出物，甚至被纤维素包围。除急性败血症外，还有卵囊性腹膜炎（腹腔有大量卵黄、有腥臭）、输卵管炎（输卵管充血、出血）、生殖器官病变（输卵管有出血斑、有絮状块状干酪样物，公鸡睾丸充血）。通过病原分离纯培养，进行染色镜检和生化试验即可确定大肠杆菌。

3. 鸡链球菌病与鸡结核病的鉴别诊断

[相似点] 鸡链球菌病与鸡结核病均有精神不振，食欲减退，冠髯苍白，患关节炎，长期拉稀，蛋产量下降等临床症状。

[不同点] 鸡结核病的病原为结核分枝杆菌。患鸡病初症状不明显，随后才表现出症状，渐进性消瘦，胸骨突出如刀，翅下垂。剖检可见肝、脾、肠道、气囊、肠系膜等均有结核结节（粟粒大、豆大、鸽蛋大），切开干酪样物，涂片后用姜-尼氏染色法染色，镜检显红色杆菌。禽结核杆菌素注于肉髯皮内呈阳性反应。

4. 鸡链球菌病与鸡李氏杆菌病的鉴别诊断

[相似点] 鸡链球菌病与鸡李氏杆菌病均有精神委顿，羽毛松乱，冠髯发紫，头颈弯曲，头后仰，腿部痉挛或两腿无力等临床症状；并均有心冠脂肪出血、肝肿大、有紫色瘀血斑和坏死灶，肾肿大等剖检病变。

[不同点] 鸡李氏杆菌病的病原为鸡李氏杆菌。病鸡皮肤暗紫，翅下垂，倒地侧卧时腿划动或腿部阵发性抽搐。剖检可见肝呈土黄色，有的腹腔有大量血样物。病料涂片镜检可见排列"V"形的阳性小杆菌，以古巴液 1:1 稀释点眼出现脓性结膜炎，不久死亡。

5. 鸡链球菌病与鸡住白细胞原虫病的鉴别诊断

[相似点] 鸡链球菌病与鸡住白细胞原虫病均有雏鸡精神委顿，食欲不振，冠苍白，下痢，粪呈绿色，成鸡产蛋量下降等临

床症状。

[**不同点**] 鸡住白细胞原虫病的病原为住白细胞原虫。病鸡口中流涎，粪水样白色或绿色，发育受阻。剖检可见全身皮下出血，肌肉（胸肌、腿肌、心肌）有大小不等的出血点，各内脏器官有灰白色或淡黄色粟粒大小的结节，挑出结节内容物压片，可见裂殖子散出，采翅血管或鸡冠血涂片瑞氏或姬氏染色可见虫体。

【防制】

1. 预防措施

本病应采取综合性措施，注意改善饲养管理，增强鸡的体质，加强卫生、消毒制度，出现病鸡及时隔离。

2. 发病后措施

可用土霉素或四环素按 0.04%～0.08% 拌料，连喂 3～5天；或用磺胺嘧啶按 0.2%～0.4% 拌料，连用 3 天；或用青霉素，每只鸡 1 万～5 万单位饮水，连用 3～5 天。急性病例效果较好，慢性病例则疗效较差，建议淘汰处理。

三十六、鸡的衣原体病

鸡的衣原体病是由鹦鹉热衣原体引起的禽类的一种急性或慢性接触性传染病。临床以鼻腔有分泌物，腹泻，气囊、肝、腹腔有纤维素为特征。

【**病原**】衣原体有沙眼衣原体、鹦鹉热衣原体、肺炎衣原体。

【**流行病学**】衣原体的发展阶段有两种形式，一种是具有传染宿主作用的衣原体原生小体（微小、致密、球形、不运动、无鞭毛和菌毛、能附着于柱上皮细胞上）；一种具有分裂能力负有繁殖任务的网状体（能合成 DNA、RNA 以及蛋白质，以二分裂方式分裂繁殖，新分裂的网状体集聚一处形成所谓的包涵体，每个包涵体有 100～150 个衣原体）。衣原体存在于野生和家养的禽类如海鸥、鸡、苍鹭、白鹭、黑鸟、鹩哥、麻雀、鹬。衣原体强毒株是由海鸥和白鹭携带并大量排菌，而对其宿主无明显影响。

来自哺乳动物的分离株对禽类不引起明显的症状，禽类分离株对哺乳类也没有致病性。一般说来幼龄家禽比成年家禽易感，易显出症状，死亡率也高。在野禽与家禽之间相互传播，通常通过呼吸吸入粪便和呼吸道分泌物衣原体而引起传染。禽源鹦鹉热衣原体常受各种因素（营养、禽免疫力、病原株、禽的种属、有无其他微生物同时感染）的影响，从火鸡分离的衣原体株对火鸡引起心包炎，但气囊炎比鹦鹉分离株引起的轻一些，发生的也晚一些。火鸡分离株对鹦鹉科禽类高度致病引起死亡，但对麻雀及鸽不造成严重损害。鹦鹉分离株对火鸡能引起显著的气囊炎和支气管炎，但心包炎轻微，死亡率低，大都能恢复良好，鸽和麻雀的症状典型但缓和。

【临床症状】精神不振，步态不稳，离群掉队。有的关节肿大、跛行。腹泻、排绿色或黄白色粪，肛周粪污。结膜炎，眼鼻流浆性黏性分泌物。有的呼吸有啰音，张口呼吸，死前出现神经症状或瘫痪。病程 10～30 天。产蛋量大幅下降，发病高峰时达 50% 以上，以 5～7 周龄的鸡最为严重，病死率可达 50% 以上。

【病理变化】鼻腔气管有大量黏稠液。胸腹腔、心包、气囊有多量浑浊液和纤维蛋白絮片，腹腔脏器上覆有黄色纤维性膜，有的脏器粘连。肝肿大、色深、有许多针尖大的灰白点。脾肿大。心外膜有出血点。有的有肠炎病变。

【类症鉴别】

1. 鸡的衣原体病与滑液支原体感染的鉴别诊断

[相似点] 鸡的衣原体病与滑液支原体感染均有传染性，咳嗽，流鼻液，精神不振，羽毛松乱，排绿色稀粪、消瘦以及肝脾肿大等病变。

[不同点] 滑液支原体感染的病原为滑液支原体。多发生跗趾关节炎，热痛，不能站立，生长缓慢，冠髯苍白。剖检可见腱鞘、滑膜发炎，关节液初清亮后浑浊、最终干酪样。严重时关节黄红色，软骨糜烂，甚至头颈上方出现干酪样物。肝、脾、肾均肿大。血清平板凝集试验可以确诊。

鸡的衣原体病有结膜炎，眼鼻流浆性黏性分泌物。呼吸有啰音，张口呼吸，死前出现神经症状或瘫痪。肝有许多针尖大的灰白点，心外膜有出血点。有的有肠炎病变。

2. 鸡衣原体病与鸡巴氏杆菌病（慢性）的鉴别诊断

[**相似点**] 鸡衣原体病与鸡巴氏杆菌病（慢性）均有传染性，精神不振，冠髯苍白，鼻流分泌物，下颌（髯）水肿，拉稀。剖检可见鼻腔多量黏液，心包、气囊有纤维素性渗出物，肝棕黄、有坏死点，卵黄破裂。

[**不同点**] 鸡巴氏杆菌病的病原为巴氏杆菌，多由急性转来（急性冠髯黑紫、水肿，口、鼻流泡沫黏液，体温 43～44℃），髯水肿，有的干酪变性，甚至脱落。关节发炎，切开关节有干酪样物。剖检可见皮下组织、腹腔脂肪、肠系肠、黏膜、浆膜有小出血点，十二指肠紫红、肿胀、弥漫出血，肠内容物含血，黏膜覆有黄色纤维素。病料涂片染色镜检，可见两极着色的椭圆小杆菌。

3. 鸡衣原体病与鸡大肠杆菌病（败血型）的鉴别诊断

[**相似点**] 鸡衣原体病与鸡大肠杆菌病（败血型）均有传染性，食欲减退，羽毛松乱，精神不振，腹泻；剖检可见心包膜增厚、纤维素心包炎、肝表面有纤维性分泌物、卵囊破裂性腹膜炎。

[**不同点**] 鸡大肠杆菌病的病原为大肠杆菌。离群或挤堆，腹泻剧烈，粪黄白色、混有黏液和血液，口渴。剖检可见纤维素性心包炎、肝周炎、腹膜炎，腹腔有大量卵黄、有腥臭气，肠道与脏器相互粘连。通过病原分离培养、染色镜检、生化试验确定为大肠杆菌后，再测定其致病力。

4. 鸡衣原体病与溃疡性肠炎的鉴别诊断

[**相似点**] 鸡衣原体病与溃疡性肠炎均有传染性，减食或不食，羽毛粗乱，眼半闭，下痢、粪绿色，消瘦。肝、脾有白色坏死点。

[**不同点**] 溃疡性肠炎的病原为肠道梭菌，稀粪黄绿色或粉红色并有黏液、具有特殊恶臭。剖检可见肝肿大、呈砖红色或紫

褐色,表面有粟至豆大的灰白色或黄色或色泽不一的坏死灶,脾紫褐色、淤血或出血。十二指肠肥厚发黑,有时附有麸状坏死物。盲肠黏膜有粟大的突起,中心有溃疡灶、有干酪样物。病料染色镜检可见到菌体和芽孢。

5. 鸡衣原体病与鸡疏螺旋体病的鉴别诊断

[相似点] 鸡衣原体病与鸡疏螺旋体病均有传染性,精神不振,体温高,下痢、排绿色浆液粪便,贫血,剖检可见脾肿大,肝肿大有出血点和坏死点。

[不同点] 鸡疏螺旋体病的病原为鹅包柔氏螺旋体。排出的粪分三层,外层浆液,中层绿色,内层白色块状物。后期贫血黄疸。剖检可见脾肿大、淤血状出血、呈斑点状。肠有卡他性炎。体温高时,湿血暗视野镜检可见螺旋体。

6. 鸡衣原体病与住白细胞原虫病的鉴别诊断

[相似点] 鸡衣原体病与住白细胞原虫病均有传染性,精神不振,眼半闭,冠苍白,下痢、粪绿色,消瘦。剖检可见内脏有坏死点。

[不同点] 住白细胞原虫病的病原为住白细胞原虫。雏鸡、童鸡口流涎,发育迟滞,活动困难,中鸡、成鸡水泻黄色或绿色粪。产蛋率下降。剖检可见全身皮下出血,胸肌、腿肌、心肌有出血点。各内脏有针尖至粟粒大的灰白色小结节,挑出结节内容物压片、染色镜检可见许多裂殖子散出。

【防制】

1. 预防措施

目前还无有效的疫苗用于免疫接种。平时注意饲养管理,搞好清洁卫生,定期消毒。从外地引进种禽或雏禽时必须检疫隔离观察,并用金霉素拌料饲喂,确认无衣原体感染才能进入饲养场。

2. 发病后措施

处方1:金霉素按1%拌料喂,连续30~40天,在此期间不得喂不拌药的饲料(因半衰期3~4小时,不宜直接口服或注射)。

处方 2：用强力霉素（半衰期 22 小时）每千克体重 75～100 毫克胸肌注射，在 45 天内注射 8～10 次即可发挥作用。口服时每千克体重 8～25 毫克，12 小时 1 次，连用 30～45 天。严重病例每千克体重按 10～100 毫克剂量静注 1～2 次，然后转入口服量。

第二章　鸡寄生虫病的类症鉴别诊断及防治

一、球虫病

鸡球虫病是一种或多种球虫寄生于鸡肠道黏膜上皮细胞内引起的一种急性流行性原虫病，是鸡常见且危害十分严重的寄生虫病，它造成的经济损失是惊人的。雏鸡的发病率和致死率均较高。病愈的雏鸡生长受阻，增重缓慢；成年鸡多为带虫者，但增重和产蛋能力降低。

【病原及生活史】病原为原虫中艾美耳科艾美耳属的球虫。我国已发现 9 个种，即柔嫩艾美耳球虫、毒害艾美耳球虫、巨型艾美耳球虫、堆型艾美耳球虫、和缓艾美耳球虫、哈氏艾美耳球虫、早熟艾美耳球虫、布氏艾美耳球虫、变位艾美耳球虫。前两种的致病力较强。

鸡球虫的发育要经过三个阶段：无性阶段，在其寄生部位的上皮细胞内以裂殖生殖进行；有性生殖阶段，以配子生殖形成雌性细胞、雄性细胞，两性细胞融合为合子，这一阶段是在宿主的上皮细胞内进行的；孢子生殖阶段，是指合子变为卵囊后，在卵囊内发育形成孢子囊和子孢子，含有成熟子孢子的卵囊称为感染性卵囊。鸡感染球虫，是由于吞食了散布在土壤、地面、饲料和饮水等外界环境中的感染性卵囊而发生的。

鸡球虫的感染过程：粪便排出的卵囊，在适宜的温度和湿度条件下，经1～2天发育成感染性卵囊。这种卵囊被鸡吃了以后，子孢子游离出来，钻入肠上皮细胞内发育成裂殖子、配子、合子。合子周围形成一层被膜，被排出体外。鸡球虫在肠上皮细胞内不断进行有性和无性生殖，使上皮细胞遭受到严重破坏，随后引起发病。

球虫虫卵的抵抗力较强，在外界环境中一般的消毒剂不易破坏，在土壤中可保持生活力达4～9个月，在有树荫的地方可达15～18个月。卵囊对高温和干燥的抵抗力较弱。当相对湿度为21%～33%时，柔嫩艾美耳球虫的卵囊，在18～40℃下，经1～5天就死亡。

【流行病学】各个品种的鸡均有易感性，15～50日龄的鸡的发病率和致死率都较高，成年鸡对球虫有一定的抵抗力。1～13日龄内的雏鸡因有母源抗体保护，极少发病。

病鸡是主要的传染源，苍蝇、甲虫、蟑螂、鼠类和野鸟都可以成为机械传播媒介。凡被带虫鸡污染过的饲料、饮水、土壤和用具等，都有卵囊存在。鸡吃了感染性卵囊就会爆发球虫病。

饲养管理条件不良，鸡舍潮湿、拥挤、卫生条件恶劣时，最易发病。在潮湿多雨、气温较高的梅雨季节易爆发球虫病。

【临床症状】病鸡精神沉郁，羽毛蓬松，头卷缩，食欲减退，嗉囊内充满液体，鸡冠和可视黏膜贫血、苍白，逐渐消瘦，病鸡常排红色胡萝卜样粪便，若感染柔嫩艾美耳球虫，开始时粪便为咖啡色，以后变为完全的血粪，如不及时采取措施，致死率可达50%以上。若多种球虫混合感染，粪便中带血液，并含有大量脱落的肠黏膜。

【病理变化】病鸡消瘦，鸡冠与黏膜苍白，内脏变化主要发生在肠管，病变部位和程度与球虫的种类有关。柔嫩艾美耳球虫主要侵害盲肠，两支盲肠显著肿大，可为正常的3～5倍，肠腔中充满凝固的或新鲜的暗红色血液，盲肠上皮变厚，有严重的糜烂。毒害艾美耳球虫损害小肠中段，使肠壁扩张、增厚，有严重的坏死。在裂殖体繁殖的部位，有明显的淡白色斑点，黏膜上有许多小出血点。肠管中有凝固的血液或有胡萝卜色胶冻样内容物。巨型艾美耳球虫损害小肠中段，可使肠管扩张，肠壁增厚；内容物黏稠，呈淡灰色、淡褐色或淡红色。堆型艾美耳球虫多在上皮表层发育，并且同一发育阶段的虫体常聚集在一起，在被损害的肠段出现大量的淡白色斑点。哈氏艾美耳球虫损害小肠前段，肠壁上出现大头针头大小的出血点，黏膜有严重的出血。若多种球虫混合感染，则肠管粗大，肠黏膜上有大量的出血点，肠管中有大量的带有脱落的肠上皮细胞的紫黑色血液。

【实验室诊断】生前用饱和盐水漂浮法或粪便涂片查到球虫卵囊，或死后取肠黏膜触片或刮取肠黏膜涂片查到裂殖体、裂殖子或配子体，均可确诊为球虫感染，但由于鸡的带虫现象极为普遍，因此，是不是由球虫引起的发病和死亡，应根据临诊症状、流行病学资料、病理剖检情况和病原检查结果进行综合判断。

【鉴别诊断】

1. 鸡球虫病与鸡传染性贫血的鉴别诊断

[相似点] 鸡球虫病与鸡传染性贫血均有精神萎靡，羽毛松乱，冠髯苍白，拉稀，消瘦，红细胞减少等临床症状。

[不同点] 鸡传染性贫血的病原为传染性贫血病毒（CIAV），病鸡喙、皮肤、黏膜贫血。剖检可见肌肉、内脏器官苍白，肝、肾肿大褪色或呈淡黄色，骨髓萎缩（特征），胸腺及全身淋巴组织萎缩。用病料1∶10稀释后腹腔或肌内接种1日龄SPF鸡，每鸡1毫升，观察典型症状和病理变化。鸡球虫病排红色胡萝卜样粪便或血便。内脏变化主要发生在肠管，病变部位和程度与球虫的种类有关。

2. 鸡球虫病与鸡包涵体肝炎的鉴别诊断

[相似点] 鸡球虫病与鸡包涵体肝炎均有精神萎靡，羽毛松乱，冠髯苍白，生长不良等临床症状。

[**不同点**] 鸡包涵体肝炎的病原为腺病毒。剖检可见脾色淡质脆，肝细胞中有嗜酸性或嗜碱性核内包涵体。肝和肌肉有出血斑点，肺充血，气囊呈云雾状浑浊。用荧光抗体染色镜检可以获得证实。鸡球虫病的病变主要发生在肠管，病变部位和程度与球虫的种类有关。

3. 鸡球虫病与鸡白血病的鉴别诊断

[**相似点**] 鸡球虫病与鸡白血病均有精神委顿，嗜睡，食欲不振，贫血，下痢，进行性消瘦等临床症状。

[**不同点**] 鸡白血病的病原为白血病病毒。一般多发生于16周龄的鸡，病鸡腹部膨大，手指直肠检查可探知法氏囊肿大。剖检可见脾肿大3～4倍，有大小不同的瘤或樱红色。骨膜增厚，骨髓腔阻塞，用酶联免疫吸附试验（ELISA）可确诊。

4. 鸡球虫病与鸡结核病的鉴别诊断

[**相似点**] 鸡球虫病与鸡结核病均有精神委顿，食欲不振，冠髯苍白，贫血，消瘦等临床症状。

[**不同点**] 鸡结核病的病原为结核分枝杆菌。病鸡冠髯变薄，偶尔淡蓝、褪色、黄胆，顽固性腹泻。剖检可见肝肿大、呈灰黄色或黄褐色，有豆粒至鸽卵大小不等的结节，脾肿大2～3倍，也有蚕豆大的灰色结节。肠有粟粒至豌豆大的结节，肠系膜、肺、卵巢、腹壁也有结节，用禽结核素肉髯内接种呈阳性反应。

5. 鸡球虫病与鸡绦虫病的鉴别诊断

[**相似点**] 鸡球虫病与鸡绦虫病均有精神委顿，下痢，消瘦等临床症状。

[**不同点**] 鸡绦虫病的病原为绦虫。病鸡粪中可检到孕卵节片，剖检可在小肠见到虫体。

【防制】

1. 预防措施

（1）加强饲养管理　保持鸡舍干燥、通风和鸡场卫生，定期清除粪便，堆放、发酵以杀灭卵囊。保持饲料、饮水清洁，笼具、料槽、水槽定期消毒，一般每周 1 次，可用沸水、热蒸气或 3％～5％热碱水等处理。据报道，用球杀灵和 1：200 的农乐溶液消毒鸡场及运动场，均对球虫卵囊有强大的杀灭作用。每千克日粮中添加 0.25～0.5 毫克硒可增强鸡对球虫的抵抗力。补充足够的维生素 K 和给予 3～7 倍推荐量的维生素 A 可加速鸡患球虫病后的康复。成鸡与雏鸡分开喂养，以免带虫的成年鸡散播病原导致雏鸡爆发球虫病。

（2）药物防治　迄今为止，国内外对鸡球虫病的防治主要是依靠药物。使用的药物有化学合成的和抗生素两大类，从 1936 年首次出现专用抗球虫药以来，已报道的抗球虫药达 40 余种，现今广泛使用的有 20 种。我国养鸡生产上使用的抗球虫药品种，包括进口的和国产的，有十多种。预防用药的有杀球灵，按 1 毫克/千克浓度混饲连用；百球清按 25～30 毫克/千克浓度饮水，连用 2 天。其他药物使用见发病后措施。

（3）免疫预防　资料表明应用鸡胚传代致弱的虫株或早熟选育的致弱虫株给鸡免疫接种，可使鸡对球虫病产生较好的预防效果。也有人利用强毒株球虫采用少量多次感染的滴口免疫法给鸡接种，可使鸡获得坚强的免疫力，但此法使用的是强毒球虫，易造成病原散播，生产中应慎用。此外，有关球虫疫苗的保存、运输、免疫时机、免疫剂量及免疫保护性和疫苗安全性等诸多问题，均有待进一步研究。

2. 发病后措施

（1）氯苯胍　预防按 30～33 毫克/千克浓度混饲，连用 1～2 个月，治疗按 60～66 毫克/千克混饲 3～7 天，后改预防量予以控制。

（2）磺胺类药　磺胺喹噁啉（SQ），预防按 150～250 毫克/千克浓度混饲或按 50～100 毫克/千克浓度饮水，治疗按 500～1000 毫克/千克浓度混饲或 250～500 毫克/千克饮水，连用 3 天，停药 2 天，再用 3 天。16 周龄以上的鸡限用。与氨丙啉合用有增效作用。或磺胺间二甲氧嘧啶（SDM），预防按 125～250 毫克/千克浓度混饲，16 周龄以下的鸡可连续使用，治疗按 1000～2000 毫克/千克浓度混饲或按 500～600 毫克/千克饮水，连用 5～6 天，或连用 3 天，停药 2 天，再用 3 天。或磺胺间六甲氧嘧啶（SMM），混饲预防浓度为 100～200 毫克/千克，治疗按 100～2000 毫克/千克浓度混饲或 600～1200 毫克/千克饮水，连用 4～7 天。与乙胺嘧啶合用有增效作用。对治疗已发生感染的优于其他药物，故常用于球虫病的治疗。

（3）氯羟吡啶（可球粉，可爱丹）　混饲预防浓度为 125～150 毫克/千克，治疗量加倍。育雏期连续给药。

（4）氨丙啉　可混饲或饮水给药。混饲预防浓度为 100～125 毫克/千克，连用 2～4 周；治疗浓度为 250 毫克/千克，连用 1～2 周，然后减半，连用 2～4 周。应用本药期间，应控制每千克饲料中维生素 B_1 的含量以不超过 10 毫克为宜，以免降低药效。

（5）硝苯酰胺（球痢灵）　混饲预防浓度为 125 毫克/千克，治疗浓度为 250～300 毫克/千克，连用 3～5 天。

（6）莫能霉素　预防按 80～125 毫克/千克浓度混饲连用。与盐霉素合用有累加作用。

（7）盐霉素（球虫粉，优素精）　预防按 60～70 毫克/千克浓度混饲连用。

（8）马杜拉霉素（抗球王、杜球、加福）　预防按 5～6 毫克/千克浓度混饲连用。

（9）常山酮（速丹）　预防按 3 毫克/千克浓度混饲连用至蛋鸡上笼，治疗用 6 毫克/千克混饲连用 1 周，后改用预防量。

（10）尼卡巴嗪　混饲预防浓度为 100～125 毫克/千克，育雏期可连续给药。

球虫病的预防用药程序是雏鸡从 13～15 日龄开始，在饲料或饮水中加入预防用量的抗球虫药物，一直用到上笼后 2～3 周停止，选择 3～5 种药物交替使用，效果良好。

二、鸡住白细胞原虫病

鸡住白细胞原虫病是血孢子虫亚目的住白细胞原虫引起的急性或慢性血孢子虫病，又叫鸡白冠病、鸡出血性病。本病多发生在炎热地区或炎热季节，常呈地方性流行，对雏鸡危害严重，常引起大批死亡。

【病原及生活史】鸡住白细胞原虫分为卡氏白细胞原虫、沙氏白细胞原虫和休氏白细胞原虫三种，我国已发现了前两种。卡氏白细胞原虫是毒力最强，危害最严重的一种。住白细胞原虫寄生于鸡的红细胞、白细胞等组织细胞中。

卡氏白细胞原虫的发育需要库蠓参加，发育可分为裂殖发育、配子发育和孢子发育三个阶段。第一、第二阶段的大部分是在鸡体内完成的；第二阶段的一部分及第三阶段是在库蠓体内进行的。当库蠓叮咬鸡时，将含有成熟孢子的卵囊输入鸡体内。子孢子从卵囊中逃逸出后，首先寄生于血管内皮细胞中，发育为裂殖体，每个子孢子至少形成十几个裂殖体。内皮细胞被破坏，释放出的裂殖体随血流转移到肾、肝、肺及其他器官中殖子。这些裂殖子可以再进入肝实质细胞形成肝裂殖体，或被巨噬细胞吞食，从而发育为巨型裂殖体；或进入红细胞、白细胞，开始配子发育。肝裂殖体和巨型裂殖体可重复2~3代，形成的裂殖子再进入配子发育。裂殖子进入红细胞、白细胞发育，最后形成大、小配子体。这一发育阶段是在鸡体的末梢血液或组织中完成的。在末梢血液中的大、小配子体被库蠓带入胃中，迅速在胃壁发育形成大、小配子，结合形成合子，逐渐长大成为卵合子，继而形成卵囊。成熟的卵囊内含有许多子孢子，聚集在库蠓的唾液腺内，库蠓吸鸡血时，便可传染给鸡。

【流行病学】本病发生季节性明显，北京地区一般在7~9月发生流行。3~6周龄的雏鸡发病率高，死亡率可达到10%~30%。产蛋鸡的死亡率是5%~10%。前1年曾感染过的大鸡有一定的免疫力，一般无症状，也不会死亡。但未感染过此病的鸡会发病，出现贫血，产蛋率明显下降，甚至停产。

【临床表现】病雏伏地不动，食欲消失，鸡冠苍白。拉稀，粪便青绿色。脚软或轻瘫。产蛋鸡产蛋减少或停产，病程可长达1个月。

【病理变化】病死鸡的病理变化是口流鲜血，冠白，全身性出血（皮下、胸肌、腿肌有出血点或出血斑，各内脏器官广泛出血，消化道也可见到出血斑点），肌肉及某些内脏器官有白色小结节，骨髓变黄。

【实验室检查】病原学诊断是使用血片检查法。取病鸡外周血1滴，涂片，姬氏或瑞氏染色、镜检，可见几乎占据白细胞的大配子体，或在红细胞内呈红点状的小配子体。挑取肌肉或内脏器官上的白色结节置载玻片上，加数滴甘油，将结节破碎后，覆以盖玻片镜检，可发现裂殖体和裂殖子。取病变部肌肉或从肺、肝、脾、肾等内脏器官取材、切片、镜检，可发现大型球状、内含大量裂殖子的裂殖体。

【鉴别诊断】

1. 鸡住白细胞原虫病与新城疫的鉴别

［相似点］鸡住白细胞原虫病与新城疫均有蛋壳薄、软蛋、畸形蛋，患鸡胸肌出血，腺胃、直肠和泄殖腔黏膜出血。

［不同点］新城疫是由新城疫病毒引起的一种急性败血性传染病。倒提病鸡时口中流出大量酸臭黏液，呼吸困难，有呼噜声，剖检后主要表现在消化道、呼吸道黏膜外，肝脏、肺、腹膜等也呈现严重出血，仅见腺胃乳头出血。

鸡住白细胞原虫病鸡冠苍白，整个腺胃、肾脏出血，肌肉和某些器官有灰白色小结节。

2. 鸡住白细胞原虫病与鸡传染性贫血病（鸡出血性综合征）的鉴别

［相似点］鸡住白细胞原虫病与鸡传染性贫血病（鸡出血性综合征）均有贫血、全身性出血等表现。

［不同点］鸡传染性贫血病（鸡出血性综合征）是由鸡贫血

病毒引起雏鸡再生障碍性贫血、全身淋巴组织萎缩、皮下和肌肉出血的一种传染性贫血病。临床特征是贫血，肤色苍白、翅膀呈蓝色，头颈部皮下出血、水肿。感染鸡血稀如水，放血后长时间不凝固。剖检胸腺和法氏囊明显萎缩。

鸡住白细胞原虫病口流鲜血（雏鸡），白冠（冠上有昆虫叮咬的红点）、肌肉及某些内脏器官有白色小结节。

3. 鸡住白细胞原虫病与弧菌性肝炎的鉴别

[相似点] 鸡住白细胞原虫病与弧菌性肝炎均有精神委顿，食欲不振，逐渐消瘦，羽毛松乱，冠白，腹泻等临床症状。

[不同点] 鸡弧菌性肝炎的病原为肠弯曲杆菌。病鸡鸡冠萎缩苍白、干燥；肝脏肿胀、充血，表面可见有坏死区，肝脏也可能有许多出血点而呈现斑驳状。

鸡住白细胞原虫病季节性明显（夏秋季节发病）。鸡冠和肉垂苍白但不萎缩，全身性皮下出血。各内脏器官上有灰白色或稍带黄色的、针尖至粟粒大的、与周围组织有明显界限的白色小结节，将这些小结节挑出并制成压片，染色后可见到有许多裂殖子散出。

4. 鸡住白细胞原虫病与维生素 K 缺乏症的鉴别

[相似点] 鸡住白细胞原虫病与维生素 K 缺乏症均有贫血和全身出血症状。

[不同点] 维生素 K 缺乏症是由维生素 K 缺乏引起的。剖检可见肝有灰白色或黄色坏死灶，脑等有出血点。鸡住白细胞原虫病口流鲜血，胸肌、腿肌等浅部及深部肌肉，以及肝、肺、脾等脏器常见到白色小结节，结节为针尖大或粟粒大，与周围组织有明显的界限。

【防制】

1. 预防措施

（1）杀灭媒介昆虫　杀灭媒介昆虫是预防本病的重要环节。库蠓的幼虫生活于水质较为干净的流动水沟或水田中，而不是在污水及粪便中，因此较难针对库蠓幼虫采取有效的杀灭措施，但可用杀虫剂消灭鸡舍内及周围环境中的库蠓成虫。在6～10月流行季节对鸡舍内外喷药消毒，如用0.03％的蝇毒磷进行喷雾杀虫。也可先喷洒0.05％除虫菊酯，再喷洒0.05％百毒杀，既能抑杀病原微生物，又能杀灭库蠓等有害昆虫。消毒时间一般选在傍晚6～8点，因为库蠓在这一段时间最为活跃。如鸡舍靠近池塘、屋前、屋后杂草矮树较多，且通风不良时，库蠓繁殖较快，因此建议在6月之前在鸡舍周围喷洒草甘膦除草，或铲除鸡舍周围的杂草。同时要加强鸡舍通风。

（2）防止库蠓进入鸡舍　鸡舍门可安装门帘，窗户和进气口安装纱窗。纱窗上喷洒6％～7％的马拉硫磷或5％的DDT等药物，可杀灭库蠓等吸血昆虫，经处理过的纱窗能连续杀死库蠓3周以上。

（3）药物预防　鸡住白细胞原虫的发育史为22～27天，因此可在发病季节前1个月左右，开始用有效药物进行预防，一般每隔5天，投药5天，坚持3～5个疗程，这样比发病后再治疗能起到事半功倍的效果，常用的有效药物：复方泰灭净30～50毫克/千克混饲；痢特灵粉100毫克/千克拌料；乙胺嘧啶1毫克/千克混饲；磺胺喹噁啉50毫克/千克混饲或混水和可爱丹125毫克/千克混饲。

（4）疫苗　将含有第二代裂殖体的器官福尔马林灭活作为疫苗，在2～4周龄分别一次皮下接种0.25毫升和0.5毫升，可有效保护子孢子的攻击。不过疫苗预防仍在探索中。

（5）增强鸡体抵抗力　做好防暑降温工作，加强鸡舍的通风换气，降低饲养密度；适当提高饲料的营养浓度，增加维生素、动物性蛋白饲料的用量，保持较好的适口性；添加抗应激剂；做好夏季易发生的传染病和其他寄生虫病的综合防制。

2. 发病后措施

（1）常用的治疗药物　复方泰灭净，按100毫克/千克混水或按500毫克/千克混料，连用5～7天；或血虫净，按100毫克/千克混水，连用 5 天，有效率 100％，治愈率 99.6％；或克球粉，按 250 毫克/千克混料，连用 5 天；或氯本胍，按 66 毫克/千克混料，连用 3～5 天；或中药卡白灵，1％混料连喂 5～7 天，效果显著。选用上述药物治疗，病情稳定后可按预防量继续添加一段时间，以彻底杀灭鸡体的白细胞原虫虫体。

（2）综合用药治疗　鸡群发病时，水溶性泰灭净通过饮水投服，按 0.05％的浓度，连用 3～5 天，此药特效且对产蛋无不良影响。同时在饲料中拌入复方敌菌净，60～120 毫克/千克饲料，用 3～5 天；对严重的病鸡，肌注复方磺胺嘧啶，每只鸡 0.05～0.10 克，同时投服敌菌净 30～50 毫克/只。然后把鸡放到安静的环境中让其自由活动。用药 3 天后病情得到了控制，5 天停止死亡，8 天恢复正常。

（3）辅助治疗　在饲料中加入添加维生素 C 以减少应激，促进伤口愈合，加入维生素 K 以维持鸡体正常的凝血功能，加入维生素 A 以维持鸡体内管道等上皮组织的完好性，还可添加硫酸铜、硫酸亚铁和维生素 E，添加量是正常需要量的 2～4 倍，能提高治疗效果；适当进行调整饲养。适当提高饲料中的蛋白质水平，增加蛋氨酸、色氨酸的含量。在饲料中添加酶制剂、酸制剂和其他助消化物质，增进鸡的食欲，促进消化和维持鸡的肠道菌群平衡，增强抵抗力，加快体质恢复。

三、组织滴虫病

组织滴虫病是鸡和火鸡的一种原虫病，也称盲肠肝炎或黑头病。本病以肝的坏死和盲肠溃疡为特征。

【病原】组织滴虫病的病原是组织滴虫，它是一种很小的原虫。该原虫有两种形式：一种是组织原虫，寄生在细胞里，虫体呈圆形或卵圆形，没有鞭毛，大小为 6～20 微米；另一种是腔型原虫，寄生在盲肠腔的内容物中，虫体呈阿米巴状，直径为 5～30 微米，具有一根鞭毛，在显微镜下可以见到鞭毛的运动。本虫有强、弱和无毒株三种，强毒株可致盲肠和肝脏病变，引起死亡，弱毒株只在盲肠引起病变，无毒株不产生病变。

【流行病学】本病易发生在温暖潮湿的夏秋季节。2～17周龄的鸡最易感。成年鸡也可感染，但呈隐性感染，成为带虫者，有的慢性散发。

组织滴虫以两分裂法繁殖，传播途径有两种：一种是随病鸡粪排出的虫体，在外界环境中能生存很久，鸡食入这些虫体便可感染；另一种是通过寄生在盲肠内的异刺线虫的卵而传播的。当异刺线虫在病鸡体内寄生时，其虫卵内可带上组织滴虫。异刺线虫卵中约有0.5%带有这种组织滴虫。这些虫在线虫卵壳的保护下，随粪便排出体外，在外界环境中能生存2～3年。当外界环境条件适宜时，则发育为感染性虫卵。鸡吞食了这样的虫卵后，卵壳被消化，线虫的幼虫和组织滴虫一起被释放出来，共同移行至盲肠部位繁殖，进入血液。线虫幼虫对盲肠黏膜的机械性刺激，促进盲肠肝炎的发生。组织滴虫钻入肠壁繁殖，进入血液，寄生于肝脏。这是主要的传染方式。

本病主要通过消化道感染。鸡群过分拥挤，鸡舍和运动场不清洁，饲料中营养缺乏，尤其是缺乏维生素A，都可诱发和加重本病。

【临床症状】潜伏期一般为15～20天，最短的为3天。病鸡精神委顿，食欲不振，缩头，羽毛松乱，翅膀下垂，身体蜷缩，畏寒怕冷，腹泻，排出淡黄色或淡绿色稀粪。急性的严重病例，排出的粪便带血或完全是血液。有些鸡的头皮常呈紫蓝色或黑色，所以叫黑头病。本病的病程一般为1～3周，3～12周的小鸡死亡率高达50%。康复鸡的粪便中仍然含有原虫。5～6月龄以上的成年鸡很少呈现临诊症状。

感染组织滴虫后，引起白细胞总数增加，主要是异嗜细胞增多，但在恢复期单核细胞和嗜酸性白细胞显著增加。淋巴细胞、嗜碱性白细胞和红细胞总数不变。感染后21天血细胞计数恢复到正常值。

【病理变化】常限于盲肠和肝脏。盲肠的一侧或两侧发炎、坏死，肠壁增厚或形成溃疡，有时盲肠穿孔，引起全身性腹膜炎。盲肠表面覆盖有黄色或黄灰绿色渗出物，并有特殊恶臭。有时这种黄灰绿色干硬的干酪样物充塞盲肠腔，呈多层的栓子样。外观呈明显的肿胀和混杂有红灰黄等颜色。有的慢性病例，这些盲肠栓子可能已被排出体外。肝脏出现颜色各异，不整圆形稍有凹陷的溃疡病灶。通常呈黄灰色，或是淡绿色。溃疡灶的大小不等，但一般为 1～2 厘米的环形病灶，也可能相互融合成大片的溃疡区。大多数感染群，通常只有剖检足够数量的病死鸡只，才能发现典型的病理变化。

【实验室检查】肝脏和盲肠典型的病理变化可以初步确诊。从剖检的鸡只取病理变化边缘刮落物做涂片，能够检出其中的病原体或在染色处理较好的肝病理变化组织切片中，通常可以发现组织滴虫从而可以确诊。

【鉴别诊断】

1. 鸡组织滴虫病与鸡大肠杆菌病（败血型）的鉴别

[相似点] 鸡组织滴虫病与鸡大肠杆菌病（败血型）均有精神不振，减食畏寒，羽毛松乱，腹泻、粪淡黄色有时带血等临床症状。

[不同点] 鸡大肠杆菌病的病原为大肠杆菌。病鸡腹泻剧烈，口渴。剖检可见心包、肝表面、腹腔流满纤维素渗出物。分离病原接种于伊红美蓝培养基上，大多数菌落呈特征性黑色。

2. 鸡组织滴虫病与鸡亚利桑那菌病的鉴别

[相似点] 鸡组织滴虫病与鸡亚利桑那菌病均有精神沉郁，减食，羽毛松乱，翅膀下垂，下痢、粪黄绿色有时带血等临床症状；并均有腹膜炎（盲肠穿孔时），盲肠有干酪样肠芯等剖检病变。

[不同点] 鸡亚利桑那菌病的病原为亚利桑那菌。病鸡头低向一侧旋转如观星状，步样失调，一侧或两侧结膜炎、角膜浑浊。剖检可见腹膜炎，肝肿大 2～3 倍、发炎、有淡黄色斑点，胆囊肿大 1～5 倍，分离培养亚利桑那菌有其特性。

3. 鸡组织滴虫病与鸡坏死性肠炎的鉴别

[相似点] 鸡组织滴虫病与鸡坏死性肠炎均有精神沉郁，减

食或废食，羽毛粗乱，排含血粪便等临床症状。

[不同点] 鸡坏死性肠炎的病原为魏氏梭菌。病鸡粪便有时发黑。剖开尸体即有尸腐臭味，小肠后段扩张 2～3 倍，表面污黑或污黑绿色，肠内容物呈液状、有泡沫血样或黑绿色。其他内脏无特异变化。将肠黏膜刮取物或肝触片革兰染色镜检，可见到革兰阳性、两极钝圆的大杆菌、着色均匀、有荚膜。

4. 鸡组织滴虫病与鸡球虫病的鉴别

[相似点] 鸡组织滴虫病与鸡球虫病均有精神委顿，食欲不振，翅膀下垂，羽毛松乱，闭目畏寒，下痢，排含血或全血稀粪，消瘦等临床症状；并均有盲肠扩大、壁增厚，内容物混有血液样干酪样物等剖检现象。

[不同点] 鸡球虫病的病原为球虫，病鸡冠髯苍白。剖检可见盲肠内容物主要是凝血块、血液。小肠壁发炎、增厚，浆膜可见白色小斑点，黏膜发炎、肿胀，覆盖一层黏液分泌物且混有小血块。刮取黏膜镜检可观察到卵囊和大配子。

5. 鸡组织滴虫病与鸡六鞭原虫病的鉴别

[相似点] 鸡组织滴虫病与鸡六鞭原虫病均有精神萎靡，翅膀下垂，畏寒，扎堆，下痢、粪黄等临床症状。

[不同点] 鸡六鞭原虫病的病原为六鞭原虫。病鸡粪水样多泡沫，晚期惊厥和昏迷。剖检可见肠卡他性炎、膨胀、内容物水样、有气泡。取十二指肠刮取物镜检，可见大量运动快、体积小的六鞭原虫。

6. 鸡组织滴虫病与鸡副伤寒的鉴别

[相似点] 鸡组织滴虫病与鸡副伤寒均有精神不振，羽毛松乱，翅膀下垂，闭目畏寒，厌食下痢；并均有肠有炎症，盲肠有栓子等剖检现象。

[不同点] 鸡副伤寒的病原为副伤寒沙门菌。病鸡水样下痢，肛周粪污。剖检可见心包有粘连，十二指肠出血性、坏死性肠炎。成年鸡卵巢化脓性、坏死性炎（特征），以克隆抗体和核酸

探针为基础的检测沙门菌诊断盒容易做出诊断。

【防制】

1. 预防措施

由于组织滴虫的主要传播方式是通过盲肠体内的异刺线虫虫卵为媒介，所以有效的预防措施是排除蠕虫卵，或减少虫卵的数量，以降低这种疾病的传播感染。因此，在进鸡前，必须清除鸡舍杂物并用水冲洗干净，严格消毒。严格做好鸡群的卫生管理，饲养用具不得混用，饲养人员不能串舍，免得互相传播疾病。及时检修供水器，定期移动饲料槽和饮水器的位置，以减少这些地区湿度过高和粪便堆积。用驱虫净定期驱除异刺线虫，每千克体重用药 40～50 毫克，直到 6 周龄为止。

2. 发病后措施

（1）二甲硝基咪唑（达美素） 按每天 40～50 毫克/千克体重投药，如为片剂或胶囊剂可直接投喂；粉剂可混料，连续 3～5 天，之后剂量改为 25～30 毫克/千克体重，连喂 2 周。

（2）卡巴砷 预防浓度为 150～200 毫克/千克混料，治疗浓度为 400～800 毫克/千克混料。7 天为 1 个疗程。

（3）4-硝基苯砷酸 预防浓度为 187.5 毫克/千克混料，治疗浓度为 400～800 毫克/千克混料。

（4）甲硝基羟乙唑（灭滴灵） 按 0.05% 浓度混水，连用 7 天，停药 3 天后再用 7 天。

治疗时应注意补充维生素 K_3，以阻止盲肠出血；补充维生素 A，促进盲肠和肝组织的恢复。

四、鸡蛔虫病

鸡蛔虫病是鸡常见的一种线虫病，是鸡蛔虫寄生于小肠内所引起的，多发于 3 月龄左右的鸡。一般无特殊症状，只是表现生长缓慢，发育不良，贫血、消瘦，不易引起注意。大群饲养可以引起死亡。

【病原】鸡蛔虫是鸡线虫最大的一种，虫体黄白色，像豆芽菜的基杆，雌虫大于雄虫。虫卵椭圆形，深灰色。对外界因素和消毒药的抵抗力很强，但在阳光直射、沸水处理和粪便堆沤等情况下，可使之迅速死亡。

虫卵随粪便排出，在外界环境发育（经 10～12 天发育）成具侵袭性的虫卵。这种含有幼虫、具有致病力的虫卵污染饲料、饮水并被鸡吃进后，在鸡体内又发育成成虫。从感染到发育成成虫需 35～50 天。

【流行病学】3 月龄以内的鸡最易感染，病情也较重，尤其是平养鸡群和散养鸡，发病率较高。超过 3 月龄的鸡抵抗力较强，1 岁以上的鸡不发病，但可带虫。

本病的发生和流行，与雏鸡的营养水平、环境条件、清洁卫生、温度、湿度、管理质量等因素有关。

【临床症状】鸡的肠道内有少量蛔虫寄生时看不出明显症状。雏鸡和 3 月龄以下的青年鸡被寄生时，蛔虫的数量往往较多，初期症状也不明显，随后逐渐表现精神不振，食欲减退，羽毛松乱，翅膀下垂，冠髯、可视黏膜及腿脚苍白，生长滞缓，消瘦衰弱，下痢和便秘交替出现，有时粪便中混有带血的黏液。成年鸡一般不呈现症状，严重感染时出现腹泻、贫血和产蛋量减少。

【病理变化】剖检常见病尸明显贫血、消瘦，肠黏膜充血、肿胀、发炎和出血；局部组织增生，蛔虫大量突出部位可用手摸到明显硬固的内容物堵塞肠管，剪开肠壁可见有多量蛔虫拧集在一起呈绳状。

【鉴别诊断】

1. 鸡蛔虫病与鸡传染性贫血的鉴别

[相似点] 鸡蛔虫病与鸡传染性贫血均有精神萎靡，羽毛松乱，冠髯苍白，拉稀，消瘦等临床症状。

[不同点] 鸡传染性贫血的病原为传染性贫血病毒（CIAV），病鸡喙、皮肤、黏膜贫血。剖检可见肌肉、内脏器官苍白，肝、肾肿大褪色或呈淡黄色，骨髓萎缩（特征），胸腺及全身淋巴组

织萎缩。用病料 1：10 稀释后腹腔或肌内接种 1 日龄 SPF 鸡，每鸡 1 毫升，观察典型症状和病理变化。

鸡患蛔虫病时，若症状明显，剖检可见肠道内有大量蛔虫。

2. 鸡蛔虫病与鸡白血病的鉴别

[相似点] 鸡蛔虫病与鸡白血病均有精神委顿，食欲不振，贫血，下痢，进行性消瘦等临床症状。

[不同点] 鸡白血病的病原为白血病病毒。一般多发生于 16 周龄的鸡，病鸡腹部膨大，手指直肠检查可探知法氏囊肿大。剖检可见脾肿大 3～4 倍，有大小不同的瘤或樱红色。骨膜增厚，骨髓腔阻塞，用酶联免疫吸附试验（ELISA）可确诊。

鸡患蛔虫病时，若症状明显，剖检可见肠道内有大量蛔虫。

3. 鸡蛔虫病与鸡营养性衰竭症的鉴别

[相似点] 鸡蛔虫病与鸡营养性衰竭症均有精神委顿，贫血，进行性消瘦等临床症状。

[不同点] 鸡营养性衰竭症的病因是日粮中营养缺乏，重病鸡爪趾蜷缩，站立不稳，常以尾部着地支撑。后期不会走路，两腿向两侧叉开，最后因全身衰竭而死亡。剖检可见皮下、肌间、腹膜下和肠系膜等处的脂肪全部消耗。全身肌肉严重萎缩、变薄、缺乏弹性，色泽变淡，个别胸部肌肉有血斑。心肌菲薄，色淡，极脆弱，个别心肌出血。肝脏体积缩小，韧性增强，边缘锐薄。

鸡患蛔虫病时，若症状明显，剖检可见肠道内有大量蛔虫。

【防制】

1. 预防措施

实施全进全出制，鸡舍及运动场地面认真清理消毒，并定期铲除表土；改善卫生环境，粪便应进行堆积发酵；料槽及水槽最好定期用沸水消毒；4 月龄以内的雏鸡应与成年鸡分群饲养，防止带虫的成年鸡使雏鸡感染发病；采用笼养或网上饲养，使鸡与粪便隔离，减少感染机会；对污染场地上饲养的鸡群应定期进行驱虫，一般每年 2 次，第 1 次驱虫是在雏鸡 2～3 月龄时，第 2

次驱虫在秋末；成年鸡和第 1 次驱虫可在 10～11 月，第 2 次驱虫在春季产卵季节前的 1 个月进行。驱虫药可选用以下几种：驱虫灵（每千克体重 0.25 克，混料 1 次内服）、驱虫净（每千克体重 40～60 毫克，混料一次内服）、左旋咪唑（每千克体重 10～20 毫克，溶于水中内服）、丙硫苯咪唑（每千克体重 10 毫克，混料一次内服）、氟甲苯咪唑（以 30 毫克/千克混入饲料，连喂 7 天）、南瓜子（每只鸡 20 克，焙焦研末，混料内服，一次即愈）或汽油（每千克体重 2～3 毫升，用注射器接上细橡皮管经口灌入嗉囊，灌前停食半天。为了方便，也可将鸡喂至半饱，能摸准嗉囊时，用细针头将汽油注入。此法只适用于鸡蛔虫病）。

2. 发病后措施

左旋咪唑，每千克体重 25 毫克，空腹时经口投服，或拌于少量饲料中喂服。或驱虫净按每千克体重 40～50 毫克混入饲料中，一次投给。或驱蛔灵按每千克体重 0.15～0.25 克投服。或汽油按成鸡每只 2～4 毫升，小鸡 1～2 毫升，用注射器接上细橡皮管经口灌入嗉囊，灌前停食半天。

五、鸡绦虫病

鸡绦虫寄生在鸡的小肠，主要是十二指肠内。鸡大量感染绦虫后，常表现贫血，消瘦，下痢，产蛋减少甚至停止，雏鸡即使轻度感染，亦易诱发其他疾病造成死亡。

【病原】寄生于鸡体内的绦虫，种类繁多，有戴文科、膜壳科、双殖孔科的各种绦虫。最为常见的鸡绦虫是属于戴文科的赖利属和戴文属的四种绦虫，即四角赖利绦虫、棘盘赖利绦虫、有轮赖利绦虫和节片戴文绦虫。

【流行病学】该病可以发生于各种年龄的鸡，而以雏鸡的易感性最强。

【临床症状】轻度感染可能没有临床症状。严重感染呈现消化障碍，粪便稀薄或混有淡黄色血样黏液，有时发生便秘。食欲减退，不喜运动。两翅下垂。羽毛蓬乱，黏膜苍白或黄疸，而后变蓝色。呼吸困难,产蛋量减少甚至停止。雏鸡的生长发育迟缓,常致死亡。节片戴文绦虫病的病程在雏鸡很快,在成年鸡较缓,可持续数周至数月之久。患鸡经感染后 8 天,便开始出现精神萎靡,行动迟缓,呼吸加快,羽毛蓬乱的症状。

【病理变化】剖检时除发现虫体外,还可见尸体消瘦,肠黏膜肥厚,有时肠黏膜上有出血点,肠管内有许多黏液,常发恶臭。可视黏膜贫血和黄疸。棘盘赖利绦虫病鸡解剖后,见十二指肠黏膜由于幼小虫体寄生所形成的结节,在结节的中央有黍粒大小火山口状的凹陷,凹陷内可找到虫体或黄褐色疣状凝乳样栓塞物,以后此类凹陷变成大的疣状溃疡。

【鉴别诊断】绦虫病的诊断常用尸体剖检法。剪开肠道,在充足的光线下,可发现白色带状的虫体或散在的节片;通过对活禽的粪便检查可找到白色小米粒样的孕卵节片。在阳光照射下孕卵节片有驱动性。

鸡绦虫病与鸡球虫病的鉴别

[**相似点**]鸡绦虫病与鸡球虫病均有精神委顿,下痢,消瘦等临床症状。

[**不同点**]鸡球虫病是由球虫引起的,病鸡常排红色胡萝卜样粪便,若感染柔嫩艾美耳球虫,开始时粪便为咖啡色,以后变为完全的血粪。

鸡绦虫病的病原为绦虫,淡黄色血粪,病鸡粪中可检到孕卵节片,剖检可在小肠见到虫体。

【防制】

1. 预防措施

预防雏鸡感染该病,可将雏鸡单独放入清洁的禽舍和运动场上饲养,对新购入的鸡也应事先进行隔离检查,如有该病存在,必须驱虫后经 3～7 天再合群。注意不使雏鸡与中间宿主接触,并防止中间宿主吞食绦虫卵。在鸡舍附近,主要是在运动场上应填塞蚁穴,定期用敌百虫做舍内外灭蝇、灭虫工作,翻耕运动场，并撒布草木灰等。在鸡绦虫流行的地区，应根据各种病原发育史的不同，进行定期的预防性成虫期前驱虫。雏鸡应当饲养在未放过鸡的牧场。

2. 发病后措施

硫双二氯酚（别丁）按 150～200 毫克/千克体重，混于饲料中喂给，小鸡可适量酌减。丙硫苯咪唑按 20 毫克/千克体重，拌料饲喂。吡喹酮按 10 毫克/千克体重，一次口服，为首选药物。

六、隐孢子虫病

隐孢子虫病是由隐孢子虫寄生于呼吸道和消化道黏膜上皮微绒毛而引起的原虫病。

【病原生活史】隐孢子虫属于原生动物门复顶亚门孢子虫纲真球虫目艾美耳亚目隐孢子科隐孢子属。

1. 贝氏隐孢子虫

卵囊呈卵圆形，囊壁光滑无色，大小均为 6.3 微米×5.1 微米 [(6.64～5.2)微米×(5.6～4.64)微米]。主要寄生在呼吸道、法氏囊和泄殖腔上皮细胞表面。

2. 火鸡隐孢子虫

卵囊近似球形，壁光滑无色，大小均为 4.72 微米×4.01 微米 [(5.2～4.0)微米×(4.16～3.84)微米]。

啄食病鸡粪便污染的垫草和饮水即可从消化道感染，环境中存在卵囊时可由呼吸道感染。贝氏隐孢子虫卵囊一经排出，不需经外界发育阶段即具有感染性。不感染哺乳动物，但啮齿类（大鼠和小鼠）及昆虫可作为机械传播者。

【临床症状】雏鸡感染后第 7 天即发病，12～21 天严重，咳嗽，打喷嚏，伸颈张口，呼吸困难，饮食减少或废绝，精神沉郁，眼半闭，翅下垂，喜卧一隅，多在严重发病后 2～3 天内死亡。鸡有严重的呼吸道症状，感染第 11 天死亡。雏鹅感染后 8 天出现严重的呼吸症状，可发生死亡。

【病理变化】鸡喉气管水肿、有较多的泡沫状渗出物，有时气管内可见白色凝固物呈干酪样，肺腹侧充血严重、表面湿润，常带有白色硬斑，切面渗出液较多。气囊浑浊，外观呈云雾状。虫体寄生部位的上皮绒毛萎缩或脱落，上皮细胞破溃，并伴有较多的白细游虫。鸭、鹅的病变相似。

【鉴别诊断】

1. 隐孢子虫病与鸡传染性支气管炎的鉴别

[相似点] 隐孢子虫病与鸡传染性支气管炎均有传染性，咳嗽，打喷嚏，缩颈闭眼，翅下垂，伸颈张口呼吸以及剖检可见气囊浑浊，气管水肿、有干酪样物。

[不同点] 鸡传染性支气管炎的病原为鸡传染性支气管炎病毒（IBV）。鼻窦肿胀，流鼻液，结膜炎，眼泪多，常甩头，呼吸有咕噜声。剖检可见鼻腔、鼻窦、咽喉、气管有分泌物，肺有炎性灶和水肿。肝肿大、呈土黄色，肾肿大苍白，用间接血凝试验可判定。

隐孢子虫病肺腹侧充血严重，切面渗出液增多；气囊呈云雾状。生前收集呼吸道黏液，用饱和食用白糖溶液将卵囊浮集起来，镜检可见卵囊。死后取法氏囊、泄殖腔、呼吸道黏膜涂片，用姬氏染色胞浆呈蓝色，内含几个致密的红色颗粒。有萋-尼氏染色法，干燥后镜检，在绿色的背景上可见到红色的卵囊，内有一些小颗粒和空泡。

2. 隐孢子虫病与禽巴氏杆菌病的鉴别

[相似点] 隐孢子虫病与禽巴氏杆菌病均有传染性，精神不好，缩颈闭目，翅下垂，呼吸迫促，饮食废绝。

[不同点] 禽巴氏杆菌病的病原为巴氏杆菌，口鼻有泡沫黏液，常有剧烈腹泻，冠髯紫黑水肿。剖检可见皮下组织、肠系膜、黏膜、浆膜均有出血点，胸腹腔、气囊、肠系膜有纤维素性或干酪样渗出物。病料涂片、染色镜检可见两极着色的卵圆形短杆菌。

隐孢子虫病肺腹侧充血严重，切面渗出液增多。气囊呈云雾状。生前收集呼吸道黏液，用饱和食用白糖溶液将卵囊浮集起来，镜检可见卵囊。

3. 隐孢子虫病与禽曲霉菌病的鉴别

［**相似点**］隐孢子虫病与禽曲霉菌病均有传染性，精神不振，闭目，翅下垂，打喷嚏，减食或废食，伸颈张口呼吸。

［**不同点**］禽曲霉菌病的病原为曲霉菌，喘气，用耳倾听呼吸有"沙沙"声，眼睑肿胀，剖检肺气囊有黄白色或灰白色霉菌结节，用针刺破取结节内容物涂片，加苛性钾后镜检可见曲霉菌的菌丝。气囊、支气管的病变镜检可见到分隔菌丝特性的分生孢子柄和孢子。

4. 隐孢子虫病与禽线虫（气管比翼线虫）病的鉴别

［**相似点**］隐孢子虫病与禽线虫（气管比翼线虫）病有传染性，鸡伸颈张口呼吸。剖检气管有较多的泡沫液体。

［**不同点**］禽线虫病的病原为气管比翼线虫，口内充满泡沫液体，头颈不断甩动。剖检喉头可见权子形虫体。

【**防制**】加强饲养管理和清洁卫生工作，提高免疫力，能有效控制隐孢子虫的流行。当8～12日龄的肉鸡经口或气管接种卵囊后，可导致14～16日龄时黏膜严重感染，不久之后机体可迅速地清除虫体（因此称隐孢子虫病为自限性感染疾病）。当鸡体清除初次感染后能检出高滴度的贝氏隐孢子虫特异性的循环抗体，并显示有针对贝氏隐孢子虫抗原迟发性超敏反应。对于能否利用隐孢子虫抗原制作疫苗的问题，值得做进一步探讨。

七、气管比翼线虫病

气管比翼线虫病是气管比翼线虫寄生于鸡、火鸡、珍珠鸡、雉、孔雀、鹑的气管、支气管、细支气管而引起的寄生虫病。

【**病原生活史**】雌雄虫永呈交配状态，外观似Y形，故称权子虫，新鲜时呈红色，故又称红虫。口呈球形。雄虫长2～6毫米、宽200微米，雌虫长5～20毫米、宽350微米。虫卵大小为

（78～110）微米×（43～46）微米。两端有厚的盖。感染途径有三种：一是虫卵在外界环境中发育成感染性虫卵被鸡吞食；二是感染幼虫自卵中孵出，鸡吞食幼虫；三是感染幼虫被蚯蚓等吞食，鸡吃了蚯蚓等被感染。幼虫在鸡体内经血流至肺再到气管，17～20天发育成熟。

【临床症状】引起肺溢血、水肿和大叶性肺炎，成虫头钻入气管黏膜下层吸血，继发卡他性气管炎，分泌大量黏液。伸颈张口呼吸，头颈不断摇摆甩动。食欲减退或废绝，精神不振，口内充满带泡沫的唾液，后期呼吸困难，窒息死亡。剖检口腔、喉头可见杈形虫体。

【鉴别诊断】诊断要点为精神不振，减食或废食，伸颈张口呼吸，甚至窒息死亡，贫血，消瘦，粪检有虫卵，剖检喉部有虫体。

1. 气管比翼线虫病与鸡传染性支气管炎的鉴别

［相似点］气管比翼线虫病与鸡传染性支气管炎均有传染性，伸颈张口呼吸，甩头。

［不同点］鸡传染性支气管炎的病原为鸡传染性支气管炎病毒，咳嗽，打喷嚏，鼻窦肿胀，流鼻液，眼泪多，翅下垂，常挤在一起。剖检可见气管、肺有肺炎症状和水肿，有点状或条状干酪样物附着，肝稍肿大、呈土黄色，肾肿大、苍白，用间接血凝试验即可判定。

2. 气管比翼线虫病与鸡传染性喉气管炎的鉴别

［相似点］气管比翼线虫病与鸡传染性喉气管炎均有传染性，张口呼吸，剖检可见气管有大量黏液。

［不同点］鸡传染性喉气管炎的病原为鸡传染性喉气管炎病毒。鼻流透明液体，结膜炎，流泪，呼吸时有啰音，咳嗽，喘鸣，鸡冠发紫，排绿色稀粪。剖检可见气管有血液和凝血块，并有黄白色干酪样纤维假膜。用病鸡气管分泌物、组织制成悬液经喉头或气管接种易感鸡，2～5天即出现典型症状。

3. 气管比翼线虫病与禽曲霉菌病的鉴别

［相似点］气管比翼线虫病与禽曲霉菌病均有传染性，头颈

伸直，张口呼吸，摇头甩鼻。

［**不同点**］禽曲霉菌病的病原为曲霉菌。倾听呼吸有"沙沙"的水泡音，后期下痢，剖检可见肺有典型的霉菌结节（粟、米、绿豆大且呈黄白色），周围有红色浸润，切开有干酪样物，似有层状结构，挑出内容物加生理盐水1滴镜检可见曲霉菌的菌丝。

4.气管比翼线虫病与隐孢子虫病的鉴别

［**相似点**］气管比翼线虫病与隐孢子虫病均有传染性，伸颈张口呼吸，剖检可见喉气管有较多的泡沫状渗出物。

［**不同点**］隐孢子虫病的病原为隐孢子虫，咳嗽，打喷嚏，气管有时可见干酪样物，肺腹侧严重充血，表面湿润，常有灰白色硬斑。生前收集气管黏液用饱和白糖溶液浮集卵囊，在1000倍显微镜下镜检，可见卵囊内含4个香蕉状的子孢子。

5.气管比翼线虫病与舟形嗜气管吸虫病的鉴别

［**相似点**］气管比翼线虫病与舟形嗜气管吸虫病均有传染性，伸颈张口呼吸，可因窒息死亡。

［**不同点**］舟形嗜气管吸虫病的病原为吸虫，吞食有包囊的中间宿主螺而发病。支气管大量寄生时咳嗽、气喘。剖检时气管可见到卵圆形的吸虫。

【**防制**】搞好环境卫生，及时清除粪便并将粪便堆集发酵而杀灭虫卵，肉鸡采用封闭方式，蛋鸡采用笼养方式，饲养幼禽和成年禽应分开，有线虫流行的禽场应实施预防性驱虫。驱虫用噻苯唑以0.05％混入饲料，连用2周，或甲苯唑以0.044％混入饲料，连用2周，对杯口线虫每千克体重1克连用3天，驱虫率为100％。或康苯咪唑以每千克体重50毫克分别在感染后3～4天、7天和16～17天服用3次，对气管比翼线虫的驱虫效果很好。对鹅裂口线虫以每千克体重60毫克最为有效。

八、舟形嗜气管吸虫病

本病是由舟形嗜气管吸虫寄生于鸡、鸭、鹅的气管、支气管、气囊和眶下窦的一种寄生虫病。

【病原生活史】舟形嗜气管吸虫呈卵圆形，大小为（6～12）毫米×3毫米，口在前端，无肌质吸盘围绕，无腹吸盘，虫卵大小为（0.096～0.132）毫米×（0.050～0.068）毫米，刚排出的虫卵内含毛蚴，毛蚴孵出后钻入中间宿主螺蛳体内，无尾的蚴在螺体内形成包囊，禽类吞食含囊蚴的螺蛳后被感染。

【临床症状】致病性轻度感染不显症状，当气管被大量寄生时，咳嗽，气喘，伸颈张口呼吸，可因窒息死亡。

【鉴别诊断】

1. 舟形嗜气管吸虫病与鸡传染性支气管炎的鉴别

［相似点］舟形嗜气管吸虫病与鸡传染性支气管炎均有传染性，咳嗽，伸颈张口呼吸。

［不同点］鸡传染性支气管炎的病原为鸡传染性支气管炎病毒（IBV），打喷嚏，甩头，鼻窦肿胀，鼻流黏液，眼泪多，羽毛松乱，昏睡，翅下垂，常挤在一起。剖检可见支气管、肺支气管有炎灶和水肿，气囊浑浊、有条状、点状干酪样物附着。肝呈土黄色。用间接血凝试验可判定。

2. 舟形嗜气管吸虫病与禽曲霉菌病的鉴别

［相似点］舟形嗜气管吸虫病与禽曲霉菌病均有传染性，喘气，伸颈张口呼吸。

［不同点］禽曲霉菌病的病原为曲霉菌，吃了有曲霉菌的饲料而发病，呼吸有"沙沙"声，闭目昏睡，约有5％发生曲霉菌眼炎。结膜潮红，眼睑肿大。剖检肺有灰白色、黄白色、粟大至豆大的霉性结节，挑出内容物加盖玻片可见霉菌的菌丝。

3. 舟形嗜气管吸虫病与禽线虫（支气管杯口线虫、气管比翼线虫）病的鉴别

［相似点］舟形嗜气管吸虫病与禽线虫（支气管杯口线虫、气管比翼线虫）病均有传染性，伸颈张口呼吸，可因窒息死亡。

［不同点］禽线虫（支气管杯口线虫、气管比翼线虫）病的

病原为线虫，不咳嗽，不因吃螺而发病，剖检气管可见虫体。

【防制】在发病地区应注意灭螺，并将粪堆积发酵灭虫卵，病禽用药治疗。用0.2%碘溶液气管注入，每只成鸡1毫升。同时用0.2%土霉素溶液饮服（5天剖检虫体死亡100%）；或用吡喹酮每千克体重20毫克拌料喂服，连用2次，效果很好。

九、鸡羽虱

羽虱主要寄生在鸡羽毛和皮肤上，是一种永久性的寄生虫。

【病原及生活史】是节肢动物门、有颚亚门、昆虫纲、有翅亚纲、食毛目、短角鸟虱科的一种，已发现40多种羽虱。鸡羽虱是鸡体表常见的体外寄生虫，常见的鸡羽虱主要有头虱、羽干虱和大体虱三种。头虱主要寄生在鸡的颈、头部，对雏鸡的侵害最为严重；羽干虱主要寄生在羽毛的羽干上；鸡大体虱主要寄生在鸡的肛门下面，有时在翅膀下部和背、胸部也有发现。鸡羽虱的发育过程包括卵、若虫和成虫三个阶段，全部在鸡体上进行。雌虱产的卵常集合成块，黏着在羽毛的基部，经5～8天孵化出若虫，外形与成虫相似，在2～3周内经3～5次蜕皮变为成虫。

【流行病学】羽虱通过直接接触或间接接触传播，一年四季均可发生，但冬季较为严重。若鸡舍矮小、潮湿，饲养密度大，鸡群得不到沙浴，可促使羽虱的传播。

【临床症状】羽虱主要靠咬食羽毛、皮屑和吸食血液而生存，因此患鸡表现羽毛断落，皮肤损伤，发痒，消瘦贫血，生长发育受阻，产蛋鸡产蛋下降。并可降低对其他疾病的抵抗力。

【鉴别诊断】

1. 鸡体虱寄生与臭虫寄生的鉴别

[相似点] 鸡体虱寄生与臭虫寄生均有瘙痒不安，不断以喙啄羽毛皮肤，消瘦，产蛋量下降等临床症状。

[不同点] 后者的病原为臭虫。鸡被臭虫刺入的皮肤有红点及肿胀，体表无寄生虫体，在栖架和墙角的瞭缝可找到有臭味的臭虫。

2. 鸡体虱寄生与蚤寄生的鉴别

[相似点] 鸡体虱寄生与蚤寄生均有瘙痒不安，不断以喙啄羽毛皮肤，消瘦，产蛋量下降等临床症状。

[不同点] 蚤寄生的病原为蚤。若鸡体有蚤寄生，拨开鸡体羽毛可见蚤迅速逃跑。

3. 鸡体虱寄生与蜱寄生的鉴别

[相似点] 鸡体虱寄生与蜱寄生均有瘙痒不安，不断以喙啄羽毛皮肤，消瘦，产蛋量下降等临床症状。

[不同点] 蜱寄生的病原为蜱，在蜱吸血时可找到蜱，而吸血后即离开鸡体。在栖架、墙缝中可找到蜱。

4. 鸡体虱寄生与螨寄生的鉴别

[相似点] 鸡体虱寄生与螨寄生均有瘙痒不安，不断以喙啄羽毛皮肤，消瘦，产蛋量下降等临床症状。

[不同点] 螨寄生的病原为螨，可在栖架、木柱、屋顶、支架缝隙中找到红色或黑色的小圆点（鸡刺皮螨），或在脚腿无毛处、鸡的冠髯找到螨（鸡突变膝螨）。

【防制】保持环境清洁卫生；使用敌百虫、溴氰菊酯等药物对鸡舍地面、墙壁和棚架进行喷洒，杀灭环境中的羽虱；消灭体表羽虱。可用敌百虫精粉剂或 0.5% 敌百虫粉、5% 氟化钠喷散于鸡全身羽毛及体表皮肤。也可用敌杀死 6 毫升加入到 2 千克水中，将鸡逐只抓起逆向羽毛喷雾。大群治疗时宜采用药浴法（仅限于夏季进行），方法是取 2.5% 溴氰菊酯或灭蝇灵 1 份，加温水 4000 份，放入大缸或大盆中，将鸡体放入药液浸透体表羽毛。也可用上述药物进行环境灭虱。用药物灭虱时要注意管理，避免鸡群中毒。

十、鸡螨

鸡螨虫体很小，肉眼不易看清。其种类很多，寄生部位、习性及防治方法各不相同。

【病原】病原主要有鸡刺皮螨、林禽刺螨、脱羽膝螨、鸡突变膝螨。鸡刺皮螨也叫红螨，是寄生于鸡体最常见的一种螨。虫体呈长椭圆形，白天潜伏于墙壁、笼架的缝隙中，并在这些地方产卵和繁殖。夜晚爬到鸡体上叮咬吸血，每次1个多小时，吸饱后离开。林禽刺螨也叫北方羽螨，成虫呈长椭圆形，形态与鸡刺皮螨相似，但背板呈纺锤形。雌虫产卵于鸡的羽毛上，1天内孵化为幼虫。幼虫和两个若虫期在4天之内发育完成，从幼虫孵化到成虫产卵的生活史均在鸡体上。脱羽膝螨的成虫形态呈球形，寄生在鸡羽毛根部。鸡突变膝螨也叫鳞足螨，常寄生于年龄较大的鸡。虫体几乎呈球形，表皮上具有明显的条纹。突变膝螨寄生在鸡腿脚的鳞片，并在患部深层产卵繁殖，整个生活史不离开患部。

【临床症状】鸡遭大量刺皮螨侵袭时，则日渐贫血，消瘦，成年鸡产蛋减少；雏鸡生长发育受阻，失血严重时可引起死亡。

林禽刺螨伏在鸡体上昼夜吸血，严重感染时可使羽毛变黑，肛门周围皮肤结痂龟裂。受感染的鸡群产蛋量减少，饲料消耗增加，感染严重的，可造成鸡体贫血，甚至死亡。此外，林禽刺螨还可能是鸡痘和新城疫的传播媒介。

脱羽膝螨的寄生部位引起剧烈瘙痒，以致鸡自己啄掉大片羽毛。危害多在夏季。

鸡突变膝螨使患部发炎。病患处先起鳞片，接着皮肤增生而变粗糙，裂缝，流出大量渗出液。干燥后形成白色的痂皮，好像涂上一层石灰的样子，因而这种寄生虫病又叫鸡石灰脚。如不及时治疗，可引起关节炎，趾骨坏死而发生畸形，鸡只行走困难，采食、生长、产蛋都受影响。鸡鳞足螨的感染力不强，通常是一部分鸡受害较严重。

【鉴别诊断】

1. 鸡体螨寄生与虱寄生的鉴别

［相似点］鸡体螨寄生与虱寄生均有瘙痒不安，不断以喙啄羽毛皮肤，消瘦，产蛋量下降等临床症状。

［不同点］虱寄生的病原为虱，拨开羽毛可见虱缓慢爬动。

2. 鸡体螨寄生与臭虫寄生的鉴别

［相似点］鸡体螨寄生与臭虫寄生均有瘙痒不安，不断以喙啄羽毛皮肤，消瘦，产蛋量下降等临床症状。

［不同点］臭虫寄生的病原为臭虫。鸡被臭虫刺入的皮肤有红点及肿胀，体表无寄虫体，在栖架和墙角的缝隙可找到有臭味的臭虫。

3. 鸡体螨寄生与蚤寄生的鉴别

［相似点］鸡体螨寄生与蚤寄生均有瘙痒不安，不断以喙啄羽毛皮肤，消瘦，产蛋量下降等临床症状。

［不同点］蚤寄生的病原为蚤。若鸡体有蚤寄生，拨开鸡体羽毛可见蚤迅速逃跑。

4. 鸡体螨寄生与蜱寄生的鉴别

［相似点］鸡体螨寄生与蜱寄生均有瘙痒不安，不断以喙啄羽毛皮肤，消瘦，产蛋量下降等临床症状。

［不同点］蜱寄生的病原为蜱，在蜱吸血时可找到蜱，而吸血后即离开鸡体，在栖架、墙缝中可找到蜱。

5. 鸡体螨寄生（突变膝螨）与鸡泛酸缺乏症的鉴别

［相似点］鸡体螨寄生（突变膝螨）与鸡泛酸缺乏症均有脚部肿大，跛行，生长受阻，消瘦，产蛋量下降等临床症状。

［不同点］鸡泛酸缺乏症的病因是日粮中泛酸缺乏。雏鸡头部羽毛脱落，趾间和眼睑被黏液黏着，口角、泄殖腔周围有痂皮。

【防制】

1. 鸡刺皮螨的防制

用 0.5％敌百虫水喷洒鸡笼等设备。舍内墙缝、角落先喷洒0.5％敌百虫水，再用石灰浆加 0.5％敌百虫刷堵墙缝。舍内清除出的垫草等杂物，能烧掉的烧掉，不能烧的用 0.5％敌百虫水浇透，堆到远处。隔 1 周再这样处理 1 次。

2. 林禽刺螨的防制

用 0.1％敌百虫溶液或 0.2％三氯杀螨醇溶液药浴，然后将药液喷洒于鸡舍内及笼架等饲养设备。

3. 林禽刺螨的防制

脱羽膝螨的防治方法与林禽刺螨相同。

4. 鸡突变膝螨的防制

先将病鸡脚泡入温肥皂水中，使痂皮泡软，除去痂皮，涂上 20％硫黄软膏或 2％石炭酸软膏，每天 2 次，连用 3～5 天。也可将鸡脚浸泡在 0.1％敌百虫溶液或 0.2％三氯杀螨醇溶液中 4～5 分钟，一面用小刀刮去结痂，一面用小刷子刷脚，使药液渗入组织内以杀死虫体。间隔 2～3 周后，可再药浴 1 次。

第三章 鸡中毒病的类症鉴别诊断及防治

一、食盐中毒

【病因】饲料配合时食盐用量过大，或使用的鱼粉中有较高的盐量，配料时又添加食盐；限制饮水不当；或饲料中其他营养物质，如维生素 E、Ca、Mg 及含硫氨基酸缺乏而引起增加食盐中毒的敏感性。

【临床症状】病鸡的临床表现为燥渴而大量饮水和惊慌不安的尖叫。口鼻内有大量的黏液流出，嗉囊软肿，拉水样稀粪。运动失调，时而转圈，时而倒地，步态不稳，呼吸困难，虚脱，抽搐，痉挛，昏睡而死亡。

【病理变化】可见皮下组织水肿，食道、嗉囊、胃肠黏膜充血或出血，腺胃表面形成假膜；血黏稠、凝固不良；肝肿大，肾变硬，色淡。病程较长者，还可见肺水肿，腹腔和心包囊中有积水，心脏有针尖状出血点。

【实验室检查】测定病鸡内脏器官及饲料中的盐分含量。

【鉴别诊断】食盐中毒有过量摄取食盐史且鸡群燥渴而大量饮水。

1. 鸡食盐中毒与鸡肉毒梭菌毒素中毒的鉴别

［**相似点**］鸡食盐中毒与鸡肉毒梭菌毒素中毒均有两肢无力、麻痹，下痢，最后心竭死亡等临床症状；并有肠道充血、出血等剖检病变。

［**不同点**］鸡肉毒梭菌毒素中毒是鸡吃了含有肉毒梭菌毒素的腐烂尸体或蝇蛆而发病。病鸡无精神，打瞌睡，头颈、眼睑、翅也发生麻痹，重症者头颈平放于地不能抬起。剖检可见喉气管有少量灰黄色带泡沫的黏液。将嗉囊内容物制成悬液接种于鸡的左下眼睑皮下，48小时后左眼睑麻痹、半闭合，敲头时左眼睁不开，右眼闭合自如，18小时后死亡。

2. 鸡食盐中毒与鸡李氏杆菌病的鉴别

［**相似点**］鸡食盐中毒与鸡李氏杆菌病均有两腿软弱无力，卧地挣扎不起，下痢等临床症状；并有脑膜血管充血，心包积水，肝瘀血，肠黏膜出血等剖检病变。

［**不同点**］鸡李氏杆菌病的病原为李氏杆菌，具有传染性。病鸡冠髯发绀，皮肤暗紫，两翅下垂。剖检可见肝肿大、呈土黄色、有白色坏死灶、质脆易碎，心冠脂肪出血。脾肿大、呈黑红色，腹腔有血样液。血液或脾肝涂片、镜检可见排列"V"形、革兰氏阳性小杆菌。

【防制】

1. 预防措施

鸡味觉不发达，对食盐无鉴别能力，因此喂鸡时应格外留心。严格控制饲料中的食盐含量（尤其是对雏鸡），一方面严格检测饲料原料鱼粉或其副产品的盐分含量；另一方面配料时加的食盐要颗粒细，混合要均匀。平时要保证充足的新鲜洁净的饮用水。

2. 发病后措施

发现中毒后立即停喂原有饲料，换无盐或低盐分易消化饲料至康复；供给病鸡5%的葡萄糖或红糖水以利尿解毒，病情严重者另加 0.3%～0.5%醋酸钾溶液饮水，可逐只灌服。中毒早期服用植物油缓泻可减轻症状。

二、磺胺类药物中毒

【病因】鸡类对磺胺类药物较为敏感，剂量过大或疗程过长等可引起中毒，如 4 周龄以下的雏鸡较为敏感，采食含 0.25%～1.5%磺胺嘧啶的饲料 1 周或口服 0.5 克磺胺类药物后，即可呈现中毒表现。

【临床症状】急性中毒主要表现为兴奋不安、厌食、腹泻、痉挛、共济失调、肌肉颤抖、惊厥，呼吸加快，短时间内死亡。慢性中毒（多见于用药时间太长）表现为食欲减退，鸡冠苍白，羽毛松乱，渴欲增加；有的病鸡头面部呈局部性肿胀，皮肤呈蓝紫色；时而便秘，时而下痢，粪呈酱色，产蛋鸡产蛋量下降，有的产薄壳蛋、软壳蛋，蛋壳粗糙、色泽变淡。

【病理变化】以机体的主要器官均有不同程度的出血为特征，皮下、冠、眼睑有大小不等的斑状出血。胸肌是弥漫性斑点状或涂刷状出血，肌肉苍白或呈透明样淡黄色，大腿肌肉散在有鲜红色出血斑；血液稀薄，凝固不良；肝肿大，淤血，呈紫红色或黄褐色，表面可见少量出血斑点或针头大的坏死灶，坏死灶中央凹陷呈深红色，周围灰色；肾肿大，土黄色，表面有紫红色出血斑。输尿管变粗，充满白色尿酸盐；腺胃和肌胃交界处黏膜有陈旧的紫红色或条状出血，腺胃黏膜和肌胃角质膜下有出血点等。

【实验室检查】病鸡血样进行定性、定量分析（偶氮化偶合比色测定）。

【鉴别诊断】有使用磺胺类药物的历史。

1. 鸡磺胺类药物中毒与鸡包涵体肝炎的鉴别

[**相似点**] 鸡磺胺类药物中毒与鸡包涵体肝炎均有精神委顿，羽毛松乱，冠髯苍白，生长不良，肝、肌肉有出血斑点等临床症状和剖检病变。

[**不同点**] 鸡包涵体肝炎的病原为禽腺病毒Ⅰ型，病鸡多在

发病 3～5 天即成批死亡，持续 3～5 天即逐渐恢复正常，不发生腹泻。剖检可见肝色浅、质脆，肝细胞有大而圆、不规则形的嗜酸、嗜碱性核内包涵体。从细胞培养物中分离病原体，以荧光抗体检查可快速获得结果。

2. 鸡磺胺类药物中毒与鸡结核病的鉴别

［相似点］鸡磺胺类药物中毒与鸡结核病均有精神委顿，羽毛松乱，冠髯苍白，贫血，腹泻，增重缓慢，产蛋下降等临床症状。

［不同点］鸡结核病的病原为禽结核分枝杆菌。病鸡呆立不愿活动，进行性消瘦。剖检可见肺、脾、肝、肠系膜均有结节，切开内容物呈干酪样，涂片染色镜检可见结核分枝杆菌。

3. 鸡磺胺类药物中毒与鸡叶酸缺乏症的鉴别

［相似点］鸡磺胺类药物中毒与鸡叶酸缺乏症均有生长停滞，贫血，白细胞减少，成年鸡产蛋量下降，肠道出血等临床症状和剖检病变。

［不同点］鸡叶酸缺乏症的病因是日粮中叶酸缺乏。病鸡羽毛生长不良，色素缺乏，特征性伸颈、麻痹。死胚胎胫骨弯曲，肝、脾、肾缺血。

4. 鸡磺胺类药物中毒与鸡肿头综合征的鉴别

［相似点］鸡磺胺类药物中毒与鸡肿头综合征均有精神沉郁，头部肿大，产蛋下降等临床症状。

［不同点］肿头综合征病鸡病初喷嚏，眼结膜潮红，头部肿，后延及肉髯。肉用种鸡还出现摇头斜颈，运动失调，角弓反张，鸡头上仰呈观星状。剖检可见鼻甲骨出血，头部皮下呈黄色水肿和化脓。用病料接种鸡或火鸡，可复制出肿头症状和病理变化。

【防制】

1. 预防措施

严格按要求的剂量和时间使用磺胺类药物是预防本病的根本措施。无论是拌料还是饮水给药，一定要搅拌均匀。一般常用磺胺类药的混饲量为 0.1%～0.2%，3～5 天为 1 个疗程，一个疗程结束，应停药 3～5 天再开始下一个疗程。无论是治疗还是预防用药，时间过长都会造成蓄积中毒。

2. 中毒后的措施

应立即停药并供给充足的饮水；可在饮水中加入 0.5%～1% 的碳酸氢钠或 5% 葡萄糖。在饲料中加入 0.05% 的维生素 K，水溶性 B 族维生素的量应增加 1 倍，内服适量维生素 C 以对症治疗出血。如此处理 3～5 天后，大部分鸡可恢复正常。中毒严重的鸡可肌注维生素 B_{12} 1～2 微克或叶酸 50～100 微克。

三、喹乙醇中毒

【病因】盲目加大添加量，或用药量过大，或混饲拌料不均匀等发生中毒。

【临床症状】病鸡精神沉郁，食欲减退，饮水减少，鸡冠暗红色，体温降低，神经麻痹，脚软，甚至瘫痪。死前常有抽搐、尖叫、角弓反张等症状。

【病理变化】口腔有黏液，肌胃角质下层有出血点、血斑，十二指肠黏膜有弥漫性出血，腺胃及肠黏膜糜烂，冠状脂肪和心肌表面有散在的出血点；脾、肾肿大，质脆，肝肿大有出血斑点，血暗红、质脆，切面糜烂多汁；胆囊胀大，充满绿色胆汁。

【鉴别诊断】

1. 鸡喹乙醇中毒与鸡坏死性肠炎的鉴别

[相似点] 鸡喹乙醇中毒与鸡坏死性肠炎均有精神沉郁，食欲不振或废食，排黑色粪、间或含血等临床症状。

[不同点] 鸡坏死性肠炎的病原为魏氏梭菌。病鸡常不显症状而突然死亡。剖检尸体即有腐臭味，小肠肠腔扩大 2～3 倍，黏膜表面呈污黑色或污黑绿色，内容物有泡沫和液体、呈血样或黑绿色，黏膜有坏死灶。将肠黏膜刮取物或肝触片镜检，可见粗短、两端钝圆的革兰氏阳性大杆菌。

2. 鸡喹乙醇中毒与鸡肌胃糜烂症的鉴别

[相似点] 鸡喹乙醇中毒与鸡肌胃糜烂症均有厌食，排黑褐

色软粪，剖检可见腺胃增厚，肠有炎症等临床症状和病理变化。

[**不同点**] 鸡肌胃糜烂症是鱼粉超过日粮的 15％而发病，闭眼缩颈、蹲伏，倒提病鸡从口中流出黑色液体，喙趾褪色。剖检可见嗉囊扩张，充满黑色液体，腺胃乳头突起有黑色黏液，肌胃体积增大，胃壁变薄松软，内容物呈稀黑色，壁外观呈疣状或树皮样，后期皱襞先出现出血点，后扩为糜烂和溃疡，重时穿孔。

3. 鸡喹乙醇中毒与鸡脑脊髓炎的鉴别

[**相似点**] 鸡喹乙醇中毒与鸡脑脊髓炎均有精神沉郁，常蹲下，拍翅膀等临床症状。

[**不同点**] 鸡脑脊髓炎的病原为禽脑脊髓炎病毒。病鸡常以跗关节着地，驱赶时以跗关节走路并拍打翅膀，3 天后出现麻痹，头部震颤，部分存在鸡晶体浑浊、失明。剖检可见脑膜充血、出血，肌胃肌层有散在灰白区，中枢神经无变性、肿大，脑、胰组织用荧光抗体技术可见黄绿色荧光。

【防制】

1. 预防措施

喹乙醇作为添加剂，使用量为 25～35 毫克/千克饲料；用于治疗疾病的最大内服量，雏鸡每千克体重 30 毫克，成年鸡每千克体重 50 毫克，使用时间 3～4 天。

2. 发病后措施

一旦发现中毒，立即停药，硫酸钠水溶液饮水，然后再用 5％的葡萄糖溶液或 0.5％碳酸氢钠溶液，并按每只鸡加维生素 C 0.3～0.5 毫升饮水。

四、马杜霉素中毒

【**病因**】饲料混合不均匀；联合使用药物，如马杜霉素与红霉素、泰妙菌素以及磺胺二甲氧嘧啶、磺胺喹噁啉、磺胺氯哒嗪合用等；重复用药等。

【**临床症状**】病初精神不振，吃料减少，羽毛松乱，饮水量增加，排水样稀粪，蹲卧或站立，走路不稳，继之症状加重，鸡冠、肉髯等处发绀或紫黑色。精神高度沉郁或昏迷，脚软瘫痪，匍匐在地或侧卧，两腿向后直伸、排黄白色水样稀粪增多，中毒鸡明显失水消瘦、部分鸡死前发生全身性痉挛。

【病理变化】死鸡呈侧卧，两腿向后直伸，肌肉明显失水，肝脏暗红色或黑红色，无明显肿大，胆囊多充满黑绿色胆汁，心外膜有小出血斑点，腺胃黏膜充血、水肿，肠道水肿、出血，尤以十二指肠为重，肾肿大、瘀血，有的有尿酸盐沉积。

【实验室检查】检测饲料中马杜霉素的含量（超过 4.5～6 毫克/千克安全有效量）。

【防制】

1. 预防措施

马杜霉素和饲料混合时，采用粉料配药，逐级稀释法混合，使马杜霉素和饲料充分混匀；查明所用抗球虫药的主要成分，避免重复用药或与其他聚醚类药物同时使用，造成中毒；购买饲料时要查询饲料中是否加有马杜霉素；使用马杜霉素治疗球虫病时，严格按照说明书上的使用方法及用量来使用，不要随意加大使用剂量；在使用溶液剂饮水给药时，要注意热天鸡只的饮水量大，适当降低饮水中的药物浓度，以免造成摄入过量而引起中毒。

2. 发病后措施

立即停喂含马杜霉素的饲料，饮服水溶性多维电解质溶液（如苏威多维），并按 5% 浓度加入葡萄糖及 0.05% 维生素粉，对排除毒物、减轻症状、提高鸡的抗病力有一定的效果。用中药绿豆、甘草、金银花、车前草等煎水，供中毒家禽自由饮用。中毒严重的鸡只隔离饲养，在口服给药的同时，每只皮下注射含 50 毫克维生素 C 的 5% 葡萄糖生理盐水 5～10 毫升，每日 2 次。但中毒量大者仍不免死亡。

五、黄曲霉毒素中毒

黄曲霉毒素中毒是鸡的一种常见的中毒病，该病由发霉饲料中的霉菌产生的毒素引起。病的主要特征是危害肝脏，影响肝功能，肝脏变性、出血和坏死，腹水，脾肿大及消化障碍等，并有致癌作用。

【病因】黄曲霉菌是一种真菌，广泛存在于自然界，在温暖潮湿的环境中最易生长繁殖，其中有些毒株可产生毒力很强的黄曲霉毒素。当各种饲料成分（谷物、饼类等）或混合好的饲料污染这种霉菌后，便可引起发霉变质，并含有大量的黄曲霉毒素。家鸡食入这种饲料可引起中毒，其中以幼龄的鸡、鸭和火鸡，特别是 2～6 周龄的雏鸡最为敏感，饲料中只要含有微量毒素，即可引起中毒，且发病后较为严重。

【临床症状】2～6 周龄的雏鸡敏感，表现沉郁，嗜眠，食欲不振，消瘦，贫血，鸡冠苍白，虚弱，尖叫，拉淡绿色稀粪，有时带血，腿软不能站立，翅下垂。成鸡耐受性稍高，多为慢性中毒，症状与雏鸡相似，但病程较长，病情和缓，产蛋减少或开产推退，个别可发生肝癌，呈极度消瘦的恶病质而死亡。

【病理变化】急性中毒，剖检可见肝充血、肿大、出血及坏死，色淡呈灰白色，胆囊充盈。肾苍白肿大。胸部皮下、肌肉有时出血。慢性中毒时，常见肝硬变，体积缩小，颜色发黄，并有白色点状或结节状病灶。个别可见肝癌结节，伴有腹水。心肌色淡，心包积水。胃和嗉囊有溃疡，肠道充血、出血。

【实验室检查】检测饲料、死鸡肠内容物中的毒素或分离出饲料中的霉菌。病鸡有食入霉败变质饲料的发病史。

【鉴别诊断】

1. 鸡黄曲霉毒素中毒与鸡维生素 B_1 缺乏症的鉴别

[相似点] 鸡黄曲霉毒素中毒与鸡维生素 B_1 缺乏症均有精神沉郁，减食，羽毛松乱，消瘦，贫血，运动失调，两腿麻痹，角弓反张等临床症状。

[不同点] 鸡维生素 B_1 缺乏症的病因是日粮中维生素 B_1 缺乏。病鸡趾屈肌先麻痹而后向上延至腿、翅。骨骼肌收缩无力。剖检可见皮下广泛水肿，卵巢、胃、肠萎缩，心轻度萎缩，体温

降至 35.5℃。

2. 鸡黄曲霉毒素中毒与鸡弓形虫病的鉴别

[相似点] 鸡黄曲霉毒素中毒与鸡弓形虫病均有厌食，消瘦，鸡冠苍白、贫血，排稀粪，共济失调，角弓反张等临床症状；并均有肝肿大、有坏死灶，心包有积液等剖检病变。

[不同点] 鸡弓形虫病的病原为弓形虫。病鸡排白色稀粪，歪头失明，有的转圈，后期发生麻痹。脑眼型视交叉神经变脆和干燥、呈灰黄色、有坏死区，玻璃体被肉芽所替代。心包有圆形结节、腺胃壁增厚、有些有溃疡，小肠有结节。用腹腔液或组织涂片镜检可检出虫体。

3. 鸡黄曲霉毒素中毒与鸡肉毒梭菌毒素中毒的鉴别

[相似点] 鸡黄曲霉毒素中毒与鸡肉毒梭菌毒素中毒均有精神委顿，打瞌睡，羽毛松乱，翅膀下垂，懒动等临床症状；并均有可视肠黏膜充血、出血等剖检病变。

[不同点] 鸡肉毒梭菌毒素中毒的病因是鸡吃了肉毒梭菌毒素污染的饲料而发病。病鸡头颈、眼睑、翅发生麻痹，重症时头颈平放在地，粪中含有多量尿酸盐。剖检喉气管有少量灰色带泡沫的液体。用嗉囊内容物 5 克加生理盐水 10 毫升研制成悬液，于鸡左眼睑注射 0.2 毫升，48 小时后左眼麻痹、半闭合，敲头时左眼不睁、右眼闭合自如，18 小时后全部死亡。

4. 鸡黄曲霉毒素中毒与鸡呋喃类药物中毒的鉴别

[相似点] 鸡黄曲霉毒素中毒与鸡呋喃类药物中毒均有减食，饮欲增加，行走不稳，角弓反张而死亡等临床症状；并均有胆囊扩张，肠有炎症等剖检病变。

[不同点] 鸡呋喃类药物中毒是鸡吃了超量的呋喃类药物而发病。成年鸡头颈伸直或头颈反转做回旋运动，不断点头或颤动，或鸣叫做转圈运动。剖检可见口腔充满泡沫，有出血性肠炎，肠内容物呈黄色或混有药物。将内容物滴于滤纸上，加10％氢氧化钠 1 滴，有呋喃唑酮显红色，硝基呋喃妥因显橘子黄

色并逐渐变橙红色，呋喃丙胺也显红色、加热水解后使 pH 试纸变蓝。

【防制】平时搞好饲料保管，注意通风，防止发霉。不用霉变饲料喂鸡。为防止发霉，可用福尔马林对饲料进行熏蒸消毒。

目前对本病还无特效解毒药，发病后应立即停喂霉变饲料，更换新料，饮服 5％葡萄糖水。用 2％次氯酸钠对鸡舍内外进行彻底消毒。中毒死鸡要销毁或深埋，不能食用。鸡粪便中也含有毒素，应集中处理，防止污染饲料、饮水和环境。

六、棉籽饼中毒

棉籽饼内富含蛋白质，可作为鸡的蛋白质饲料，在鸡的饲料中搭配一定量的棉籽饼，既可以降低饲料成本，也有利于营养成分的平衡。但是，在棉籽饼中含有一种叫棉籽酚的有害物质，对组织细胞、血管、神经有毒害作用，甚至引起中毒。

【病因】用带壳的土榨棉籽饼配料。这种棉籽饼不仅含有大量的木质素和粗纤维，而且游离棉籽酚（游离态棉籽酚的毒性强，结合态棉籽酚的毒性弱）的含量很高，因此不能用于喂鸡。目前随着榨油工业向现代化发展，这种棉籽饼已越来越少；在配合饲料中棉籽饼的比例过大。棉籽饼中的游离棉籽酚与棉花品种、土壤、特别是榨油工艺有很大关系，常用的棉籽饼含游离棉籽酚万分之八左右，如果在鸡的饲料中配入 8％～10％以上，就容易引起中毒；如果棉籽饼发霉变质，其游离棉籽酚的含量就会增高，则增加中毒的危险；如果配合饲料中维生素 A、钙、铁及蛋白质不足，会促使中毒的发生。

【临床症状和病理变化】中毒病鸡食欲减退或废绝，排黑褐色稀便，并常混有黏液、血液和脱落的肠黏膜。羽毛松乱，翅膀下垂，行动不稳，身体急剧消瘦。有些病鸡出现抽搐等神经症状，呼吸困难，最后因衰竭而死亡。母鸡产蛋减少或停产，公鸡精液中精子减少，活力减弱，种蛋的受精率和孵化率降低。

剖检病死鸡可见胃肠炎症，心肌松软无力，心外膜出血。肝脏充血肿大，质硬色黄。肺充血水肿，腹腔、胸腔均积有渗出液。

【鉴别诊断】

1. 鸡棉籽饼中毒与鸡传染性贫血的鉴别

[相似点] 鸡棉籽饼中毒与鸡传染性贫血均有精神沉郁，减食，体重下降，行动迟缓，血红蛋白和红细胞减少，贫血等临床症状和病理变化。

[不同点] 鸡传染性贫血的病原为鸡传染性贫血病毒，具有传染性。病鸡喙、冠髯、头部及可视黏膜苍白。剖检可见肌肉、内脏器官褪色或呈淡黄色，骨髓萎缩。用肝制成悬液接种1日龄SPF雏鸡，出现典型症状和病理变化。

2. 鸡棉籽饼中毒与鸡叶酸缺乏症的鉴别

[相似点] 鸡棉籽饼中毒与鸡叶酸缺乏症均有生长迟滞，贫血，脚软无力，产蛋率下降等临床症状；并均有胃肠有炎症，肝充血等剖检病变。

[不同点] 鸡叶酸缺乏症的病因是日粮中叶酸缺乏。病雏羽毛生长不良，色素缺乏。伸颈、麻痹，骨粗短，死亡鸡胚腔骨弯曲，胃有小出血点。

3. 鸡棉籽饼中毒与鸡维生素 B_{12} 缺乏症的鉴别

[相似点] 鸡棉籽饼中毒与鸡维生素 B_{12} 缺乏症均有生长缓慢，减食、贫血、产蛋和孵化率下降等临床症状。

[不同点] 鸡维生素 B_{12} 缺乏症的病因是日粮中维生素 B_{12} 缺乏。病鸡骨粗短，种蛋孵化时第16～18天出现死亡高峰，死胚体形缩小，皮肤水肿，肌肉萎缩。

【防制】

1. 预防措施

去毒处理。饲料中每配入100千克棉籽饼，同时拌入1千克硫酸亚铁，这样在鸡的消化道内，棉籽酚与铁结合而失去毒性。棉籽饼的其他去毒方法还有蒸煮2小时、用2%～2.5%的硫酸亚铁溶液浸24小时等；限制喂量。雏鸡最好不超过2%～3%，成鸡不超过 5%～7%。

2. 中毒后措施

对病鸡应停喂含有棉籽饼或棉籽酚的饲料，多喂些青绿饲料，经 1～3 天可逐渐恢复。

七、菜籽饼中毒

菜籽饼内富含蛋白质，可作为鸡的蛋白质饲料，在鸡的饲料中搭配一定量的菜籽饼，既可以降低饲料成本，也有利于营养成分的平衡。但是，菜籽饼中含有多种毒素，如硫氰酸酯、异硫氰酸酯、噁唑烷硫酮等，这些毒素对鸡体有毒害作用。如果鸡摄入大量未处理过的菜籽饼，就可以引起中毒。

【病因】菜籽饼的毒素含量与油菜品种有很大关系，与榨油工艺也有一定的关系。普通菜籽饼在产蛋鸡饲料中占 8% 以上，即可引起毒性反应。当菜籽饼发热变质或饲料中缺碘时，会加重毒性反应。不同类型的鸡对菜籽饼的耐受能力有一定的差异，来航鸡各品系和各品种雏鸡的耐受能力较差。

【临床症状和病理变化】鸡的菜籽饼中毒是一个慢性过程，当饲料中含菜籽饼过多时，鸡的最初反应是厌食，采食缓慢，耗料量减少，粪便出现干硬、稀薄、带血等不同的异常变化，逐渐生长受阻，产蛋减少，蛋重减轻，软壳蛋增多，褐壳蛋带有一种鱼腥味。剖检病死鸡可见甲状腺（甲状腺位于胸腔入口气管两侧，呈椭圆形，暗红色）、胃肠黏膜充血或呈出血性炎症，肝脏沉积较多的脂肪并出血，肾肿大。

【鉴别诊断】

1. 鸡菜籽饼中毒与鸡传染性贫血的鉴别

[相似点] 鸡菜籽饼中毒与鸡传染性贫血均有精神沉郁，减食，体重下降，行动迟缓，贫血等临床症状和病理变化。

[不同点] 鸡传染性贫血的病原为鸡传染性贫血病毒，具有传染性。病鸡喙、冠髯、头部及可视黏膜苍白。剖检可见肌肉、

内脏器官褪色或呈淡黄色，骨髓萎缩。用肝制成悬液接种 1 日龄 SPF 雏鸡，出现典型症状和病理变化。

2. 鸡菜籽饼中毒与鸡叶酸缺乏症的鉴别

[**相似点**] 鸡菜籽饼中毒与鸡叶酸缺乏症均有生长迟滞，贫血，脚软无力，产蛋率下降等临床症状；并均有胃肠有炎症，肝充血等剖检病变。

[**不同点**] 鸡叶酸缺乏症的病因是日粮中叶酸缺乏。病雏羽毛生长不良，色素缺乏。伸颈、麻痹，骨粗短，死亡鸡胚腔骨弯曲，胃有小出血点。

3. 鸡菜籽饼中毒与鸡维生素 B_{12} 缺乏症的鉴别

[**相似点**] 鸡菜籽饼中毒与鸡维生素 B_{12} 缺乏症均有生长缓慢，减食，贫血，产蛋和孵化率下降等临床症状。

[**不同点**] 鸡维生素 B_{12} 缺乏症的病因是日粮中维生素 B_{12} 缺乏。病鸡骨粗短，种蛋孵化时第 16～18 天出现死亡高峰，死胚体型缩小，皮肤水肿，肌肉萎缩。

【防制】

1. 预防措施

对菜籽饼要采取限量、去毒的方法，合理利用。

2. 中毒后措施

对病鸡只要停喂含有菜籽饼的饲料，可逐渐康复，无特效治疗药物。

第四章 鸡营养代谢病的类症鉴别诊断及防治

一、鸡脂肪肝综合征（FIS）

该病是笼养产蛋鸡的一种营养代谢病。发病的特点是多出现在产蛋高的鸡群或产蛋期高峰，产蛋量明显下降，多数的鸡体况良好，有的突然死亡，其肝脏异常脂肪变性。

【病因】

① 能量摄入过多。长期饲喂过量饲料或高能量饲料会导致脂肪量增加，作为在能量代谢中起关键作用的肝脏不得不最大限度地发挥作用，肝脏脂肪来源大大增加，大量的脂肪酸在肝脏合成，但是，肝脏无力完全将脂肪酸通过血液运送到其他组织或在肝脏氧化而产生脂肪代谢平衡失调，从而导致脂肪肝综合征。

② 高产蛋量品系鸡、笼养和环境温度高等因素。高产蛋量品系鸡对脂肪肝综合征较为敏感，由于高产蛋量是与高雌激素活性相关的，而雌激素可刺激肝脏合成脂肪。笼养鸡的活动空间缺少，再加上采食量过高，又吃不到粪便而缺乏 B 族维生素，就可刺激脂肪肝综合征的发生。环境高温可使代谢强度过大，以至失去应有的平衡，所以，FIS 主要在温度高时发生。

③ 营养良好缺乏运动。如笼养鸡活动空间过小，不进行限

制饲养容易发生。

④ 饲料中真菌毒素（黄曲霉毒素、红青霉毒素等）以及菜籽制品中的芥子酸引起。

【发病特点】一是母鸡发病。发病和死亡的鸡都是母鸡，发生于高产的笼养母鸡。尤其是体况良好的鸡更易发病。二是肥胖鸡高发。大多过度肥胖的鸡群，发病率为50%左右，死亡率为发病数的6%以下。产蛋量明显下降，从高产蛋率的75%～85%突然下降到35%～55%。

【临床症状】病鸡一般无明显的症状，只是产蛋量明显下降，甚至停产。往往突然暴发，病鸡喜卧，腹大而软绵下垂，鸡冠肉髯褪色乃至苍白，严重的嗜眠、瘫痪，体温41.5～42.8℃，进而鸡冠、肉髯及脚变冷，可在数小时内死亡，一般从发病到死亡为1～2天。

【病理变化】病死鸡的皮下、腹腔及肠系膜均有多量的脂肪沉积。肝脏肿大，边缘钝圆，呈黄色油腻状，表面有出血点和白色坏死灶，质地极脆，易破碎如泥样，用刀切时，在刀的表面下有脂肪滴附着。有的鸡由于肝破裂而发生内出血，肝脏周围有大小不等的血凝块，有的鸡心肌变性呈黄白色。有些鸡的肾略变黄，脾、心、肠道有程度不同的小出血点。

【鉴别诊断】

1. 鸡脂肪肝综合征与鸡脂肪肝和肾综合征的鉴别

[相似点] 鸡脂肪肝综合征与鸡脂肪肝和肾综合征均由于日粮中糖类过多而发病，均有嗜眠瘫痪症状和肝肿大、沉积脂肪等病变。

[不同点] 鸡脂肪肝和肾综合征3～4周龄的肉仔鸡发病率最高，麻痹由胸向颈蔓延，发育不良，喙周围发生皮炎，足趾干裂。剖检可见肝肿大、苍白，肝小叶有出血点，肾肿大、呈多种颜色，心肌苍白，心肌脂肪组织呈粉红色，肾近曲小管和肝中存在大量脂质。

2. 鸡脂肪肝综合征与鸡腹水综合征的鉴别

[相似点] 鸡脂肪肝综合征与鸡腹水综合征均由于日粮中能

量过高而发病，均有腹大而柔软下垂、喜卧等临床症状。

[**不同点**] 鸡腹水综合征的病因除日粮能量多、含脂肪和蛋白多外，缺氧、寒冷也为致病因素，以 3～5 周龄多发。病鸡腹部膨大，皮肤变薄发亮，穿刺腹部即流出液体，冠髯紫红，皮肤发绀。剖检可见皮下明显瘀血，腹腔积有大量纤维素或絮片的淡红或灰黄液（15 日龄雏鸡可达 400 毫升），肝肿大、呈紫红色或萎缩，表面凹凸不平，胸肌、骨骼肌充血。

【防制】

1. 预防措施

① 降低日粮中的代谢能或限制采食。在对每只鸡每天营养物质绝对需要量标准化的前提下实行能量限制，避免摄入过多的能量。一般根据正常采食量限饲 8％～10％。产蛋高峰期限饲量要小，高峰过后限饲量可大些。添加 5％的苜蓿粉和 20％的麸皮有助于预防本病；保持日粮中蛋氨酸、胆碱和维生素 E 等嗜脂因子的正常含量，以促进中性脂在肝中合成磷脂，避免中性脂肪在肝中沉积。

② 控制损害肝脏的疾病发生。避免鸡霍乱、黄曲霉毒素中毒等病的发生，防止引起肝脏的脂肪变性。

2. 发病后措施

对严重的病鸡无治疗价值，及时挑出淘汰。主要是对病情轻的和可能发病的鸡群采取措施。每吨饲料中加入氯化胆碱 1000 克、蛋氨酸 500 克、维生素 E 5500 单位和维生素 C 500 克，使用 3 周，病情能够控制。

二、痛风

鸡痛风是一种蛋白质代谢障碍引起的高尿酸血症，其病理特征为血液尿酸水平增高，尿酸盐在关节囊、关节软骨、内脏、肾小管及输尿管中沉积。临诊表现为运动迟缓，腿、翅关节肿胀，厌食、衰弱和腹泻。

【病因】

1. 大量饲喂富含核蛋白和嘌呤碱的蛋白质饲料（动物内脏、肉屑、鱼粉、大豆、豌豆等）

由于鸡体内蛋白质代谢产生氨的排泄与哺乳动物不同，不能在肝脏将其合成尿素，而只能在肝脏和肾脏内合成尿酸由尿排出，形成白色粪便；核蛋白水解后的核酸也能合成尿酸，当蛋白质在饲料里的比例过大时，生成尿酸就增多，当其超过了肾脏排泄的最大阈值时，就以尿酸盐的形式在体内沉积，形成痛风。

2. 饲料含钙或镁过高

如用蛋鸡料喂肉鸡或产蛋期饲料喂育成鸡，可以引起痛风。

3. 维生素 A 缺乏

日粮中长期缺乏维生素 A，发生痛风性肾炎，病鸡呈现明显的痛风症状。若是种鸡，所产的蛋孵化出的雏鸡往往易患痛风，在 20 日龄时即提前出现病症，而一般是在 110～120 日龄发病。

4. 肾功能不全

凡是能引起肾功能不全（肾炎、肾病等）的因素皆可使尿酸排泄障碍，导致痛风。如磺胺类药物中毒，引起肾损害和结晶的沉淀；慢性铅中毒、石炭酸、升汞、草酸、霉玉米等中毒，引起肾病；家鸡患肾病变型传染性支气管炎、传染性法氏囊病、鸡包涵体肝炎和鸡产蛋下降综合征-76（EDS-76）等传染病；患雏鸡白痢、球虫病、盲肠肝炎等寄生虫病；以及患淋巴性白血病、单核细胞增多症和长期消化紊乱等疾病过程，都可能继发或并发痛风。

5. 饲养环境差

饲养在潮湿和阴暗的畜舍、密集的管理、运动不足、日粮中维生素缺乏和衰老等因素皆可能成为促进本病发生的诱因。

【临床症状】

1. 一般表现

本病多呈慢性经过，早期发现的病鸡，食欲不振，饮水量增加，精神沉郁，不喜运动，脱毛，排白色石灰样稀粪，有的混有绿色或黑色粪，并污染肛门周围的羽毛。以后鸡冠、肉髯苍白，贫血，有时呈紫蓝色。鸡只消瘦，嗉囊常充满糊状内容物，停食，衰竭而死。少数病鸡口流淡褐色或暗红色黏液。个别病鸡关节肿胀，运动障碍，腿发干且褪色。若严重时出现跛行，进而不能站立、腿和翅关节增大、变形。

2. 内脏型痛风

比较多见，但临诊上通常不易被发现。主要呈现营养障碍、腹泻和血液中尿酸水平增高。此特征颇似家鸡单核细胞增多症。死后剖检的主要病理变化，在胸膜、腹膜、肺、心包、肝、脾、肾、肠及肠系膜的表面散布许多石灰样的白色皮屑状或絮状物质。此为尿酸钠结晶。有些病例还并发有关节型痛风。

3. 关节型痛风

多在趾前关节、趾关节发病，也可侵害腕前、腕及肘关节。关节肿胀，起初软而痛，界限多不明显，以后肿胀部逐渐变硬，微痛，形成不能移动或稍能移动的结节，结节有豌豆大或蚕豆大小。病程稍久，结节软化或破裂，排出灰黄色干酪样物，局部形成出血性溃疡。病鸡往往呈蹲坐或独肢站立姿势，行动迟缓，跛行。剖检时切开肿胀关节，可流出浓厚、白色黏稠的液体，滑液含有大量由尿酸、尿酸铵、尿酸钙形成的结晶，沉着物常常形成一种所谓的"痛风石"。

【实验室检查】采病鸡血液检测尿酸的量，以及采取肿胀关节的内容物进行化学检查，呈紫尿酸铵阳性反应，显微镜观察见到细针状和禾束状尿酸钠结晶或放射形尿酸钠结晶，即可进一步确诊。

【鉴别诊断】

1. 鸡痛风与鸡病毒性关节炎的鉴别

[相似点] 鸡痛风与鸡病毒性关节炎均有食欲减退、消瘦、贫血、关节肿胀、跛行等临床症状。

[不同点] 鸡病毒性关节炎是病毒性传染病，其病原为呼肠

孤病毒，具有传染性。病鸡喜坐于关节上，驱赶时勉强走动，重时单脚跳。剖检可见关节腔呈淡红色，滑膜囊充血、出血，关节腔有黄色或血色干酪样渗出物。酶联免疫吸附试验双抗体夹心法有较高的特异性和敏感性。

2. 鸡痛风与鸡滑液支原体感染的鉴别

[相似点] 鸡痛风与鸡滑液支原体感染均有关节肿胀，跛行，冠苍白，贫血，消瘦，粪中有大量尿酸和尿酸盐等临床症状。

[不同点] 鸡滑液支原体感染是传染病，其病原为滑液支原体，具有传染性。病鸡关节热肿、疼痛，呼吸型还有喷嚏、咳嗽，流鼻液。剖检可见腱鞘、滑膜、骨关节发炎、有渗出干酪样物，关节软骨糜烂。严重时头顶、颈上方出现干酪样物，肝脾巨大。用 0.02 毫升的血清与等量抗原在玻璃板上混合，将玻璃板轻微转动观察凝集反应。

3. 鸡痛风与鸡钙磷缺乏和比例失调症的鉴别

[相似点] 鸡痛风与鸡钙磷缺乏和比例失调症均有关节肿大、跛行，生长缓慢，有的拉稀等临床症状。

[不同点] 鸡钙磷缺乏和比例失调症的病因是日粮中钙磷含量不足或比例失调。病鸡走路僵硬，雏鸡喙爪弯曲，肋骨末端有串珠状小结节，产薄壳蛋、软壳蛋。后期胸骨呈"S"状弯曲。剖检可见骨体变薄，易折断。

4. 鸡痛风与鸡弓形虫病的鉴别

[相似点] 鸡痛风与鸡弓形虫病均有厌食，消瘦贫血，冠苍白，排白色稀粪，步态不稳等临床症状。

[不同点] 鸡弓形虫病的病原为弓形虫。病鸡震颤，痉挛性收缩，角弓反张，歪头转圈。剖检可见心室轻度扩张，心包有红色液体，外有圆形结节，腺胃壁增厚有溃疡。小肠有结节且明显增厚，肝肿大、有凝固性坏死。用腹腔液涂片可见虫体。

5. 鸡痛风与鸡葡萄球菌病（关节炎型）的鉴别

[相似点] 鸡痛风与鸡葡萄球菌病（关节炎型）均有关节肿

胀，跛行，消瘦，不愿走动等临床症状。

[**不同点**] 鸡葡萄球菌病是细菌性传染病，病原为葡萄球菌，具有传染性。多发生在趾跖、呈紫红色或紫黑色，有的破溃并结黑痂或趾瘤。有的趾发生坏死，呈紫黑色干涩。用关节液涂片镜检，可见多量的葡萄球菌。

【防制】

1. 预防措施

（1）饲料中蛋白质和钙含量适宜　生产中由于育成鸡过早饲喂蛋鸡饲料，日粮中钙磷比例失调、缺乏等发生痛风。高钙饲料可严重损害肾脏而影响尿酸的排泄，也可导致痛风。所以要根据不同品种和周龄的鸡群提供蛋白质和钙含量适宜的饲料。

（2）加强饲料管理，防止饲料霉变　要把好饲料质量关，不使用劣质原料，对饲料的加工、运输、储存、饲喂等过程，保证不受污染、妥善保管，防止霉变。避免过量饲喂动物性蛋白饲料，如动物内脏、肉屑、鱼粉等。另外，大豆粉、豌豆、菠菜、莴苣、开花甘蓝、蘑菇等植物也可引起发病。多喂新鲜青绿饲料，多给新鲜饮水，供给富含维生素或胡萝卜素的饲料。

（3）科学用药　为预防鸡群发病，滥用药物，如长期使用磺胺类药物拌料，使肾功能受损，尿酸盐排泄受阻，就会引发痛风。在鸡群发病时应按量、按疗程科学投药。另外，饲料中添加药物用于预防疾病，也应严格控制剂量和使用时间。因为多数药物是通过肾脏排出体外的，某种药物即使对肾脏无害，若长期使用治疗量也可能影响肾脏的功能。投服磺胺类药物时，控制用药周期，避免剂量过大，多给饮水以防中毒引起的结晶尿及肾组织损伤。

（4）科学饲养管理　防止饲养密度过大，供给清洁充足的饮水，合理光照，保持舍内外良好的卫生环境。鸡舍要保持清洁，定期消毒，严格免疫程序，增强机体的抵抗力，防止疾病的发生。

2. 发病后的措施

鸡群发生痛风后，首先要降低饲料中的蛋白质含量，适当给予青绿饲料。并立即投以肾肿解毒药，按说明书进行饮水投服，连用3～5天，严重者可增加1个疗程。然后可以使用如下药物治疗。

① 大黄苏打片拌料，每千克体重1.5片，每天2次，连用3天，重病鸡可逐只直接投服或口服补盐液饮水。双氢克尿噻拌料，每只鸡每次10～20毫克，1～2次/天，连用3天。

② 草药煎水饮服。连翘20克、金银花15克、猪苓20克、泽泻15克、车前15克、甘草5克，此为40～80只鸡的用量，煎水2000毫升，作饮水用，每日1剂，连用3～5天。

③ 中西医结合疗法。饲料中添加鱼肝油，每100千克饲料加250毫升鱼肝油，连喂6天；中药用车前草、金钱草、金银花、甘草煎水，加入1.5%的红糖，让鸡饮用，连用3天。

三、笼养蛋鸡产蛋疲劳症

笼养蛋鸡产蛋疲劳症是笼养母鸡特有的营养代谢病，主要是因矿物质缺乏或代谢障碍所引起的。

【病因】笼养蛋鸡，特别是高产蛋鸡，由于形成蛋壳需要消耗大量的钙，如果不能在饲料中及时增加钙，或钙、磷不平衡，或缺乏维生素D，便会消耗骨骼中的钙，导致体内矿物质代谢紊乱而发生本病。另外，笼养鸡活动量小、鸡舍潮湿、舍温过高等，也是发生本病的诱因。

【临床症状和病理变化】病初无明显异常，精神、食欲尚好，产蛋量也基本正常，但病鸡两腿发软，不能自主，关节不灵活，软壳蛋和薄壳蛋的数量增加。随着病情的发展，病鸡表现精神萎靡，嗜睡，行动困难，常常侧卧。日久体重减轻，产蛋减少，腿骨变脆，易于折断。病情严重时可导致瘫痪和停产。剖检可见肋骨和胸廓变形，椎肋与胸肋交接处呈串珠状，第4～5椎骨可能骨折，腿骨薄而脆，有时也有肾肿胀、肠炎等病变。

【鉴别诊断】

1. 笼养蛋鸡产蛋疲劳症与鸡锰缺乏症的鉴别

[相似点] 笼养蛋鸡产蛋疲劳症与鸡锰缺乏症均有产蛋减少，

行动困难、常以跗关节伏下等临床症状。

[不同点] 鸡锰缺乏症的病因是日粮中锰缺乏。病鸡骨粗短，腓肠肌腱脱出骨槽，胚胎体躯短小，腿粗短，头呈圆球样，喙短、弯如鹦鹉嘴。

2. 笼养蛋鸡产蛋疲劳症与鸡蛋白质缺乏症的鉴别

[相似点] 笼养蛋鸡产蛋疲劳症与鸡蛋白质缺乏症均有产蛋减少、行动迟缓、体重减轻等临床症状。

[不同点] 蛋白质缺乏症病鸡剖检后，一般除可见冠髯苍白、贫血，严重者胸骨变形外，其他内脏器官病变不明显。

3. 笼养蛋鸡产蛋疲劳症与鸡减蛋综合征的鉴别

[相似点] 笼养蛋鸡产蛋疲劳症与鸡减蛋综合征均有产蛋减少、行动迟缓、体重减轻等临床症状。

[不同点] 鸡减蛋综合征为病毒性传染病，其病原为腺病毒，具有传染性。病鸡群在产蛋率下降的同时，可见大量薄壳蛋、软壳蛋、无壳蛋、畸形蛋等，剖检可见卵巢、输卵管萎缩，卵壳腺表层上皮细胞产生核内包涵体。血凝试验（HI）和酶联免疫吸附试验（ELISA）、免疫斑点试验（IB）可以检定。

4. 笼养蛋鸡产蛋疲劳症与其他鸡减蛋性传染病的鉴别

[相似点] 笼养蛋鸡产蛋疲劳症与其他鸡减蛋性传染病均表现为精神不振，产蛋减少，与笼养蛋鸡产蛋疲劳症相似。

[不同点] 致病因素不同，笼养蛋鸡产蛋疲劳症由营养因素和环境条件所引起，而鸡减蛋性传染病则由病原微生物引发，具有传染性，实验室检查可检出相应病原。

【防制】

1. 预防措施

笼养蛋鸡的饲粮中钙、磷含量要稍高于平养鸡，钙不低于 $3.2\% \sim 3.5\%$，有效磷保持 $0.4\% \sim 0.42\%$（最好在正常含钙日粮外，下午让鸡自由采食贝壳碎粒或石灰石碎粒），维生素 D 要特别充足，其他矿物质、维生素也要充分满足鸡的需要。每千克饲料含维生素 D₃ 2500 单位。饲料被黄曲霉污染，会发生鸡的继发性缺钙，也会促进疲劳症的发生。

2. 发病后措施

如果出现有病鸡，大群应立即在饲料中添加维生素 D₃ 和骨粉。对病情严重的鸡可从笼中取出，地面平养，并喂以调整好的饲料，待健康状况基本恢复后再放回笼中饲养。

四、维生素 A 缺乏症

本病是由于日粮中维生素 A 供应不足或消化吸收障碍引起的以黏膜、皮肤上皮角化变质，生长停滞，干眼病和夜盲症为主要特征的营养代谢性疾病。

【病因】主要由于日粮中缺乏维生素 A 或胡萝卜素（维生素 A 原）；饲料调制加工不当；日粮中蛋白质和脂肪不足；发生球虫病、肝病使其不能利用及储藏维生素 A 或需要量增加等因素引起缺乏。

【临床症状】1 周龄的鸡发病，则与母鸡缺乏维生素 A 有关；成年鸡通常在 2～5 个月内出现症状。

雏鸡主要表现精神委顿，衰弱，运动失调，羽毛松乱，生长缓慢，消瘦。喙和小腿部皮肤的黄色消退。流泪，眼睑内有干酪样物质积聚，常将上下眼睑粘在一起，角膜浑浊不透明，严重的角膜软化或穿孔，失明，口黏膜有白色小结节或覆盖一层白色的豆腐渣样的薄膜，剥离后黏膜完整并无出血溃疡现象。有些病鸡受到外界刺激即可引起阵发性的神经症状。

成年鸡发病呈慢性经过，主要表现为食欲不佳，羽毛松乱，消瘦，冠白有皱褶，趾爪蜷缩，两肢无力，步态不稳，往往用尾支地。母鸡产蛋量和孵化率降低，公鸡性机能降低，精液品质退化。鸡群的呼吸道和消化道黏膜的抵抗力降低，易感染传染病等多种疾病，使死亡率增高。

【病理变化】眼、口、咽、消化道、呼吸道和泌尿生殖器官等上皮的角质化，肾及睾丸上皮的退行性变化。病鸡口腔、咽喉黏膜上散布有白色小结节或覆盖一层白色的豆腐渣样的薄膜，剥离后黏膜完整并无出血溃疡现象，此点可与鸡白喉区别。呼吸道黏膜被一层鳞状角化上皮代替，鼻腔内充满水样分泌物，液体流入副鼻窦后，导致一侧或两侧颜面肿胀，泪管阻塞或眼球受压，视神经损伤。严重病例角膜穿孔，肾呈灰白色，肾小管和输尿管充塞着白色尿酸盐沉积物，心包、肝和脾表面也有尿酸盐沉积。

【鉴别诊断】

1. 鸡维生素 A 缺乏症与鸡痘（白喉型）的鉴别

［相似点］鸡维生素 A 缺乏症与鸡痘（白喉型）均有精神萎靡、消瘦，口腔有灰白色结节且覆有白色假膜，揭去假膜有溃疡等临床症状。

［不同点］鸡痘有传染性，其病原为痘病毒。病鸡吞咽、呼吸均困难，并发出嘎嘎声，病料接种 9～12 日龄鸡胚、绒毛尿囊膜上，4～5 天后可见有痘斑病灶。

2. 鸡维生素 A 缺乏症与鸡痛风的鉴别

［相似点］鸡维生素 A 缺乏症与鸡痛风均有消瘦，冠苍白，步态不稳，产蛋率低等临床症状；并均有肝、脾、心包表面有尿酸盐等剖检病变。

［不同点］鸡痛风的病因是日粮中蛋白质太多而造成尿酸血症。病鸡不由自主排白色半黏液状稀粪，血中尿酸水平增高达 10～16 毫克/升（正常为 1.5～3.0 毫克/升）。关节肿胀、蹲坐或独肢站立，行动迟缓，跛行，剖检可见脑膜、腹膜、肺、心包、肝、脾、肾、肠系膜有一层半透明薄膜或白色结晶，关节也有结晶。

3. 鸡维生素 A 缺乏症与鸡脑脊髓炎的鉴别

［相似点］鸡维生素 A 缺乏症与鸡脑脊髓炎均有精神委顿，羽毛松乱，生长缓慢，运动失调，走路不稳等临床症状。

［不同点］鸡脑脊髓炎的病原为禽脑脊髓炎病毒。病鸡部分晶体浑浊，眼球增大。驱赶时以跗关节走路并拍打翅膀。剖检可

见脑膜充血、出血，肌胃、肌层有散在灰白区。用荧光抗体阳性鸡可见黄绿色荧光。

【防制】

1. 预防措施

平时要注意保存好饲料及维生素添加剂，防止发热、发霉和氧化，以保证维生素 A 不被破坏；根据鸡的生长与产卵不同阶段的营养要求特点，调节维生素、蛋白质和能量水平，保证其生理和生产需要。

2. 发病后治疗

病鸡每 100 千克饲料添加多维素 50 克；也可投服鱼肝油，每只每天喂 1～2 毫升，雏鸡则酌情减少。对发病的大群鸡，可在每千克饲料中拌入 2000～5000 单位的维生素 A。在短期内给予大剂量的维生素 A，对急性病例疗效迅速而安全，但慢性病例不可能完全康复。由于维生素 A 不易从机体内迅速排出，注意防止长期过量使用引起中毒。

五、维生素 D 和钙、磷缺乏症

维生素 D 是家禽正常骨骼和蛋壳形成中所必需的物质。缺乏时使家禽的钙、磷吸收和代谢障碍，发生以骨骼、喙和蛋壳形成受阻（佝偻病、软骨病）为特征的维生素 D 缺乏症。

【病因】维生素 D 和钙、磷缺乏症主要见于笼养鸡和雏鸡，致病因素主要有以下几个方面：一是笼养鸡得不到日光浴，鸡体内不能自身合成维生素 D_3；二是饲料中维生素 D 添加剂的添加量不足或其质量低劣；三是胃肠及肝、胰脏疾病，使维生素 D、钙、磷的吸收不良；四是饲料中添加过多的硫酸锰，影响维生素 D 的利用；五是种鸡缺乏维生素 D，造成雏鸡先天性缺乏症；六是日粮中钙、磷添加量不足或钙、磷不当，影响钙、磷的正常代谢。

【临床症状和病理变化】病雏表现为生长缓慢，羽毛蓬松，两腿无力，步态不稳，以关节着地，腿骨变脆易折断，喙和趾变软易变曲。肋骨也失去正常的硬度，在椎肋与胸肋结合处向内弯曲。椎肋与椎骨结合处肋骨的内侧有界限明显的球状突起，呈串珠状，一些肋骨在这一区域甚至发生自发性折裂。腰椎部脊椎向下凹陷。成鸡表现为产薄壳蛋、软壳蛋，产蛋率下降，精液品质恶化，孵化率降低。

【鉴别诊断】

1. 维生素 D 和钙、磷缺乏症与鸡锰缺乏症的鉴别

［**相似点**］维生素 D 和钙、磷缺乏症与鸡锰缺乏症均有生长迟缓，行走吃力、常以跗关节伏下等临床症状。

［**不同点**］鸡锰缺乏症的病因是日粮中锰缺乏。病鸡骨粗短，腓肠肌腱脱出骨槽，胚胎体躯短小，腿粗短，头呈圆球样，喙短、弯如鹦鹉嘴。

2. 鸡维生素 D 缺乏症与鸡钙磷缺乏和比例失调症的鉴别

［**相似点**］鸡维生素 D 缺乏症与鸡钙磷缺乏和比例失调症均有雏鸡喙、爪较软，行走吃力，成年鸡产蛋、孵化率降低，产软壳蛋、薄壳蛋等临床症状；并均有骨易折断，肋骨呈串珠状，胸骨弯曲等剖检病变。

［**不同点**］鸡钙磷缺乏和比例失调症的病因是日粮中钙磷缺乏和比例失调。雏鸡跗关节肿大，关节面软骨肿胀和缺损或纤维素样物附着。

【防制】舍内饲养，缺乏阳光照射，饲料中要保证充足的维生素 D 和钙、磷的供应。根据需要在饲料中添加维生素 AD_3 粉进行预防；病鸡喂服 1～2 滴鱼肝油或维生素 D_3 1500 国际单位。

六、维生素 E 和硒缺乏症

维生素 E 缺乏能引起小鸡脑软化症、渗出性素质和肌肉萎缩症；公鸡睾丸退化，性欲不强，精液品质下降。母鸡种蛋受精率降低，死胚蛋增多。

【病因】引起维生素 E、硒缺乏症的因素大致有以下几个方面：一是饲料中维生素 E 添加剂、硒的添加量不足；二是添加剂储存不当或时间过长，使维生素 E 遭到破坏；三是饲料发生腐败，不饱和脂肪酸含量增多，从而增加了维生素 E 的需要量；四是地方性缺硒或饲料玉米来源于缺硒地区；五是鸡患球虫病或其他慢性肠道疾病，使维生素 E 的吸收利用率降低。

【临床症状和病理变化】

1. 脑软化症

病雏头向下挛缩或向一侧扭转，也有的向后仰，步态不稳，时而向前或向侧面冲去，两腿阵发性痉挛抽搐，不完全麻痹。由于很少采食，最后衰弱死亡。剖检病死鸡，可见小脑肿胀、柔软，脑膜水肿，小脑表面常有散在出血点，并有一种黄绿色浑浊的坏死区。这些病变也经常波及大脑和其他脑部。

2. 渗出性素质

常因维生素 E 和硒同时缺乏而引起，发病日龄一般比脑软化症稍晚。其特征是毛细血管的通透性改变，血液成分外渗。病雏精神不振，两腿向外叉开，胸部、腹部、头颈部、翅内侧、大腿内侧皮下水肿，腹部膨大，外观呈绿色，有的翅部皮肤出现溃烂。剖检可见皮下水肿，有大量淡黄绿色黏性液体。肌肉表面常有出血斑点，腹腔内积有黄绿色腹水，心包液增多。

【鉴别诊断】

1. 维生素 E、硒缺乏症与鸡脑脊髓炎的鉴别

[相似点] 维生素 E、硒缺乏症与鸡脑脊髓炎均有精神沉郁，共济失调，行走不便，不能站立，成年鸡产蛋率、孵化率下降等临床症状；并均有脑膜充血、出血等剖检病变。

[不同点] 鸡脑脊髓炎的病原为脑脊髓炎病毒（AEV），具有传染性，暴发时，雏鸡出壳后即陆续发病，3 天后出现麻痹，头颈部震颤，部分存活鸡一侧或两侧晶体浑浊或浅蓝色失明。剖检可见肌胃、肌层有散在灰白区，中枢神经元变性胶质细胞增生

和血管套现象。在荧光抗体技术（FA）阳性鸡的组织中可见黄绿色荧光。

2. 维生素 E、硒缺乏症与鸡葡萄球菌病的鉴别

[相似点] 维生素 E、硒缺乏症与鸡葡萄球菌病均有关节肿大、跛行，仍有食欲，不喜站立等临床症状。

[不同点] 鸡葡萄球菌病的病原为葡萄球菌。病鸡趾跖关节多呈紫红色或紫黑色，有破溃结痂。剖检可见关节炎有纤维素性渗出物，后变为干酪样坏死。用关节液、渗出物涂片镜检可见葡萄球菌。

3. 维生素 E、硒缺乏症与鸡维生素 B_6 缺乏症的鉴别

[相似点] 维生素 E、硒缺乏症与鸡维生素 B_6 缺乏症均有向前乱闯，神经紊乱，成年鸡产蛋率、孵化率下降等临床症状。

[不同点] 鸡维生素 B_6 缺乏症的病因是日粮中维生素 B_6 缺乏。多因饲料过分暴晒遭紫外线照射而致维生素 B_6 损失。病雏双脚颤动，跑时翅膀扑击，倒向一侧或翻仰在地，头脚急剧摆动至衰竭而死。剖检可见皮下水肿，内脏肿胀，脊髓外周神经变性。

4. 维生素 E、硒缺乏症与肉鸡腹水综合征的鉴别

[相似点] 维生素 E、硒缺乏症与肉鸡腹水综合征均有精神沉郁，生长停滞，喜躺卧，起立困难，腹部肿大，运步艰难等临床症状；并均有皮下瘀血，心扩张，心包积液等剖检病变。

[不同点] 肉鸡腹水综合征的病因是缺氧，寒冷，喂高脂高能高蛋白的饲料。病鸡的典型症状是腹部膨大，腹部皮肤变薄、变亮，针刺腹壁流出黄色或淡红色液，冠髯紫红。剖检可见腹腔有大量液体，并有纤维素或絮状物，肝肿大、呈紫红色、表面有灰白色或淡黄色胶冻样物。

【防制】

1. 预防措施

注意日粮配合，日粮中应补充富含维生素 E 的饲料及维生素 E、硒添加剂。

2. 发病后措施

① 雏鸡脑软化症。每只每日一次口服维生素 E 5 国际单位（维生素 E 醛酯 5 毫克），病性较轻的 1～2 天即明显见效，可连服 3～4 天。

② 雏鸡渗出性素质及白肌病。每千克饲料加维生素 E 20 国际单位、亚硒酸钠 0.2 毫克（0.1% 的针剂 0.2 毫升）、蛋氨酸 2～3 克，连用 2 周。

③ 成年鸡缺乏维生素 E、硒时，可在每千克饲粮中添加维生素 E 150～200 毫克、亚硒酸钠 0.5～1.0 毫克或大麦芽 30～50 克，连用 2～4 周，并酌情饲喂青绿饲料。

④ 植物油中富含维生素 E 并有利于维生素 E 的吸收，在饲料中混合 0.5% 的植物油，可得到较好的治疗效果。

七、维生素 B_1（硫胺素）缺乏症

【病因】虽然大部分饲料中均含有一定量的维生素 B_1（硫胺素），但它是一种水溶性维生素，在饲料加工过程中容易损失，而且对热极不稳定，在碱性环境中易分解失效。肉骨粉和鱼粉中的维生素 B_1 在加工过程中绝大部分已丢失。鸡肠道最后段的微生物能合成一部分，但量很少，也不利于吸收。饲料和饮水中加入的某些抗球虫药物如安普洛里等，干扰鸡体内维生素 B_1 的代谢。此外，新鲜鱼虾及软体动物内脏中含有较多的硫胺素酶，能破坏维生素 B_1，如果生喂这些饲料，易造成维生素 B_1 缺乏症。

【临床症状及病理变化】幼雏多在 2～3 周龄时发生，厌食，病雏消瘦，羽毛松乱，无光泽，体温降低，腿软无力，有的下痢。继而由于多发性神经炎，腿、翅、颈的伸肌痉挛，病鸡以关节和尾部着地，仿佛坐于地面，头向后仰，呈特征性的"观星"姿势，有时倒地侧卧，头仍向后仰，严重时衰竭死亡。成年鸡发病较慢，除精神、食欲失常外，还表现鸡冠呈蓝紫色，步态不稳，进行性瘫痪。

剖检病死鸡，可见皮肤广泛水肿，胃肠有炎症，十二指肠溃疡；心脏右侧常扩张，心房较心室明显。肾上腺肥大（母鸡明显）。生殖器官萎缩，以公鸡的睾丸较明显。

【鉴别诊断】

1. 鸡维生素 B_1 缺乏症与鸡李氏杆菌病的鉴别

［相似点］鸡维生素 B_1 缺乏症与鸡李氏杆菌病均有羽毛松乱，食欲不振，两肢无力，行动不稳，仰头，两翅下垂，有的乱闯等临床症状。

［不同点］鸡李氏杆菌病的病原为李氏杆菌，具有传染性。病鸡离群呆立，下痢，冠髯发绀，皮肤暗紫，腿部阵发抽搐。剖检可见脑膜明显充血，心肌有坏死，心包积液，肝肿大、呈土黄色、有紫血斑和白色坏死。脾肿大、呈紫黑色，腺胃、肌胃黏膜脱落。血检可见排列"V"形的革兰氏阳性小杆菌。

2. 鸡维生素 B_1 缺乏症与鸡脑脊髓炎的鉴别

［相似点］鸡维生素 B_1 缺乏症与鸡脑脊髓炎均有羽毛松乱，共济失调，步态不稳，翅腿麻痹等临床症状。

［不同点］鸡脑脊髓炎的病原为脑脊髓炎病毒，具有传染性。病鸡表现迟钝，走几步即蹲下，常以跗关节着地，驱赶走路时用跗关节着地和拍打翅膀；部分晶体浑浊或眼球增大失明。剖检可见脑膜充血、出血，肌胃肌层有散在灰白区。用荧光抗体阳性鸡检查可见黄绿色荧光。

3. 鸡维生素 B_1 缺乏症与鸡维生素 B_2 缺乏症的鉴别

［相似点］鸡维生素 B_1 缺乏症与鸡维生素 B_2 缺乏症均有行走困难，趾腿麻痹不能行走，生长不良，消瘦等临床症状。

［不同点］鸡维生素 B_2 缺乏症的病因是日粮中维生素 B_2 缺乏。雏鸡 $1 \sim 2$ 周龄腹泻，食欲良好，足趾向内弯曲，以跗关节着地，张开翅膀以保持平衡。随后两腿瘫痪，皮肤干而粗糙。成年鸡瘫痪。孵化率下降，胎胚结节状绒毛、颈部弯曲，躯体短小，关节水肿，贫血。

4. 鸡维生素 B_1 缺乏症与鸡维生素 B_6 缺乏症的鉴别

[相似点] 鸡维生素 B_1 缺乏症与鸡维生素 B_6 缺乏症均有食欲减退，生长不良，贫血，抽搐，头偏向一侧奔跑等临床症状；并均有皮下水肿等剖检病变。

[不同点] 鸡维生素 B_6 缺乏症的病因是日粮中维生素 B_6 缺乏。病鸡双脚神经性颤动，惊厥时奔跑，翅膀扑击，翻仰时头腿急剧摆动至衰竭而死。剖检可见内脏稍肿，脊髓外周神经变性。

5. 鸡维生素 B_1 缺乏症与鸡弓形虫病的鉴别

[相似点] 鸡维生素 B_1 缺乏症与鸡弓形虫病均有食减，消瘦，贫血，运动失调，抽搐，角弓反张等临床症状。

[不同点] 鸡弓形虫病的病原为弓形虫。病鸡歪头失明，转圈，排白色稀粪。剖检可见心包有淡红色液体，心膜有圆形结节，小肠有结节、增厚。肝肿大、有坏死灶，脾有坏死灶。取腹腔液或组织涂片镜检可见虫体。

6. 鸡维生素 B_1 缺乏症与鸡呋喃类药物中毒的鉴别

[相似点] 鸡维生素 B_1 缺乏症与鸡呋喃类药物中毒均有运动失调，抽搐，强直疼挛，角弓反张等临床症状。

[不同点] 鸡呋喃类药物中毒的病因是服用呋喃类药物过量。病雏兴奋鸣叫，头颈反转做圆圈运动。成年鸡点头颤动，鸣叫做转圈运动。剖检可见口腔充满泡沫，嗉囊扩张，有轻度出血性胃肠炎，肠内充满黄色内容物。

7. 鸡维生素 B_1 缺乏症与鸡黄曲霉毒素中毒的鉴别

[相似点] 鸡维生素 B_1 缺乏症与鸡黄曲霉毒素中毒均有精神沉郁，减食，羽毛松乱，消瘦，贫血，运动失调，两脚麻痹，角弓反张等临床症状。

[不同点] 鸡黄曲霉毒素中毒的病因是鸡吃了黄曲霉污染的饲料而发病。病鸡排血便，冠髯苍白，成年鸡产蛋率和孵化率均下降。剖检可见肝肿大，呈橘黄色或土黄色，弥漫性出血和坏死，时间长可出现肝细胞瘤或胆管癌。用紫外线照射可见到亮黄

绿色荧光（G 族毒素）或蓝紫色荧光（B 族毒素）。

【防制】

1. 预防措施

注意日粮中谷物等富含维生素 B_1 饲料的搭配，适量添加维生素 B_1 添加剂；妥善储存饲料，防止由于霉变、加热和遇碱性物质而致使维生素 B_1 遭受破坏。

2. 发病后措施

对病鸡可用硫胺素治疗，每千克饲料 10～20 毫克，连用 1～2 周；重病鸡可肌内注射硫胺素，雏鸡每次 1 毫克，成年鸡 5 毫克，每日 1～2 次，连续数日。同时饲料中适当提高糠麸的比例和维生素 B_1 添加剂的含量。除少数严重病鸡外，大多经治疗可以康复。

八、维生素 B_2（核黄素）缺乏症

【病因】 雏鸡对维生素 B_2（核黄素）的需要量较多，而自身肠道内微生物的合成量很少，若饲料单一，如给初生雏单独喂小米、碎大米或玉米面等，很容易造成雏鸡对维生素 B_2 的缺乏。此外，维生素 B_2 在光照和碱性条件下易被分解，若配合饲料保存时间过长，就会造成维生素 B_2 的损失。

【临床症状和病理变化】 雏鸡维生素 B_2 缺乏症，一般发生在 2 周龄至 1 月龄之间。病鸡生长缓慢，衰弱、消瘦，羽毛粗乱，绒毛很少，有的腹泻。具有特征性的症状是脚趾向内弯曲，中趾尤为明显，两腿不能站立，以跗关节着地，当勉强以跗关节移动时，常展翅以维持身体平衡。食欲正常，但行走困难吃不到食物，最后衰弱死亡或被其他鸡踩死。成年鸡缺乏维生素 B_2 时，产蛋量减少，种蛋孵化率低，胚胎出现"侏儒"水肿等异常现象，死胎数增加。剖检病死雏或重病雏可见坐骨神经和臂神经肿大变软，胃肠壁很薄，肠内有多量泡沫状内容物，肝脏较大而柔软，含脂肪较多。

【鉴别诊断】

1. 鸡维生素 B_2 缺乏症与鸡脑脊髓炎的鉴别

[相似点] 鸡维生素 B_2 缺乏症与鸡脑脊髓炎均有不愿走路，常以跗关节着地，趾关节弯曲，腿麻痹，生长受阻，消瘦等临床症状。

[不同点] 鸡脑脊髓炎的病原为禽脑脊髓炎病毒，具有传染性。病鸡头颈部震颤，驱赶时以跗关节走路和拍翅膀。一侧或两侧晶体浑浊，眼球增大，失明。剖检可见脑膜充血、出血，肌胃肌层有散在灰白区。用荧光抗体技术（FA），阳性鸡的组织中可见黄绿色荧光。

2. 鸡维生素 B_2 缺乏症与鸡维生素 B_1 缺乏症的鉴别

[相似点] 鸡维生素 B_2 缺乏症与鸡维生素 B_1 缺乏症均有行走困难，趾腿麻痹，生长不良，消瘦等临床症状。

[不同点] 鸡维生素 B_1 缺乏症的病因是日粮中维生素 B_1 缺乏。病鸡食欲减退，贫血，趾屈肌麻痹，而后向腿肢延伸，角弓反张如观星状。

3. 鸡维生素 B_2 缺乏症与鸡锰缺乏症的鉴别

[相似点] 鸡维生素 B_2 缺乏症与鸡锰缺乏症均有生长缓慢，不能行走，以跗关节着地，产蛋率下降，胚胎、体躯短小等临床症状。

[不同点] 鸡锰缺乏症的病因是日粮中锰缺乏。病鸡胫骨下端、跖骨上端弯曲扭转，腓肠肌腱脱出骨槽，胚胎翅短，腿粗短，头呈圆球形，喙短、弯曲似鹦鹉嘴。

【防制】

1. 预防措施

雏鸡开食最好采用配合饲料，若采用小米、玉米面等单一饲料开食，只能饲喂 1~2 天，3 日龄后开始喂配合饲料；在日粮中应注意添加青绿饲料、麸皮、干酵母等含维生素 B_2 丰富的成分，也可直接添加维生素 B_2 添加剂。配合饲料应避免含有太多的碱性物质和强光照射。

2. 发病后的治疗

对病鸡可用核黄素治疗，每千克饲料加 20～30 毫克，连喂 1～2 周。成年鸡经治疗 1 周后，产蛋率回升，种蛋孵化率恢复正常。但"蜷爪"症状很难治愈，因为坐骨神经的损伤已不可能恢复。

九、泛酸（维生素 B_3）缺乏症

【病因】日粮配方单一，以玉米等缺乏泛酸的饲料为主要日粮，没有添加泛酸；泛酸受热或在酸、碱环境中易被破坏；维生素 B_{12} 的缺乏将会导致泛酸的需要量增加。现代养鸡场常缺乏维生素 B_3。

【临床症状和病理变化】泛酸又名遍多酸，即维生素 B_3，泛酸缺乏的特征是羽毛蓬松及羽毛生长不良，患鸡消瘦，口角上出现痂皮样损害，眼睑周围有渗出物附着，上下眼睑常被黏性渗出物黏合而影响视力。鸡冠、脚趾间与脚底部外层皮肤有时发生脱皮，出现裂纹或裂口。种母鸡饲喂含泛酸量低的日粮时，孵化胚死亡数增高，大多数胚死亡在孵化期的最后 2～3 天。鸡胚皮下出血和严重水肿。

病死鸡剖检可见口腔内有脓样物质，胃内有灰白色的渗出物。肝肥大且色泽污秽。脾轻度萎缩。肾肿大。

【鉴别诊断】

泛酸（维生素 B_3）缺乏症与皮肤型鸡痘的鉴别诊断

［相似点］泛酸（维生素 B_3）缺乏症与皮肤型鸡痘均有体表出现突起物。

［不同点］皮肤型鸡痘是由鸡痘病毒引起的一种传染性疾病。鸡冠、肉髯、眼睑和喙角，亦可出现于泄殖腔的周围、翼下、腹部及腿等处，产生一种灰白色的小结节，渐次成为带红色的小丘疹，很快增大如绿豆大的痘疹，呈黄色或灰黄色，凹凸不平，呈干硬结节，有时和邻近的痘疹互相融合，形成干燥、粗糙呈棕褐

色的大的疣状结节，突出皮肤表面，特别是在痂皮可以存留 3～4 周之久，以后逐渐脱落，留下一个平滑的灰白色疤痕。泛酸（维生素 B_3）缺乏症在口角外、鼻孔周围、头部、背部、肛门周围、腿部、脚皮肤有突出于皮肤表面的黑褐色的疣状物，大小如高粱粒大乃至大豆粒、芸豆大小，个别形成片状。用镊子剥离掉出血。

【防制】饲喂青绿饲料、酵母、肝粉、脱脂乳或维生素添加剂均有防治作用。维生素 B_{12} 与泛酸关系密切，当维生素 B_{12} 不足时，雏鸡对泛酸的需要量就增加，故要注意补充维生素 B_{12}。每千克饲料加入泛酸钙 20～30 毫克，连用 2 周，治疗效果显著。

第五章 鸡其他疾病的类症鉴别及防治

一、雏鸡脱水

雏鸡脱水是指雏鸡出壳后，在第 1 次得到饮水之前，身体处于比较严重的缺水状态，它直接影响雏鸡的生长发育和成活率。

【病因】种蛋保存期间失水过多；孵化湿度过小，使孵蛋失水过多；雏鸡出壳后未能及时得到饮水；在雏鸡运输过程中运雏箱内密度过大，温度过高，造成雏鸡大量失水。

【临床症状】脱水幼雏表现为身体瘦弱，体重减轻，绒毛腿爪干枯无光泽，眼凹陷，缺乏活力。一般来说，雏鸡因脱水直接渴死的较少，多数在得到饮水后可逐渐恢复正常。但若失水严重，雏鸡则持续衰弱，抗病力差，死亡率增加。

【鉴别诊断】

1. 雏鸡脱水与营养性胚胎病的鉴别

[相似点] 雏鸡脱水和鸡营养性胚胎病，如胚胎维生素 A 缺乏症、维生素 B_2 缺乏症、维生素 B_{12} 缺乏症、维生素 D 缺乏症等均有出壳后身体瘦弱，体重减轻，绒毛与腿爪干枯无光泽，缺乏活力等临床症状。

[不同点] 剖检后，维生素 A 缺乏症可见肾脏肿胀并有结晶

盐类；维生素 B_2 缺乏症可见贫血，肾脏变性，轻度短指，关节明显变形，颈部弯曲；维生素 B_{12} 缺乏症可见肝脏脂肪变性、出血，腿肌萎缩，心脏扩张、变形、出血；维生素 D 缺乏症见足肢短，肝脏脂肪浸润等病理变化。

2. 雏鸡脱水与雏鸡白痢的鉴别

[**相似点**] 雏鸡脱水与雏鸡白痢均有雏鸡身体瘦弱，体重减轻，缺乏活力等临床症状。

[**不同点**] 雏鸡白痢的病原为鸡白痢沙门菌。病死雏剖检可见肝肿大充血，胆囊扩张，充满多量胆汁；脾肿大充血。肾充血发紫或贫血变淡，肾小管因充满尿酸盐而扩张，使肾脏呈花斑状。盲肠内有白色干酪样物，直肠末端有白色尿酸盐。脱水幼雏缺乏这些病理变化，多数得到饮水后可逐渐恢复正常。

3. 雏鸡脱水与雏鸡传染性脑脊髓炎的鉴别

[**相似点**] 雏鸡脱水与雏鸡传染性脑脊髓炎均有雏鸡身体瘦弱，体重减轻，缺乏活力等临床症状。

[**不同点**] 雏鸡脑脊髓炎的病原为鸡脑脊髓炎病毒（AEV），雏鸡出壳数天即陆续发病，常以跗关节着地，头颈部震颤，眼晶体浑浊，失明，脑血管充血、出血。中枢神经元变性、肿大，树突和轴突消失。用荧光抗体试验（FA），阳性鸡的组织中可见黄绿色荧光。脱水幼雏表现绒毛腿爪干枯无光泽，眼凹陷。多数得到饮水后可逐渐恢复正常。

【防制】

1. 加强孵化期的管理

种蛋保存期要短，一般不应超过 7～10 天。种蛋存放时间过久，使胚盘活力减弱，孵化率降低，失水也比较多，影响雏鸡体质。种蛋保存的相对湿度以 75%～80% 为宜；孵化器内的相对湿度应保持 55%～60%，出雏器内保持 70% 左右，不宜过于干燥；为了使雏鸡出壳的时间比较整齐，在 24 小时之内基本出完，不仅要求种蛋新鲜，大小比较均匀，而且孵化器内各部位的温差要求不超过 0.5℃。如果限于条件，做不到这一点，出壳时间持续较久，对于出壳的雏鸡应在出壳后 12～24 小时给予饮水，但开食应由饲养场、户运回后进行。

2. 加强运输过程中的管理

在运雏过程中，要尽量缩短运输时间，并防止运雏箱内雏鸡拥挤和温度过高。若雏鸡出壳已超过 24 小时，运到育雏舍后应抓紧开始饮水，并一直供水不断。如有失水比较严重的雏鸡，应挑出加强护理。

二、中暑

中暑是日射病和热射病的总称。鸡在烈日下暴晒，使头部血管扩张而引起脑及脑膜急性充血，导致中枢神经系统机能障碍称为日射病。鸡在闷热环境中因机体散热困难而造成体内过热，引起中枢神经系统、循环系统和呼吸系统机能障碍称为热射病，又称热衰竭。本病多见于酷暑炎热季节，特别是大规模密集型笼养鸡容易发生。

【病因】由于禽类皮肤缺乏汗腺，体表覆盖厚厚的羽毛，主要靠蒸发进行散热，散热途径单一。因此，当家禽在烈日下暴晒，或在高温高湿环境中长时间闷热、拥挤、通风不良并得不到足够的饮水，或装在密闭、拥挤的车辆内长途运输时，鸡体散热困难，产热不能及时散失，引起本病发生。

【临床症状和病理变化】本病常突然发生，急性经过。日射病患鸡表现体温升高，烦躁不安，然后精神迟钝，足胫麻痹，体躯、颈部肌肉痉挛，常在几分钟内死亡。剖检可见脑膜充血、出血，大脑充血、水肿及出血。热射病患鸡除可见体温升高外，还表现呼吸困难、加快，张口喘气，翅膀张开下垂，很快眩晕，步态不稳或不能站多，大量饮水，虚脱，易引起惊厥而死亡。剖检可见尸僵缓慢，血液凝固不良，全身瘀血，心外膜、脑部出血。

【鉴别诊断】无菌操作取病死鸡肝、脾组织和心血触片，涂片并染色镜检，未发现致病菌，用普通琼脂、普通肉汤培养，未见细菌生长。

【防制】

1. 预防措施

（1）遮阳　夏季应在鸡舍及运动场上，搭置凉棚，供鸡只活动或栖息，避免鸡特别是雏鸡长时间受到烈日暴晒，高温潮湿时更应注意。

（2）防暑降温　舍内饲养特别是笼养，加强夏季防暑降温，避免舍内温度过高。做好遮阳、通风工作，必要时进行强制通风，安装湿帘通风系统；降低饲养密度；保证供足饮水等。

2. 发病后措施

发现本病后应立即采取抢救措施。发生日射病时迅速将鸡只转移到无日光处，但禁止冷浴；热射病时使鸡只很快处于阴凉的环境中，以利于降温散热，同时给予清凉饮水，也可将鸡只放入凉水中稍做冷浴。

三、肉鸡腹水综合征（AS）

肉鸡腹水综合征是危害快速生长幼龄肉鸡的以浆液性液体过多地聚积在腹腔，右心扩张肥大，肺部淤血水肿和肝脏病变为特征的非传染性疾病。该病与猝死综合征及生长障碍综合征已是世界性的肉鸡饲养业的三种最严重的新病，由于死亡或降低屠宰率造成很大的经济损失。

【病因】任何使机体缺氧，引起需氧量增加的因素均可引起肺动脉高压，进而引发腹水症。另外，引起心、肝、肺等实质性器官损害的一些因子也可诱发肉鸡腹水症。

1. 遗传因素

遗传选育只注重肉鸡生长性能的提高，忽视了心肺功能的改善。由于快速生长的肉鸡对能量和氧的需求量大，且可自发地发生肺动脉高血压，较大的红细胞在肺毛细血管内不能畅流，影响肺部灌注，导致肺动脉高血压及右心衰竭。

2. 环境因素

包括海拔、温度、通风、舍内空气新鲜程度等。高海拔地区，空气稀薄，氧分压低，容易导致慢性缺氧；肉鸡饲养过程中需要较高的温度，在冬天气候寒冷，为保温而关闭门窗，使通风量减少，舍内有毒气体增多和尘埃积聚，使氧浓度降低或使用加温装置使舍内一氧化碳含量过高，造成机体相对缺氧。肉鸡机体组织生长过速，但心脏能力增强缓慢，二者不平衡而加剧缺氧程度，在不良环境下的长期慢性缺氧而导致腹水。

3. 饲料因素

肉鸡生产中需要高能量高蛋白的日粮，高能高蛋白日粮虽然能增加鸡的采食量，但由于消耗过多的能量，需氧量增多而导致相对缺氧；喂颗粒饲料的肉鸡采食量大，生长快，饲料消化率高，但需氧量也增多；连同喂高蛋白或高油脂等饲料造成营养缺乏，都可引起腹水症。

4. 管理因素

在肉鸡生产中，过大的饲养密度，代谢产热过多，垫料粪污未能及时清除，陌生人入舍参观及异常声响对肉鸡的应激等均可导致小环境条件发生缺氧变化而引起腹水症。

5. 疾病因素

肉鸡肺脏小，但却连接着很多气囊，并充斥于身体各部，甚至进入骨腔；通过呼吸道进入肺和气囊的病原体可进入体腔、肌肉、骨骼；肉鸡没有横膈膜，排泄生殖共用一腔，因此，抗病力弱，许多引起心、肺、肝、肾的原发性病变，从而继发腹水。

6. 其他因素

某些药物的连续或过量使用，霉菌中毒，饲料中盐分过高，缺乏磷、硒和维生素 E，饮水中含钠较多以及消毒剂中毒都可诱发腹水。

【发病特点】

1. 发病日龄

肉鸡腹水综合征多发生于快速生长期的肉鸡，尤其是快大型品种。发病公鸡多于母鸡，占 70％以上；一般发病日龄在 3 周左右，死亡高峰在 5～7 周龄。最早见于出壳后的 3 日龄仔鸡，以 3～5 周龄多发。发病与肉鸡快速生长有密切关系。

2. 环境诱因

高海拔地区、冬春寒冷季节、恶劣饲养环境下发病率较高。饲养密度过大，通风不良，卫生条件差，鸡舍内一氧化碳、二氧化碳、氨气浓度过大，氧相对不足等均可导致鸡只发病。

3. 死亡率

死亡高峰多见于 4～7 周龄肉鸡。死亡率各地不同，有的死亡率 1％～13％，也有死亡率高达 42％，甚至 65％的。

【临床症状】发病鸡喜躺卧、精神沉郁；行动缓慢、步态似企鹅状；羽毛粗乱，无光泽，两翅下垂；食欲下降，体重减轻；呼吸困难，伸颈张口呼吸，皮肤黏膜发绀，头冠青紫；腹部膨大下垂，皮肤发亮变薄，手触之有波动感；腹腔穿刺有淡黄色液体流出，有时混有少量血液；穿刺后部分鸡症状减轻，但少部分可因为虚脱而加快死亡。

【病理变化】全身明显淤血。最典型的剖检变化是腹腔积有大量的清亮、稻草色样或淡红色液体，液体中可混有纤维素块或絮状物，腹水量为 200～500 毫升不等，量多少可能与病的程度和日龄有关。积液中除纤维素外，有少量细胞成分，主要是淋巴细胞、红细胞和巨噬细胞。

肺呈弥漫性充血，水肿，副支气管充血，平滑肌肥大和毛细支气管萎缩。心脏肿大，右心扩张、柔软，心壁变薄，心肌弛缓，心包积液，病鸡心脏比正常鸡大，病鸡与正常鸡心脏重量可能相近，心与体重的比例与正常鸡比较可增加 40％。肝充血、肿大，紫红色或微紫红色，表面附有灰白色或淡黄色胶冻样物。有的病例可见肝脏萎缩变硬，表面凹凸不平。胆囊充满胆汁。肾充血、肿大，有尿酸盐沉着。肠充血。胸肌和骨骼肌充血。脾脏通常较小。

【鉴别诊断】

1. 肉鸡腹水综合征与鸡葡萄球菌病（败血型）的鉴别

［**相似点**］肉鸡腹水综合征与鸡葡萄球菌病（败血型）均有羽毛粗乱，皮肤发紫，翅下垂，不愿动等临床症状；剖检均可见皮下瘀血，肝肿大、微呈紫红色，心包有积水。

［**不同点**］鸡葡萄球菌病是细菌性传染病，其病原为葡萄球菌，具有传染性。病鸡精神沉郁，缩颈闭眼，排灰白色或黄绿色稀粪，大腿内侧皮下水肿、呈紫色或褐紫色，局部羽毛一捋即掉，破溃后流紫红色或茶色液体。多发于中鸡，2～3天死亡。胸骨处肌肉有出血斑或出血条纹，肝脾有白色坏死灶，腹腔脂肪、肌胃浆膜可见紫红色水肿或充血，肝脾涂片镜检可见多量葡萄球菌。

肉鸡腹水综合征行动缓慢、腹部膨大下垂、步态似企鹅状，伸颈张口呼吸，皮肤黏膜发绀，头冠青紫。

2. 肉鸡腹水综合征与鸡维生素 E-硒缺乏症（渗出性素质）的鉴别

［**相似点**］肉鸡腹水综合征与鸡维生素 E-硒缺乏症（渗出性素质）均有精神沉郁，生长停滞，喜躺卧，站立困难，腹部水肿，运步艰难等临床症状；剖检均可见皮下瘀血，心扩张，心包积液。

［**不同点**］鸡维生素 E-硒缺乏症的病因是维生素 E、硒缺乏。病鸡腹部主要是皮下水肿、出现蓝绿色，穿刺后流蓝绿色液，冠髯苍白，排水样稀粪。剖检可见水肿处有黄绿色胶样渗出物或纤维蛋白凝结物。

3. 肉鸡腹水综合征与鸡脂肪肝综合征的鉴别

［**相似点**］肉鸡腹水综合征与鸡脂肪肝综合征的发病均与高能量日粮有关；均有腹大、软绵下垂，喜卧等临床症状。

［**不同点**］鸡脂肪肝综合征的病因是饲料能量过多导致过度肥胖。病鸡腹部膨大，穿刺后无液体流出。冠褪色或苍白，多发

于成年鸡。剖检腹腔有大量脂肪积存。

4. 肉鸡腹水综合征与鸡大肠杆菌病的鉴别

[相似点] 肉鸡腹水综合征与鸡大肠杆菌病均有减食，羽毛粗乱，腹部膨大下垂（卵黄性腹膜炎）等临床症状；剖检均可见腹水混有纤维素，心包积液。

[不同点] 鸡大肠杆菌病是细菌性传染病，其病原为大肠杆菌，具有传染性。病鸡减食或废食，口渴，剧烈腹泻、粪呈黄白色且混有血液（急性败血型）。发生于笼养蛋鸡，肛门附有蛋黄蛋白样物，排泄物中有黏液性蛋白状物（卵黄性腹膜炎）。剖检可见纤维性心包炎、纤维性肝周炎、纤维性腹膜炎（急性败血型）。腹腔有大量卵黄，有腥臭，卵巢中卵泡变形、变色，广泛性腹膜炎，脏器互相粘连（卵黄性腹膜炎）。通过病原分离培养和生化试验镜检可确定大肠杆菌。

5. 肉鸡腹水综合征与鸡绿脓杆菌病的鉴别

[相似点] 肉鸡腹水综合征与鸡绿脓杆菌病均有减食，精神不振，腹部膨大、手压柔软，行走艰难，病后期呼吸困难等临床症状。

[不同点] 鸡绿脓杆菌病是细菌性传染病，其病原为绿脓杆菌，具有传染性。病鸡下痢呈黄白色水样，有时带血。跗跖关节肿胀，跛行，严重时不能站立。剖检可见颈部、脐部皮下呈黄绿色胶样浸润，肌肉有出血点和出血斑。肝肿大，呈土黄色、有淡黄色坏死灶。心冠脂肪出血和胶样浸润。心内、外膜有出血斑点。腺胃黏膜脱落，肌胃角质膜有出血斑。用肉汤培养液腹腔接种雏鸡 24 小时死亡，培养基菌落呈蓝绿色。

6. 肉鸡腹水综合征与鸡伤寒的鉴别诊断

[相似点] 肉鸡腹水综合征与鸡伤寒均有羽毛松乱，翅下垂，腹部膨大，如企鹅站立或走动（卵泡破裂引起腹膜炎）等临床症状。

[不同点] 鸡伤寒是细菌性传染病，其病原为沙门杆菌，具

有传染性。病鸡冠苍白、皱缩，体温高（43～44℃），排黄绿色稀粪，肛周粪污。剖检可见肝肿大，呈棕绿色或古铜色，肝、心、肌胃有灰白色坏死灶，用病料培养鉴定沙门菌。

【防制】

1. 预防措施

（1）选育优良品种　选种时，在考虑快速生长的同时，还应该改善肉鸡心、肺、肝等内脏器官的功能，坚持淘汰有腹水倾向的种鸡，选出最适合的肉鸡品种。

（2）改善环境　改造鸡舍，设计出最合适的禽舍，改善饲养环境。鸡舍建造时要设计天窗、排气孔等，要妥善解决保温与通风换气的矛盾，维持最适的鸡舍温度，定时加强通风，减少有害气体和尘埃的蓄积，保持鸡舍内空气新鲜；控制饲养密度，合理光照；谢绝参观，减少不必要的应激；同时，应保持鸡舍内的清洁卫生，每天及时清除粪便，做好消毒工作；防止饮水器漏水使垫料潮湿而产生氨气。

（3）科学配制日粮　适当降低能量（前期 11.50 兆焦/千克，后期 11.92 兆焦/千克）和蛋白质水平。脂肪添加＜2%，饲料中含盐＜0.5%，防止磷、硒和维生素 E 的缺乏，每吨饲料添加 500 克维生素 C 抗应激，适当添加 $NaHCO_3$ 代替 NaCl 作为钠源，日粮中添加 125 毫克/千克脲酶抑制剂减少氨的产生。

（4）合理限饲　根据肉鸡的生长特点，在 1～20 日龄用粉料代替颗粒料，20 日龄以后用颗粒料，既不太影响增重又能减少发生腹水症的概率。

（5）间歇光照　夜间采用间歇光照，利于鸡只充分利用和消化饲料，提高饲料利用率，缓解心肺负担，减少腹水症的发病率。

（6）药物预防

① 15～35 日龄在鸡的饲料中加入 0.25% 去腹散或 11～38 日龄在饮水中加入 0.15% 运饮灵有良好的预防作用。

② 在饲料中添加如山梨醇、脲酶抑制剂、阿司匹林、氯化

胆碱和除臭灵等可以减少腹水症的发生及死亡。同时，为防止支原体病、大肠杆菌病、葡萄球菌病、传染性支气管炎等诱发腹水症，可在饲料中添加适当的药物进行预防。

2. 发病后措施

一旦发病，可适当采取治疗。治疗时，挑出病鸡，以无菌操作用针管抽出腹腔积液，然后腹腔注入 1‰ 速尿注射液 0.3 毫升，隔离饲养；针对有葡萄球菌和大肠杆菌引发的腹水症，可采用氟哌酸、氯霉素、硫酸新霉素、卡那霉素等抗菌性药物治疗其原发病症。同时，全群鸡在饮水中加 0.05% 维生素 C 或饲料中加利尿剂。中兽医学认为腹水症为虚症，按辨证施治理论，主要以健脾利水、理气补虚为主进行治疗，如中药茯苓、泽泻等对其有效。

四、肉鸡猝死综合征（SDS）

肉鸡猝死综合征以肌肉丰满，外观健康的肉鸡突然死亡为特征。死亡率在 0.5%～5%，最高可达 15%，已成为肉鸡生产中的一种常见疾病。

【病因】 多数学者认为是一种代谢病。影响因素涉及营养、环境、遗传、酸碱平衡、个体发育等诸多因素。离子载体抗球虫剂及球虫抑制剂等也可成为 SDS 的诱因。

【临床症状】 本病一年四季均可发生，公鸡的发生率高于母鸡（约为母鸡的 3 倍），有两个发病高峰，以 3 周龄前后和 8 周龄前后多发。有的鸡群死亡率在 3 周龄时达到高峰，有的死亡率在整个生长期内不断发生。体重过大的鸡多发。

发病前鸡群无任何明显征兆，患鸡突然死亡，特征是失去平衡，翅膀剧烈扇动，肌肉痉挛，发出狂叫或尖叫，继而死亡。从丧失平衡到死亡，时间很短。死鸡多表现背部着地躺着，两脚朝天，颈部伸直，少数鸡死时呈腹卧姿势，大多数死于喂饲时间。

【病理变化】 鸡冠、肉髯和泄殖腔内充血，肌肉组织苍白，嗉囊、肌胃和肠道充盈。肺弥漫性充血，呈暗红色并肿大，右肺比左肺明显，也有部分鸡肺呈略带黑色的轻度变化。死于早期的鸡有明显的右心房扩张，以后死的鸡心脏均大于正常鸡的几倍。心包液增多，偶尔见纤维素凝固；肝轻度肿大、质脆，色苍白；腹肌湿润苍白，肾浅灰色或苍白色。十二指肠显著膨胀、内容物之白似奶油状，为卡他性肠炎。

【鉴别诊断】

1. 肉鸡猝死综合征与急性鸡新城疫的鉴别

［**相似点**］肉鸡猝死综合征与急性鸡新城疫均有突然发病、痉挛等临床症状。

［**不同点**］鸡新城疫是病毒性传染病，其病原为鸡新城疫病毒，具有传染性。病鸡剖检可见其腺胃及小肠黏膜出血等典型病变，产蛋鸡群的产蛋量下降更为严重。取鸡胚尿囊液做血凝试验和血凝抑制试验，尿囊液能凝集鸡的红细胞，且新城疫免疫血清能抑制这种凝集作用。

2. 肉鸡猝死综合征与急性禽霍乱的鉴别

［**相似点**］肉鸡猝死综合征与急性禽霍乱均有突然发病，痉挛等临床症状。

［**不同点**］禽霍乱是细菌性传染病，其病原为多杀性巴氏杆菌，具有传染性。病鸡体温升高至 $43\sim44℃$，口鼻常常流出许多黏性分泌物。剖检可见心冠状沟部密布出血点，似喷洒状。心包变厚，心包液增加、浑浊。肺充血、出血。肝肿大，变脆，呈棕色或棕黄色，并有特征性针尖大或粟粒大的灰黄色或白色坏死灶。肌胃和十二指肠黏膜严重出血，整个肠道呈卡他性或出血性肠炎，肠内容物混有血液。病料压片、染色、镜检，可检出巴氏杆菌。

【防制】

1. 预防措施

（1）前期适当的限制饲料中的营养水平　喂高营养配合饲料增重快，但容易发生猝死症。可以喂粉状料或限制饲养等减少营

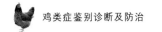

养摄取量。

（2）饲料中添加生物素预防　资料表明在饲料中添加生物素是降低死亡率的有效方法。每千克饲料中添加 300 微克以上的生物素，可以减少肉仔鸡的死亡率。

2. 发病后措施

每只鸡 0.62 克碳酸氢钾饮水，或碳酸氢钾 0.36％拌料，其死亡率显著降低。

五、水泻

近年来，蛋鸡在进入夏季以后经常发生一种以持续性水样腹泻为特征的疾病，细菌学检查未发现有病原菌感染，用多种抗生素治疗亦无明显效果。本病一般是由于肠道生理功能紊乱所致。发病鸡群最特征性的症状是拉水样粪，有"哧哧"的射水声，稀粪中有未消化的饲料。发病鸡群的精神状况、采食饮水正常，死淘率亦无明显升高，但病程长，可达数月。

【病因】12 周以后饲料中麸皮米糠过多；饲料变更后含有较高的石粉或贝壳粉，刺激肠道蠕动；开产前期饲料中蛋白质含量过高，劣质饲料原料过多。

【临床症状】母鸡刚开产拉稀，大量水夹杂一些未消化的饲料，肛门周围羽毛潮湿；精神正常，饮水多，产蛋率上升稍慢，上到 80％左右拉稀停止。用药效果不好。

【防制】

1. 清理肠道，促进消化

用大黄苏打片和干酵母片按每千克体重各 0.1 克，大群拌料饲喂，每天早晚各 1 次，连用 3～5 天。

2. 缓解胃肠平滑肌痉挛，抑制肠道蠕动

用硫酸阿托品注射液，0.35～0.4 毫克/千克体重饮服，早晚各 1 次，连饮 3～5 天。或使用肠毒康（硫酸新霉素、磷霉素钠、病毒唑、肠黏膜修复因子）100 克/250 千克水饮 3～5 天，或新强霉素 10 克/100 千克水用 3～5 天，或肠毒解 100 克/200 千克水每日集中一次投药，用 3～5 天。

3. 补充电解多维，适当限制饮水

鸡群全天饮服优质电解多维，补充鸡体所需营养成分，全天饮水量适当限制，以原饮水量的 2/3 为宜。饲料中拌入维生素 E 和维生素 A，保护和修复。

六、肠毒综合征

鸡群中存在一种以腹泻、粪便中含有未消化的饲料，采食量明显下降，生长缓慢、色素沉着障碍、脱水和产蛋率不上升为特征的疾病。蛋鸡的肠毒综合征多是由慢性小肠球虫引起的。

【病因】寄生虫（球虫、绦虫）、细菌感染（如大肠杆菌、梭菌）、病毒感染（新城疫）；饲料因素（饲料的霉变等）；肠道菌群失调等。

【临床症状】鸡发生于 12～40 日龄，发病初期无明显症状，随后出现水样腹泻，颜色黄色、淡黄色、红褐色等。中后期黎明前猝死明显多，个别鸡出现神经兴奋，瘫痪，衰竭死亡，死亡率不高。

蛋鸡产蛋率升得很慢或到一定的产蛋率后就不升；一部分鸡群虽然产蛋率超过 90％，过 15～30 日就出现猛然下滑。粪便呈现拉稀较多，有的鸡群并不拉稀，粪便相对很干燥，但粪便很小、短、细，像乳猪料。拉稀的鸡群粪便有的也是细、短、小，像乳猪料样，有的拉像手掌大小的灰白色奶样稀便，有得拉像一堆豆皮样的粪便；粪便内有很多没消化的饲料，如豆粕、玉米瓣等。有的鸡群就不出现烂肉样和血样的粪便。病鸡出现采食减少，吃料慢，料槽有剩料，有精神很好的鸡只出现闭眼症状。

【病理变化】肉鸡的小肠和空肠黏膜水肿增厚，出现麸皮样坏死膜，易剥离，黏膜出血，严重脱落内容物呈血色、蛋清样或黏脓样、柿子样、胡萝卜样，其他脏器无明显变化；蛋鸡小肠慢性球虫引起的肠毒综合征的病理变化部位和程度与病原种类有关。

【防制】

1. 预防措施

加强鸡群的饲养管理，降低饲养密度，注意通风与保温工作，消除各类应激。按期对鸡场（舍）内外以及相关的用具进行完全的消毒；同时制订科学的免疫程序，提高鸡群的免疫度；对一些常见的疾病如大肠杆菌病、慢性呼吸道病、沙门菌病等，可用一些广谱、高敏感的药物进行预防，同时按期补充维生素、矿物质等营养物质以提高机体的抗病能力。

2. 发病后措施

① 肠毒康（内含硫酸新霉素、磷霉素钠、病毒唑和肠黏膜修复因子）0.5 克/千克水＋球爽（磺胺氯比嗪钠、妥曲珠利、止血因子和修复因子）0.5 克/千克水分上下午 2 次饮用；黄金维他饮水 3～5 天。

② 肠毒速治（复方硫酸新霉素可溶性粉）0.3 克/千克水＋速效肠毒健 2 克/千克拌料（黄连解毒散），连用 3～5 天；黄金维他饮水 3～5 天。

③ 杀球止痢（复方妥曲珠利颗粒）0.3 克/千克饮水＋速效肠毒健 2 克/千克拌料，连用 3～5 天；黄金维他饮水 3～5 天。

七、嗉囊炎

【病因】本病又称软嗉症，多发于雏鸡，以 2～7 日龄的雏鸡较多发。成年鸡和青年鸡虽也有发生，但较雏鸡少。其发病原因，主要是平时饲养管理不当引起的，如舍温经常过低或者忽高忽低，饲料突然变换使鸡难以适应，喂给的饲料腐败、发霉、变质等。此外，一些慢性疾病、内脏疾病和传染病也能诱发本病。

【临床症状】病鸡表现嗉囊膨大，像皮球，其中充满白色或黄色液体，触之有波动感，捉住鸡倒提时，可从口中流出液体，故称之为"水胀"。也有的病鸡嗉囊中主要充满气体，称之为"气胀"。本病除嗉囊有明显症状之外，病鸡还常表现食欲减退或废绝，羽毛蓬乱，精神萎靡，不愿走动，行走和叫声都显得虚弱无力。有时还出现呕吐、狂饮和下痢等症状。

【鉴别诊断】

1. 鸡嗉囊炎与鸡新城疫的鉴别

［相似点］鸡嗉囊炎与鸡新城疫均有食欲减退或废绝，羽毛蓬乱，精神萎靡，嗉囊胀气等临床症状。

［不同点］鸡新城疫是病毒性传染病，其病原为鸡新城疫病毒，具有传染性。病鸡体温升高，呼吸困难，常见伸头颈，张口呼吸。同时，喉部发出"咯咯"的声音，有时打喷嚏，常拉黄色、绿色和灰色恶臭稀便。重者表现明显的神经症状。剖检可见全身黏膜、浆膜出血。食管黏膜呈斑点状或条索状出血，腺胃黏膜水肿，腺胃乳头顶端出血，在腺胃与肌胃或腺胃与食管交界处有带状或不规则的出血斑点。十二指肠及整个小肠黏膜呈点状、片状或弥漫性出血，两盲肠扁桃体肿大、出血、坏死。取鸡胚尿囊液做血凝试验和血凝抑制试验，尿囊液能凝集鸡的红细胞，且新城疫免疫血清能抑制这种凝集作用。

2. 鸡嗉囊炎与鸡念珠菌病的鉴别

［相似点］鸡嗉囊炎与鸡念珠菌病均有食欲减退，羽毛蓬乱，精神萎靡，嗉囊胀大等临床症状。

［不同点］鸡念珠菌病是细菌性传染病，其病原为念珠菌，具有传染性。病鸡剖检可见口腔、咽部、上颚、食管尤其是嗉囊有小白点，病程稍长者白点扩散形成灰白色、黄色或褐色干酪样物或伪膜，剥离时可见糜烂或溃疡。腺胃黏膜肿胀、出血，表面附有脱落的上皮细胞和黏液。取培养物涂片，染色镜检，则可见椭圆形的革兰氏阳性念珠菌。

3. 鸡嗉囊炎与鸡呋喃类药物中毒的鉴别

［相似点］鸡嗉囊炎与鸡呋喃类药物中毒均有食欲减退或废绝，羽毛蓬乱，精神萎靡，嗉囊胀气等临床症状。

［不同点］鸡呋喃类药物中毒的病因是鸡吃了超量的呋喃类

药物。成年鸡头颈伸直或头颈反转做回旋运动，不断点头或颤动，或鸣叫做转圈运动。剖检可见口腔充满泡沫，有出血性肠炎，肠内容物呈黄色或混有药物。将内容物滴于滤纸上，加 10% 氢氧化钠 1 滴，有呋喃唑酮显红色，硝基呋喃妥因显橘子黄色并逐渐变橙红色，呋喃丙胺也显红色、加热水解后使 pH 试纸变蓝。

【防制】要加强鸡群的饲养管理，维持适宜的育雏温度，保证饮水充足、清洁，不喂腐败、变质的饲料，并注意饲料合理搭配，使之易于消化吸收。

治疗时，比较大一些的鸡，可将其倒提，轻轻挤压嗉囊，使嗉囊内的液体和气体经口排出，再灌入 0.2% 的高锰酸钾溶液或 1.5% 的小苏打（碳酸氢钠）溶液，灌至嗉囊膨大时，揉捏嗉囊一二分钟，再倒提排出药液，口服土霉素半片至一片，大蒜瓣一小片。此法可隔日再进行 1 次。对于雏鸡，除更换饲料外，可饮用 0.01%～0.02% 的新鲜高锰酸钾溶液，口服少许土霉素片和加 10 倍水的大蒜汁，还可用较细的注射针头刺嗉囊几下，促其收缩。

八、鸡肌胃糜烂

鸡肌胃糜烂是由多种致病因素引起的一种消化道疾病。其特征为病鸡呕吐黑色物，肉眼可见肌胃角质膜糜烂、溃疡。

【病因】引起本病的主要原因，是饲粮中的鱼粉质量低劣或数量过多。鱼粉中都含有一些组胺及其化合物，不同的鱼粉含量不等，组胺在鸡饲粮中的含量达 0.4% 可引起典型的肌胃糜烂。如果鱼粉腐败、发霉、变质和掺假，会含有多种有害物质，协同引起肌胃糜烂。饲料中缺乏维生素 E、维生素 K、维生素 B_6、维生素 B_{12} 及硒、锌等，以及鸡群拥挤、卫生条件不佳，都会促进本病的发生。发病多见于 5 月龄以内的雏鸡和青年鸡。

一般来说，劣质鱼粉在饲粮中占 5% 以上，就可能引起肌胃糜烂；质量较好的鱼粉如果用量过大，在饲料中占 15% 以上，也会引起肌胃糜烂。

【**临床症状和病理变化**】本病一般在饲喂劣质鱼粉或过量鱼粉5～10天之后出现症状。病鸡食欲减退或废绝，羽毛松乱，行动迟缓，闭目缩颈，喜蹲伏。呕吐黑褐色样物，嗉囊外观多呈淡黑色，故俗称"黑嗉子"病。排稀便，重者排褐色软便。喙褪色，冠苍白、萎缩，腿脚黄色素消失。本病直接死亡虽然比较少，但日久营养不良，体质衰弱，易感染传染病和寄生虫病，就会造成较大的损失。

剖检可见嗉囊扩张，有多量黑色液体，腺胃、肌胃、肠道及肠道内容物呈暗棕色或黑色。肌胃内缺少砂粒，角质膜病初增厚、粗糙，继而糜烂、溃疡，严重时肌胃较薄处穿孔。十二指肠有轻度出血性炎症。

【**鉴别诊断**】

1. 鸡肌胃糜烂与鸡新城疫的鉴别

［**相似点**］鸡肌胃糜烂与鸡新城疫均有厌食、羽毛松乱，闭目缩颈，嗉囊膨满，倒提从口中流出液体，拉稀等临床症状。

［**不同点**］鸡新城疫是病毒性传染病，其病原为鸡新城疫病毒，具有传染性。病鸡冠髯紫黑色或暗红色，翅下垂，口鼻分泌物增多、常甩头张口呼吸并发出"咯咯"声，倒提从口中流出酸臭液（不是黑色）。排黄绿色或黄白色稀粪、混有血液、有恶臭。剖检全身黏膜、浆膜出血、淋巴肿胀出血和坏死。腺胃水肿、乳头和乳头间有出血点或溃疡和坏死，小肠至盲肠黏膜有出血点、纤维素性坏死。取尿囊液与10％红细胞悬液做凝集试验即确定。

2. 鸡肌胃糜烂与鸡坏死性肠炎的鉴别

［**相似点**］鸡肌胃糜烂与鸡坏死性肠炎均有羽毛粗乱、厌食、排黑色粪等临床症状和肠黏膜发炎坏死等剖检病变。

［**不同点**］鸡坏死性肠炎是细菌性传染病，其病原为魏氏梭菌，具有传染性。病鸡常突然发病，不显症状即死亡，排粪间或有血便，嗉囊不膨大，倒提时不从口中流液体。剖开尸体即有腐臭气。小肠扩张、充满气体，比正常大2～3倍，肠壁增厚，肠道

表面呈污黑色或污黑绿色，肠腔有泡沫血样或黑色液体。刮取肠黏膜或肝触片镜检，可见革兰氏阳性粗短、两极钝圆的大杆菌。

3. 鸡肌胃糜烂与鸡喹乙醇中毒的鉴别

[**相似点**] 鸡肌胃糜烂与鸡喹乙醇中毒均有羽毛粗乱、厌食，排黑褐色粪等临床症状和肌胃增厚，肠有炎症等剖检病变。

[**不同点**] 鸡喹乙醇中毒是因鸡摄取喹乙醇过量而发病。患鸡病后期昏迷，一般昏迷后 12 小时死亡。剖检嗉囊充满食物。

【**防制**】选用优质鱼粉，且在饲粮中鱼粉含量不应超过 10%；日粮中各种维生素和微量元素要充足，饲养密度不要过大，搞好舍内卫生，消除本病的诱因；对病鸡立即更换饲料，这样经 3～5 天一般可控制病情，并渐趋康复。

附 录

一、鸡的几种生理常数

附表 1-1　鸡的几种生理常数

体温/℃	心跳 /(次/分钟)	呼吸 /(次/分钟)	血液中血红蛋白 /(克/百毫升)	血液中红细胞数 /(百万个/毫米³)
40.5～42	150～200	22～25	公鸡 11.76 母鸡 9.11	公鸡 3.23 母鸡 2.72

二、不同类型鸡病的问诊内容及技巧

附表 2-1　不同类型鸡病的问诊内容及技巧

疾病类型	一般询问	重点询问
呼吸道异常 的鸡群	什么日龄和类型的鸡 大群精神、采食状况如何等	什么时间发现呼吸道声音异常,截至今天发病多长时间,声音有什么变化(具体以什么样的声音为主,如是单纯的咳嗽,或有咳嗽、呼噜声,有没有怪叫;是咳嗽还是打喷嚏,白天能听到什么样的声音,晚上听到的又是什么声音等) 异常声音的频率如何(是很缓和很慢的呼噜还是节奏很快的呼噜) 个体病鸡的神态如何,有拉绿色粪便没有,或拉的是什么样的粪便 鸡冠颜色有什么变化,有没有发绀发黑等 如已经过治疗,用了什么药,效果如何,那个兽医诊断的是什么病等

续表

疾病类型	一般询问	重点询问
拉稀的鸡群	什么日龄和类型的鸡 大群精神、采食状况如何	发病开始时间，或已经出现异常多长时间 经过治疗或用过药物没有、用过什么药物及治疗和用药效果如何（比较具体） 异常粪便的形态（异常粪便的占地面积，如像手掌大小的等；粪便的颜色，如白色奶样的粪便很多，或拉白色的占地面积如鸡蛋大小的、黏糊样的粪便，夹带有泡沫的粪便；粪便形状，如是圆柱样的，但很短、很细，或水样的等） 粪便中或表层有没有夹杂红色的肠黏膜，或黏液或白色芝麻样的绦虫节片（如肠毒综合征的粪便呈现拉稀较多，有的鸡群并不拉稀，粪便相对很干燥的，但粪便很小、短、细，像乳猪料。拉稀的鸡群粪便有的也是细、短、小，像乳猪料样，有的拉像手掌大小的灰白色奶样稀便，有的拉像一堆豆皮样的粪便；粪便内有很多没消化的饲料，如豆粕、玉米瓣等。有的鸡群就不出现烂肉样和血样的粪便。病鸡出现采食减少，吃料慢，料槽有剩料，有闭眼但精神很好的鸡只） 绿色粪便的详细特征（如出现绿色粪便最常见的鸡病有大肠杆菌、流感、新城疫病、白冠病等。如新城疫病，一般是白色拉稀粪便内夹杂有黑色、绿色老鼠粪样的疙瘩粪；或拉翠绿色黏液样的脓性粪便。大肠杆菌引起的，是整个粪便外层包有一层绿色毛茸茸的绿；或拉的整个粪便是浅绿色的）
神经症状的鸡群	鸡的日龄、发病时间，患病多少和有多少死亡	患鸡是侧卧，是扭头？有没有后退，或猛往前跑，或有没点头的？侧卧的鸡翅膀是不是不停地扇动了，腿是不是不停地蹬，或只是有个别的腿有点瘸等？除了神经症状有其他异常没有等 成年鸡出现瘫痪时有没有拉稀，拉的是什么颜色的粪便？翅膀能夹紧不能（翅膀和躯体能看到明显间隙）、翅膀是不是按地来支撑躯体，腿关节有没有出血或坏死等？瘫痪鸡是否不用药自己又好了，或过多少天死亡等
脸部肿胀的鸡群	发病日龄、时间、品种如何，精神状况和传染情况如何	肿胀的具体部位（是眼肿，是眼下的三角区——眶下窦肿胀，或头的其他部分肿胀，颈部和颌下肉垂是不是肿胀）

续表

疾病类型	一般询问	重点询问
脸部肿胀的鸡群		肿胀部位形态(眼观是浮肿还是硬肿,是苍白色还是淡红色的等) 肿胀的鸡有没死亡等
经常有突然死亡的鸡群	鸡的类型、日龄大群精神状态及有没有病鸡	对肉鸡,如其他正常,就是老出现突然死亡的,要询问死亡状态(有没有仰躺死亡的,鸡群内有没有尖叫声,有没有突然向前猛跑的鸡,有没有拉红色糨糊样的粪便等)?死亡的鸡只的体重(是小个的或都是大个的)、死亡时间(白天还是晚上)和采食情况(采食速度、采食量等) 对产蛋鸡,重点询问死亡的鸡冠的颜色(是紫黑,或苍白)?死亡的鸡只的体重(是小个的或都是大个的)?有没有老出现瘫痪鸡,瘫痪的鸡是不是翅膀夹不紧身子?早上是不是易惊群?是夜间死亡多,还是白天多,或是不是都是夜间死亡等
采食量下降	鸡的日龄,持续时间	鸡群吃料的速度及添料后的采食情况(积极不积极、大群不吃还是个别不吃) 鸡群的精神状态(如有没有精神不好的鸡只)和生产水平如何 粪便状态(正常、异常、异常表现) 环境温度有没有变化(温度过高或温度骤然变化)或其他应激出现(如免疫接种、转群移舍、光照变化等) 饲料管理情况如何(如饲料原料、形态和营养含量等有没有突然变更;饲喂程序有没有变动;饮水是否充足;饲喂用具是否充足等)
产蛋率下降	鸡的日龄、精神状态如何	产蛋率下降的速度、持续的时间和下降幅度(如就下降一天后很快恢复还是同期休产) 蛋壳质量有没变化,都有什么变化(沙皮的、软壳的、畸形蛋、无壳蛋或个别蛋大端是不是有一元硬币大的斑块等) 其他如采食、精神、粪便有什么变化或特殊的变化(如变化不大可能是减蛋综合征或脑脊髓炎),有没有个别的拉绿色粪便,有没有鸡啄蛋的等 环境有没有大的变化?最近有用了什么药没有,效果如何等

三、常见鸡病的鉴别诊断

附表 3-1　鸡冠、髯及面部肿胀的病症

病名	相似点	区别点
禽霍乱	冠、髯肿胀，呈黑色、紫色	多发于育成鸡或育成后期的鸡，突然死亡，死亡的多是高产的鸡。排绿色稀粪；剖检变化心冠脂肪出血，肝脏出血、点状坏死，十二指肠弥漫性出血；慢性可见关节炎
禽流感	冠、髯肿胀，紫红色；头、眼水肿、流泪	鸡冠有坏死灶，趾及跖部鳞片出血，全身浆膜黏膜及内脏严重广泛性出血，颈和喉部明显肿胀，鼻孔流出血色分泌物
鸡痘	皮肤型冠、髯、口角、眼周围有痘疹；黏膜型眼睑、面部肿胀，流泪、呼吸困难	皮肤型无毛部皮肤及肛门周围、翅膀内侧也见痘疹，坏死后有痂皮；黏膜型在口腔和咽喉黏膜上有白色痘痂，突出于黏膜，相互融合，形成黄白色假膜
传染性鼻炎	单侧性眼肿，眶下部和面部肿胀，髯水肿	成年鸡最易感；从鼻孔流出浆液性、黏液性以至脓性恶臭的分泌物，鼻腔和鼻下窦黏膜充血、肿胀，腔头内蓄积多量黏液、脓性分泌物或干酪样物；眼结膜红肿、粘连结膜囊内有干酪样物，角膜浑浊、眼球萎缩
霉形体病	颜面、脸、眼睑、眶下窦肿胀、流泪、流鼻液	鼻腔和眶下及腭裂蓄积多量的黏液或干酪样物；气囊增厚、浑浊、积有泡沫样或干酪样物；肺有灰红色肺炎病灶
大肠杆菌病	单侧性眼肿，眼睑肿胀、流泪、有黏性分泌物	可引起多种类型的病症。全眼球炎多见于 30～60 日龄的雏鸡，严重时引起失明。还有败血症、脐炎、气囊炎、关节炎及肠炎等
肿头综合征	头、面部、眼周围水肿	头、冠、髯、面部、眼周围、下颌水肿，呈胶冻状，有时有干酪样，肠系膜水肿，呈黄色胶冻状
维生素 A 缺乏症	眼及面部肿胀、流泪、流鼻液	眼睑肿胀，角膜软化或穿孔，眼球凹陷、失明，结膜囊内蓄积干酪样物，口腔、咽、食道黏膜有白色小米结节

附表 3-2　皮肤发生出血、坏死等病变的疾病

病名	相似点	区别点
大肠杆菌病	脐炎、皮肤炎	雏鸡发生脐炎,青年鸡发生皮肤炎、坏死、溃疡,有的形成紫色痂;涂片镜检可见革兰氏阴性小杆菌
葡萄球菌病	脐炎	雏鸡出现脐炎,急性败血性 1～2 月龄的鸡多发,胸部、大腿内侧皮肤出血、溃疡、皮下出血水肿,呈胶冻样。涂片镜检可见葡萄球菌
鸡痘(皮肤型)	有时痘疹表面形成痂壳	皮肤无毛部皮肤及肛门周围、翅膀内侧也见痘疹,坏死后有痂皮
马立克氏病(皮肤型)	颈、背及腿部皮肤毛囊呈结节性肿胀	颈、背部及腿部皮肤以毛囊为中心形成小结节性或瘤状物,有时有鳞片状棕色硬痂
锌缺乏症	皮炎	脚和腿部表皮角质层角化严重,脚掌开裂有深缝,甚至脚趾发生坏死性皮炎
维生素 PP 缺乏症	皮炎	两腿皮肤鳞片状皮炎,黑舌症病变及口腔、食道发炎
维生素 H 缺乏症	皮炎	先从趾部出现皮炎,以后口腔或眼周出现;肉鸡肝、肾肿大、脂肪肝
泛酸缺乏症	皮炎	皮炎先从口角、眼边、腿发生,严重时波及足底

附表 3-3　引起呼吸困难的疾病

病名	相似点	区别点
新城疫	伸颈呼吸、咳嗽、甩头	呼吸道症状、神经症状、产蛋下降。喉头、气管有黏液,气管黏膜肥厚,肺、脑有出血
传染性鼻炎	甩鼻、打喷嚏、呼吸困难	发病率高,死亡率低,鼻炎症状明显,主要表现流鼻涕
鸡痘(白喉型)	张口呼吸、呼吸困难	在口腔和咽喉黏膜上有白色痘痂,突出于黏膜,相互融合,形成黄白色假膜。呼吸及吞咽困难,多窒息死亡
鸡霉形体病	慢性呼吸道症状	呼吸有啰音,眼角流泡沫样液体。鼻腔和眶下及腭裂蓄积多量的黏液或干酪样物;气囊增厚、浑浊、积有泡沫样或干酪样物;肺有灰红色肺炎病灶

续表

病名	相似点	区别点
传染性支气管炎	咳嗽、打喷嚏、	呼吸时发出异常声音,喉头、气管黏液增多,支气管有出血;混合感染其他病型时则出现肾炎或腺胃炎
传染性喉气管炎	呼吸困难、张口伸颈呼吸	头、冠、髯、面部、眼周围、下颌水肿,呈胶冻状,有时有干酪样;肠系膜水肿,呈黄色胶冻状

附表 3-4　引起神经症状的疾病

病名	相似点	区别点
新城疫	四肢进行性麻痹,共济失调;出现转圈运动	各年龄的鸡均可发病。有呼吸道症状。解剖见十二指肠降支、卵黄蒂后 3~4 厘米,回肠前 1~3 厘米处淋巴滤泡肿胀、出血、溃疡;腺胃乳头出血或溃疡
传染性脑脊髓炎	运动失调,走路前后摇摆,步态不稳或以跗关节和翅膀支撑前行	头颈部震颤,尤其是鸡受惊或倒地时震颤更加明显;脑水肿、充血、肌胃肌层内有细小的灰白色病变区,多发生于 3 周内的小鸡
马立克氏病	轻者运动失调,步态异常;重者瘫痪,呈"劈叉"病症	特征性"劈叉"姿势;腰荐神经、坐骨神经丛呈单侧性肿粗,色灰白或淡黄,多发于青年鸡
大肠杆菌	垂头、昏睡状,有的鸡有歪头、共济失调、抽搐症状	四肢进行性麻痹,共济失调;因肌肉痉挛和震颤常出现转圈运动
维生素 E 缺乏症	头颈弯曲拳缩,无方向性,有时出现角弓反张,两腿痉挛抽搐,行走不稳或瘫痪	脑充血、水肿、有散在出血点,小脑最为明显;大脑后半球有液化灶,脑实质严重软化;肌肉苍白,多见于雏鸡
维生素 B_1 缺乏症	伸腿痉挛、抽搐,运动失调,呈角弓反张症状	有特殊的"观星"症状;解剖可见胃、肠道萎缩,右心扩张、松弛;雏鸡多为突发,成年鸡发病缓慢

病名	相似点	区别点
维生素 B₆ 缺乏症	雏鸡异常兴奋,盲目奔跑,运动失控或腿软,翅下垂,胸着地,痉挛	长骨短粗,眼睑水肿;肌胃糜烂;产蛋鸡卵巢、输卵管萎缩,肉髯变小
叶酸缺乏症	颈部肌肉麻痹,抬头向前平伸,喙着地	"软颈"症状与肉毒梭菌中毒相似,但病鸡精神尚好,胫骨短粗,有时可见"滑腱症";本病一般不发生
食盐中毒	高度兴奋、奔跑;重者倒地仰卧、抽搐	渴欲极强、严重腹泻;剖检脑膜充血、出血

附表 3-5　引起关节肿胀、腿骨发育异常等运动障碍的疾病

病名	相似点	区别点
大肠杆菌病(关节炎型)	关节肿大,跛行,触诊有波动感	切开关节流出浑浊液体,重者关节腔内有干酪样物。涂片镜检可见革兰阴性小杆菌
葡萄球菌病	多发关节炎性肿胀,以跗关节、趾关节多见;跛行,不愿站立走动	肿胀关节呈紫红色或紫黑色,逐渐化脓、有的形成趾瘤,切开关节后流出黄色脓汁,涂片镜检见葡萄球菌
病毒性关节炎	跗关节及后上侧腓肠肌腱和腱鞘肿胀,表现为拐腿、站立困难,步态不稳	多为双侧性跗关节及后上侧腓肠肌腱肿胀,关节腔内积液呈草黄色或淡红色,有时腓肠肌腱断裂、出血,外观病变部位呈青紫色
滑液囊霉形体病	跗关节、趾关节肿胀,触诊有波动感、热感,站立运动困难	多发于 4~16 周龄,偶尔见成年鸡。切开后,关节囊内有黏稠的液体或干酪样物,涂片镜检无细菌
关节痛风	四肢关节肿胀,有的脚掌趾关节肿胀,走路不稳,跛行,重者不能站立	关节囊内有淡黄色或白色石灰样尿酸盐沉积

续表

病名	相似点	区别点
维生素 B_2 缺乏症	跗关节、趾关节肿胀，脚趾向内蜷曲或拳状，即"蜷爪"。双脚不能站立，行走困难	两侧坐骨神经显著肿大、变软，为正常的 $4 \sim 5$ 倍；胃肠道黏膜萎缩，肠内有泡沫样内容物，多发于育雏期和产蛋高峰期
维生素 B_6 缺乏症	长骨短粗，一般腿严重跛行	有神经症状，雏鸡表现异常兴奋，盲目奔跑，运动失调，一侧或两侧中趾等关节向内蜷曲；重症腿软，以胸着地，伸屈脖子，剧烈痉挛；有时可见肌胃糜烂
维生素 B_{11} 缺乏症	胫骨短粗，偶尔会有滑腱症	有头颈麻痹症状，抬头向前伸直下垂，喙着地；雏鸡喙角上下交错
胆碱缺乏症	跗关节轻度肿大，周围点状出血；长骨短粗，跗骨变形弯曲，出现滑腱症	雏鸡、青年鸡可见滑腱症，肝脂肪含量高，成年鸡主要表现为体脂肪在肝过度沉积，一般无关节病变

附表 3-6　发生腹泻的疾病

病名	相似点	区别点
新城疫	排绿色稀粪	呼吸困难，有呼噜声，有甩头、扭头等神经症状，喉头、气管内有多量黏液，消化道黏膜肿胀、出血、溃疡
传染性法氏囊炎	白色水样下痢	$3 \sim 6$ 周龄多发，死亡率高；法氏囊肿胀、出血，肌肉出血，花斑肾
禽轮状病毒感染	水样下痢	6 周龄以下的鸡易感；泄殖腔肿胀、出血，小肠内有大量的液体和气泡，肠腔高度膨胀
大肠杆菌（急性败血性）	排白色或黄绿色稀便	可表现多种类型的病症，急性败血性主要表现纤维性心包炎和肝周炎，肝脏有点状坏死
坏死性肠炎	黑褐色、带血色稀粪	小肠中后段壁出血，斑点呈不规则形；肠壁坏死，有土黄色坏死灶，有时有灰黄色厚层假膜；肝脏可见 $2 \sim 3$ 毫米大、圆形的坏死灶

续表

病名	相似点	区别点
鸡组织滴虫病	带血便	病鸡头部黑紫色,盲肠有出血、坏死性肠炎、肠内容物凝固、切面呈圆环状,中心凝血块;肝脏色黄,见中心凹陷,周围隆起,呈黄色碟状坏死灶
鸡球虫病	排血便	育雏育成鸡多发,急性经过,死亡率高;盲肠和大肠有出血性、坏死性炎症,肠壁有白色结节
鸡住白细胞原虫病	水样白色或绿色稀粪	鸡冠苍白,眼周围呈绿色,口腔流出淡绿色液体;严重时有血样液;全身皮下、肌肉、肺、肾、心、脾、胰、腺胃、肌胃及肠黏膜见出血点,并见灰白色小结节
鸡白痢	白色石灰膏样稀粪	急性多见于2周龄左右的雏鸡,脐带红肿、卵黄吸收不全;慢性可见肝、脾、肺、心有灰白色坏死点,有时一侧盲肠内容物凝固,肠壁增厚。育成鸡和青年鸡多呈隐性感染,卵泡萎缩、出血、变形、变色,有时脱落、破裂,引起腹膜炎
鸡伤寒	黄绿色稀粪	多见育成鸡;肝、脾和肾脏肿胀达正常的 2～4 倍,肝脾青铜色,有黄白色的坏死点;卵泡充血、出血,有的破裂
鸡溃疡性肠炎	白色水样下痢	小肠和盲肠有大量的圆形溃疡灶,中心凹陷,有时发生穿孔;肝脏黄色或灰色圆形小病灶或大片不规则坏死区

附表 3-7　出现肝脏病变的疾病

病名	相似点	区别点
禽霍乱	肝肿大,表面布满黄白色针尖大的坏死灶	成年鸡易发,常突然发病,死亡多为壮鸡,心冠脂肪和心外膜有大量的出血点,十二指肠严重出血
鸡沙门菌病	肝肿大,表面有多量灰白色针尖大的坏死灶	多发生于雏鸡和青年鸡,排白色糊状粪,心、肺上有坏死灶,青年鸡肝脏有时呈铜绿色
鸡大肠杆菌	肝肿大,表面有一层灰白色薄膜,即肝周炎	多发生于青年鸡,有纤维素性心包炎、纤维素性腹膜炎

续表

病名	相似点	区别点
鸡弯曲菌肝炎	肝肿大,表面和实质内有黄色、星芒状的小坏死灶或布满菜花状的大坏死区	多发于青年鸡和刚开产的母鸡,肝脏膜下有出血区,或形成血肿
鸡组织滴虫病	肝肿大,表面有圆形或不规则形中心凹陷、周边隆起的溃疡灶	多发于8周~4月龄的鸡,一般盲肠肿大,内有香肠症状的干酪样凝固栓子,切面呈同心圆状
鸡包涵体肝炎	肝肿大,表面有点状或斑状出血	多发于3~9周龄的肉鸡和蛋鸡,肝脏触片,与细胞核见到嗜酸性或嗜碱性核内包涵体
鸡马立克氏病(内脏型)	肝肿大,表面有灰白色肿瘤结节	多发于6~18周龄的鸡,心、肺、脾、肾等器官有肿瘤结节,法氏囊常萎缩
鸡脂肪肝综合征	肝肿大,呈黄色,质地松软,表面有小出血点	多发于成年鸡,鸡冠、肉髯和肌肉苍白,肝脏出血,腹腔内有血凝块或血水,腹腔和肠系膜有大量的脂肪沉积

附表3-8　发生肺脏和气囊病变的疾病

病名	相似点	区别点
鸡白痢	肺上有大小不等、黄色的坏死结节	多发于雏鸡,排出白色稀粪,心脏和肝脏也有坏死结节
鸡败血性霉形体	气囊浑浊、增厚,囊腔内有黄色干酪样物质	多发于4~8周龄的雏鸡,呼吸困难,眶下窦肿胀,心脏和肝脏无病变
鸡曲霉菌病	肺和气囊上有灰黄色、大小不等的坏死结节	多发于雏鸡,病鸡呼吸困难,肠壁上有坏死结节,柔软而有弹性,内容物呈干酪样,见有霉斑,镜检见霉菌菌丝

附表 3-9　发生肾脏病变的疾病

病名	相似点	区别点
鸡传染性法氏囊病	拉白色水样便,肾肿,有白色尿酸盐沉着,花斑肾	3～6周龄的雏鸡多发,死亡率高.法氏囊肿胀、出血或内有果酱样物,胸部和腿部肌肉出血
鸡传染性支气管炎(肾型)	拉白色水样便,肾肿,颜色变浅,有白色尿酸盐沉着	3～10周龄的雏鸡多发,两侧肾脏均有肿胀,有尿酸盐沉着。质地变硬,严重时,内脏器官浆膜多量尿酸盐沉着,死亡率高;成年鸡产蛋量下降,蛋壳粗糙,畸形蛋多
痛风	排白色石灰样稀粪;肾肿,有多量尿酸盐沉着	一侧肾萎缩,另一侧肾脏肿胀,有多量尿酸盐沉着;输尿管增粗,有多量白色尿酸盐,有时可见到结石;心外膜、心包膜及腔、肝被膜均可见多量尿酸盐覆盖
病毒性肾炎	肾不肿或稍肿,颜色变浅,淡黄色,排白色稀粪	1日龄易感,成年鸡呈隐性感染,不出现肾病变;内脏可见尿酸盐沉积,特征性症状是生长发育停滞,产蛋量下降,而蛋品质量没有变化

四、常见抗生素用途、用法、配伍效果

附表 4-1　常见抗生素及用途、用法

药名	用途	用法与用量
青霉素	治疗葡萄球菌病、坏死性肠炎、鸡霍乱、链球菌病、李氏杆菌病、丹毒病及各种并发或继发感染	①肌内或皮下注射,雏鸡2000～5000单位/只,成鸡5000～10000单位/只,每日2～3次;②饮水:雏鸡2000～5000单位/只,成鸡5000～10000单位/只,每日2～3次,或每千克水中加药50单位
硫酸链霉素	治疗鸡霍乱、传染性鼻炎、白痢、伤寒、副伤寒、大肠杆菌、溃疡性肠炎、慢性呼吸道病、弧菌性肝炎	①肌内或皮下注射,雏鸡5000单位/只,成鸡10000～20000单位/只,每日2～3次;②饮水:雏鸡5000单位/只,成鸡10000～20000单位/只,每日2～3次,或每千克水中加药80000～100000单位;③气雾:每立方米20万单位,雏鸡30～40分钟

续表

药名	用途	用法与用量
庆大霉素	治疗大肠杆菌病、鸡白痢、伤寒、副伤寒、葡萄球菌病、慢性呼吸道病、绿脓杆菌病	①肌内或皮下注射,3000～5000单位/只,每日1次;②混饮:3000～5000单位/只,每日1次,连续3～5天
卡那霉素	治疗大肠杆菌病、鸡白痢、伤寒、副伤寒、霍乱、坏死性肠炎、慢性呼吸道病	①肌内或皮下注射,10～15毫克/千克体重,每日2次;②混饲:0.04%～0.05%,混饮:0.025%～0.035%
新霉素	治疗大肠杆菌、鸡白痢、鸡伤寒、副伤寒、肠杆菌科细菌引起的呼吸道感染	①混饲:0.007%～0.014%,混饮:0.004%～0.0080%;②气雾:1克/米^3,吸入1小时
四环素、金霉素、土霉素	治疗鸡白痢、伤寒、副伤寒、鸡霍乱、传染性鼻炎、传染性滑膜炎、慢性呼吸道病、葡萄球菌病、链球菌病、大肠杆菌病、李氏杆菌、溃疡性肠炎、坏疽性皮炎、球虫病	①肌内或皮下注射,10～25毫克/千克体重,每日2次;②混饲:治疗量0.02%～0.06%,预防量0.01%～0.03%。③混饮:治疗量0.015%～0.04%,预防量0.008%～0.02%
强力霉素	治疗鸡白痢、伤寒、鸡传染性鼻炎、慢性呼吸道病、副伤寒、鸡葡萄球菌病、传染性滑膜炎、链球菌病、大肠杆菌病、李氏杆菌病、溃疡性肠炎、坏疽性皮炎、球虫病	①注射:20毫克/千克体重,每日1次;②混饲:0.01%～0.02%;混饮:0.006%～0.012%。
红霉素	治疗慢性呼吸道病、传染性滑膜炎、传染性鼻炎、葡萄球菌病、链球菌病、弧菌性肝炎、坏死性肠炎、丹毒病	①肌内或皮下注射:4～8毫克/千克体重,每日2次;②内服:7.5～10毫克/千克体重,每日2次;③混饲:0.018%～0.022%;混饮:0.01%～0.013%
泰乐菌素	治疗慢性呼吸道病、传染性关节炎、坏死性肠炎、坏疽性皮炎,促进生长,提高饲料报酬	①肌内或皮下注射:25毫克/千克体重,每日2次;②混饲:0.025%～0.055%;混饮:0.014%～0.03%;③促生长饲料添加剂:0.005%
北里霉素	治疗慢性呼吸道病,促进生长提高饲料报酬	①肌内或皮下注射:25～50毫克/千克体重,每日1次;②混饲:0.05%,连用5天;混饮:0.03%,连用5天;③促生长饲料添加剂:0.00055%～0.0011%

续表

药名	用途	用法与用量
支原净	治疗慢性呼吸道病、传染性滑膜炎、气囊炎、葡萄球菌病	①肌内或皮下注射：25 毫克/千克体重，每日 1 次；②混饲：治疗量 0.0335%，预防量减半；混饮：治疗量 0.0250%，预防量减半
新生霉素	治疗葡萄球菌病、溃疡性肠炎、坏死性肠炎	①内服：15～25 毫克/千克体重，每日 1～2 次；②混饲：0.026%～0.035%，连用 5～7 天；③混饮：0.013%～0.021%，连用 5～7 天
林可霉素	治疗葡萄球菌病、慢性呼吸道病、坏死性肠炎，促进肉鸡生长	①肌内或皮下注射：10～25 毫克/千克体重，每日 1 次；②混饲：0.0300%～0.04%；③混饮：0.013%～0.024%；④促生长饲料添加剂：0.0002%～0.0004%
制霉菌素	治疗曲霉菌病，鸡冠癣、念珠菌病	①内服：15～25 毫克/千克体重，每日 1～2 次；②混饲：0.01%～0.013%，连用 7～10 天；预防混饲：0.005%～0.0065%，每月喂 1 周；③气雾：50 万单位/米³，吸入 30～40 分钟
磺胺二甲基嘧啶、磺胺异噁唑	治疗霍乱、白痢、伤寒、副伤寒、传染性鼻炎、大肠杆菌病、葡萄球菌病、链球菌病、李氏杆菌病、球虫病	①肌内注射：0.07～0.15 克/千克体重，每日 2～3 次，首次量加倍；②混饲：0.5%～1%，连用 3～4 天；③混饮：0.1%～0.2%，连用 3 天
磺胺-2，6 二甲氧嘧啶、磺胺邻二甲氧嘧啶	治疗霍乱、传染性鼻炎、卡氏白细胞原虫病、球虫病、链球菌病、葡萄球菌病、轻症的呼吸道消化道感染	①内服：0.05～0.13 克/千克体重，每日 1 次，首次量加倍；②肌内或皮下注射：0.05～0.15 克/千克体重，每日 1 次；③混饲：0.05%～1%；④混饮：0.03%～0.06%
磺胺嘧啶	治疗鸡霍乱、白痢、伤寒、副伤寒、大肠杆菌病、李氏杆菌病、卡氏白细胞原虫病	同磺胺-2，6 二甲氧嘧啶、磺胺邻二甲氧嘧啶

续表

药名	用途	用法与用量
磺胺喹噁啉	治疗鸡霍乱、白痢、伤寒、大肠杆菌病、卡氏白细胞原虫病、球虫病等	①肌内或皮下注射,0.05～0.15克/千克体重,每日1次,首次量加倍;②混饲:0.1%～0.3%;混饮:0.05%～0.15%
磺胺甲基异噁唑	治疗霍乱、慢性呼吸道病、葡萄球菌病、链球菌病、鸡白痢、伤寒、副伤寒、大肠杆菌病	同磺胺喹噁啉
磺胺-5-甲氧嘧啶	治疗霍乱、慢性呼吸道病、白痢、鸡伤寒、副伤寒、球虫病	同磺胺喹噁啉
磺胺-6-甲氧嘧啶	治疗大肠杆菌病、白痢、伤寒、副伤寒、球虫病	同磺胺喹噁啉
三甲氧苄胺嘧啶	治疗链球菌病、葡萄球菌病、白痢、伤寒、副伤寒、坏死性肠炎,多与磺胺药配成复方制剂	①肌内或皮下注射:20～25毫克/千克体重,每日2次;②口服:10毫克/千克体重,每日2次;③混饲:0.02%
甲氧苄胺嘧啶、复方敌菌净	(包括DVD＋SMD)治疗大肠杆菌病、白痢、伤寒、副伤寒等	预防:①口服:10毫克/千克体重,每日2次;②混饲:0.02%～0.03% 治疗:①口服:20～25毫克/千克体重;②混饲:0.02%～0.05%
呋喃唑酮	沙门菌病、大肠杆菌病、溃疡性肠炎、弧菌性肝炎、球虫病、组织滴虫病、卡氏白细胞原虫病等	①混饲:预防量0.012%～0.02%;治疗量0.03%～0.04%;②混饮:预防量0.01%;治疗量0.02%
氟哌酸	治疗鸡霍乱、鸡白痢、伤寒、副伤寒、葡萄球菌病、链球菌病、肠杆菌病	混饲:0.005%～0.01%
喹乙醇	治疗鸡霍乱、鸡白痢、伤寒、副伤寒,促进生长,提高饲料利用率	①口服:5毫克/千克体重,每日2次;②混饲治疗量:0.005%～0.008%;③饲料促生长添加量:0.0025%～0.0031%

续表

药名	用途	用法与用量
增效磺胺	治疗鸡霍乱、伤寒、白痢、葡萄球菌病、李氏杆菌病、链球菌病、丹毒病、大肠杆菌病、球虫病	①肌内或皮下注射:20～25毫克/千克体重,每日1～2次;②口服:20～25毫克/千克体重,每日1～2次;③混饲:$(200～500)×10^{-6}$
复方泰乐菌素	治疗大肠杆菌病、鸡白痢、伤寒、副伤寒、慢性呼吸道病及其他呼吸道感染、鼻炎	治疗量:饮水0.2%;预防量:饮水0.1%
高力米先	治疗鸡白痢、伤寒、副伤寒、霍乱、传染性鼻炎、慢性呼吸道病、大肠杆菌病、葡萄球菌病、链球菌病、溃疡性肠炎、坏疽性皮炎、球虫病,并可促生长、缓解应激	预防量:每千克饮水中加入本品0.9～1.8克,连续用药5～7天
地灵霉素合剂	同高力米先,主要作用是促进生长、缓解应激、预防传染病	混饮:预防量为每千克水中加入本品0.625～2.5克,治疗量加倍
威霸先	治疗慢性呼吸道病、传染性滑液囊炎、大肠杆菌病、霍乱、沙门菌病、葡萄球菌病	见说明书
竹桃霉素-四环素合剂	治疗葡萄球菌病、链球菌病、慢性呼吸道病、关节炎,也用于雏鸡的促生长添加剂	混饲:$(200～400)×10^{-6}$ 促生长添加量:$3×10^{-6}$
万能霉素	治疗葡萄球菌病、链球菌病、坏疽性皮炎、溃疡性肠炎、其他非特异性肠炎,且可用于促生长添加剂	治疗量:混饲,每千克饲料加入本品5克;混饮,每千克加入本品3克。预防量减半
施得福	治疗霍乱、大肠杆菌病、白痢、伤寒、副伤寒、葡萄球菌病、坏死性皮炎、溃疡性肠炎、呼吸道继发感染、球虫病、盲肠肝炎	治疗量:混饲,每千克饲料加入本品5克;混饮,每千克饮水加入本品3克。预防量减半
鸡宝-20	治疗鸡白痢、伤寒、副伤寒、球虫病	预防:每千克饮水加本品0.3克,饮5～7天,治疗加倍;混饮5～7天后,改用预防量混饮

附表 4-2　常见的抗菌药物配伍效果

类别	药物	配伍药物	结果
青霉素类	安苄西林钠、阿莫西林、舒巴坦钠	链霉素、新霉素、多黏霉素、喹诺酮类	疗效增强
		替米考星、罗红霉素、氟本尼考、盐酸多西环素	疗效降低
		维生素 C-多聚磷酸酯、罗红霉素	沉淀、分解失效
		氨茶碱、磺胺类	沉淀、分解失效
头孢糖苷类	头孢拉定、头孢氨苄	新霉素、庆大霉素、喹诺酮类、硫酸黏杆菌素	疗效增强
		氨茶碱、磺胺类、维生素 C、罗红霉素、四环素、氟本尼考	沉淀、分解失效、疗效降低
	先锋霉素	强效利尿药	肾毒性增强
氨基糖苷类	硫酸新霉素、庆大霉素、卡那霉素、安普霉素	安苄西林钠、头孢拉定、头孢氨苄、盐酸多西环素、TMP	疗效增强
		维生素 C	抗菌减弱
		氟本尼考	疗效降低
		同类药物	毒性增强
大环内酯类	罗红霉素、阿奇霉素、替米考星	庆大霉素、新霉素、氟本尼考	疗效增强
		盐酸林可霉素、链霉素	疗效降低
		氯化钠、氯化钙	沉淀析出游离碱
多黏菌素类	硫酸黏杆菌素	盐酸多西环素、氟本尼考、头孢氨苄、罗红霉素、替米考星、喹诺酮类	疗效增强
		硫酸阿托品、先锋霉素、新霉素、庆大霉素	毒性增强
四环素类	盐酸多西环素、土霉素、金霉素	同类药物及泰乐菌素、泰妙菌素、TMP	疗效增强
		氨茶碱	分解失效
		三价阳离子	形成不溶性难以吸收的络合物

续表

类别	药物	配伍药物	结果
氯霉素类	氟本尼考、甲砜霉素	新霉素、盐酸四环素、硫酸黏杆菌素	疗效增强
		安苄西林钠、头孢拉定、头孢氨苄	疗效降低
		卡那霉素、喹诺酮类、磺胺类、呋喃类、链霉素	毒性增强
		叶酸、维生素 B_{12}	抑制红细胞生成
喹诺酮类	诺氟沙星、环丙沙星、恩诺沙星	头孢拉定、头孢氨苄、安苄西林、链霉素、新霉素、庆大霉素、磺胺类	疗效增强
		四环素、盐酸多西环素、氟本尼考、呋喃类、罗红霉素	疗效降低
		氨茶碱	析出沉淀
		金属阳离子	形成不溶性难以吸收的络合物
茶碱类	氨茶碱	盐酸多西环素、维生素C、盐酸肾上腺素等酸性药物	浑浊、分解失效
		喹诺酮类	疗效降低
洁霉素类	盐酸林可霉素、磷酸克林霉素	甲硝唑	疗效增强
		罗红霉素、替米考星、磺胺类、氨茶碱	疗效降低、浑浊、失效
磺胺类	磺胺喹噁啉钠（SMZ）	TMP、新霉素、庆大霉素、卡那霉素	疗效增强
		头孢拉定、头孢氨苄、安苄西林	疗效降低
		氟本尼考、罗红霉素	毒性增强

附表 4-3　鸡场常用的抗寄生虫药物及参考用法

药名	有效成分及作用	用法用量
痢特灵	呋喃唑酮	预防 0.01% 拌料，治疗 0.04%，连用 5 天

药名	有效成分及作用	用法用量
氯苯胍	罗比尼丁;对各种球虫均有较好的防治效果	预防0.0033%拌料,治疗0.0033%,连喂3～5天。雏鸡从15～60日龄拌入饲料中,连续喂服。商品肉鸡从15日龄起至上市前5天止
氨丙啉	安普罗林;对柔嫩及堆型艾美耳球虫的作用最强	预防0.125%,治疗0.025%,拌入饲料中,连喂5天。雏鸡从15～60日龄拌入饲料中,连续喂服
克球粉	氯羟吡啶;对多种球虫有抑制作用	预防0.125%,治疗0.025%,雏鸡从15～60日龄拌入饲料中,连续喂服
加福、杜球	马杜拉霉素;对多种球虫有抑制作用	雏鸡从12～100日龄,0.0005%拌入饲料中,连续喂服。商品肉鸡从1日龄起至上市前5天止
优素精	盐霉素;对多种球虫有效	盐霉素混料浓度为0.006%～0.0125%;优素精含盐霉素10%,故混料浓度为0.06%～0.07%
球痢灵	硝苯酰胺;对多种球虫有效,主要用于治疗球虫病	0.0125%混入饲料连用3～5天;雏鸡从15日龄起,拌入饲料连续喂45天,商品肉鸡上市前5天停药;治疗0.025%拌入饲料5天
瘤胃素	莫能霉素。对多种艾美耳球虫有抑制作用。本品不易产生耐药性	0.01%～0.012%拌料,雏鸡15～60日龄,连续喂服;商品肉鸡从15日龄起喂至上市前3天止
球杀灵	磺胺喹噁啉制剂	治疗,0.05%～0.1%拌入饲料,连喂2～3天
别丁	硫双二氯酚;可以驱除禽类的各种吸虫和鸡的赖利绦虫	150～500毫克/千克体重,混入饲料中,一次内服
二氯酚	对鸡的赖利绦虫有效	300毫克/千克体重,混入饲料中,一次内服
吡喹酮	广谱高效驱绦虫药	10～20毫克/千克体重,混入饲料中,一次内服
氢溴酸槟榔碱	驱绦虫。驱虫率为91%～100%	3毫克/千克体重,内服(配成0.1%的水溶液,用小胶管插入食管内灌服)

续表

药名	有效成分及作用	用法用量
丙硫苯咪唑	对鸡的蛔虫、异刺线虫、卷刺口吸虫、赖利绦虫等高效	30 毫克/千克体重,拌入饲料中,一次内服
血防-67	驱除绦虫	250~300 毫克/千克体重,拌入饲料中,一次内服
2.5%溴氰菊酯	对于各种体外寄生虫有作用	配成 1:8000 浓度(即 2.5%溴氰菊酯 1 毫升加水 8 千克)喷洒或药浴
25%戊酸氰醚酯	对于各种体外寄生虫有作用	用水稀释成 1:4000 的浓度直接向鸡体喷洒,或稀释成 1:8000 的浓度对鸡进行药浴
制菌磺	磺胺间甲氧嘧啶;对柔嫩艾美耳球虫、鸡住白细胞原虫病有作用	治疗:0.2%均匀混入饲料中,给药 3 天,停 2 天,再给药 3 天;本品 50×10^6 与乙胺嘧啶 25×10^6 配合混饲,有增效作用
磺胺-2-6-甲氧嘧啶	治疗鸡住白细胞原虫病和球虫病	以 0.1%~0.2%浓度混饲,0.05%~0.1%混饮,连用 5~7 天
驱虫净	四咪唑	40 毫克/千克体重,均匀混入饲料中,一次服用
左咪唑	左旋咪唑。对多种线虫效果良好	20 毫克/千克体重,均匀混入饲料中,一次服用
丙硫苯咪唑	阿苯咪唑,对各种线虫、绦虫、吸虫均有驱除效果	10~20 毫克/千克体重,均匀混入饲料中,一次服用;
驱蛔灵	哌哔嗪;驱蛔虫,对成虫效果好	250~300 毫克/千克体重,均匀混入饲料中,一次服用
噻苯咪唑	驱线虫药,对成虫、幼虫和卵有效	100 毫克/千克体重,均匀混入饲料中,一次服用
酚噻唑	硫化二苯胺	500~1000 毫克/千克体重,拌入饲料中,一次内服,每只鸡不得超过 2 克
四氯化碳	驱吸虫	1~3 毫升/只,用细胶管插入食道灌服,或用注射器做嗉囊注射
灭绦灵	氯硝柳胺;广谱高效驱绦虫药	150~200 毫克/千克体重,混入饲料中,一次内服

续表

药名	有效成分及作用	用法用量
蝇毒磷(蝇毒)	广谱杀虫剂,对鸡的刺皮螨、鸡膝螨、软蜱、虱、蚤等有杀灭作用	一般是16%的油乳剂。配成0.03%的药液直接涂擦;配成0.03%的药液喷洒环境灭蚊、蠓等昆虫
敌百虫	广谱驱虫药,对鸡的各种体外寄生虫和消化道线虫及某些吸虫有作用	用0.1%~0.15%水溶液洗浴或喷洒灭鸡螨;用0.1%~0.5%水溶液杀灭蚤、蜱、蚊、蝇、蠓、蚋等。驱蛔虫可按0.05克/千克体重,配成5%水溶液于饱食后嗉囊内注射。注意中毒

附表4-4　常见的解毒药

药名	剂型、用法和用量	作用和用途
阿托品	硫酸阿托品注射液,皮下注射量:鸡每只用0.1~0.25毫克;硫酸阿托品片,内服用量为:每只鸡0.1~0.25毫克。中毒严重时与解磷定反复应用,才能有效	阿托品为抗胆碱药,主要作用为阻断M胆碱受体,故能松弛内脏平滑肌,解除平滑肌痉挛,抑制腺体分泌,散大瞳孔,解除迷走神经对心脏的抑制与血管痉挛,对呼吸中枢也有轻度兴奋作用。只能解除轻度中毒
碘磷定(解磷定、派姆)	注射用碘磷定,临用前加蒸馏水配成4%溶液;碘磷定注射时,肌内注射时,鸡每只0.2~0.5毫升。用药越早效果越好	碘磷定具有迅速复活已经磷酰化但未老化的胆碱酯酶的作用,使胆碱酯酶与结合物分泌而恢复活性。此外,本品还能在体内直接与有机磷化合物起作用,生成无毒的磷酰化碘磷定由尿排出。由于碘磷定不能通过血脑屏障,对中枢神经症状几乎无效,故与阿托品联合应用效果更好
硫代硫酸钠	硫代硫酸钠注射液,注射用硫代硫酸钠粉剂,鸡肌注量:0.32克/只(常配成10%浓度应用)	硫代硫酸钠具有还原剂的特性,能与金属、类金属形成无毒的硫化物由尿排出,可作为铜和砷中毒的解毒药,进行解毒处理
乙酰胺	乙酰胺注射液,鸡肌注参考用量:0.1克/千克体重。解毒时宜早期应用,并给足剂量	本品与氟乙酰胺、氟乙酰钠相似,可能在体内竞争夺酸胺酶,使不能产生对机体三羧酸循环有毒性作用的氟乙酸,从而解除有机氟中毒。严重中毒病例必须配合使用氯丙嗪或巴比妥为镇静药

续表

药名	剂型、用法和用量	作用和用途
葡萄糖	5%葡萄糖注射液,皮下静脉注射量:鸡20～50毫升/只;内服量:50毫升/只。25%高渗葡萄糖注射液腹腔注射量:5～10毫升/只	葡萄糖为营养药物,能供给能量,补充体液,增强心肌力量。高渗透压,使组织脱水,有利尿作用,还具有解毒作用。因葡萄糖在肝脏中可氧化成葡萄糖醛酸与毒物结合从尿排出,也可以通过糖代谢中的产物乙酰基起乙酰化作用而解毒。常用于鸡药物中毒及饲料中毒的解毒
氯化钠	可配成0.68%氯化钠注射液溶液,(即1升溶液中含氯化钠6.8克)。皮下静注:每次20～50毫升/只。内服:50毫升,泄殖腔适量灌注	本品为电解质补充液,静脉注射后,可使鸡体恢复血压,旺盛代谢,并促进毒物自体内排出。本品可应用于药物中毒、饲料中毒等。泄殖腔适量灌注可稀释毒物浓度,刺激肠蠕动,促进肠道内毒物的排泄
维生素C	维生素C片,鸡口服25～50毫克/只;维生素C注射液,肌注0.05～0.125克/只	维生素C参与体内多种代谢,对增强抵抗力具有重要作用,同时还参与体内氧化还原反应,具有解毒作用。重金属离子能在机体中与体内含巯基酶结合而使其失活,引起中毒。而维生素C可使氧化型谷胱甘肽转化成还原型,还原型谷胱甘肽与重金属结合后排出体外,从而起到解毒作用。维生素C可用于重金属离子中毒及药物中毒的解毒

参 考 文 献

［1］ 刘泽文. 实用禽病诊疗新技术. 北京：中国农业出版社，2006.

［2］ 魏刚才. 规模化鸡场兽医手册. 北京：化学工业出版社，2014.

［3］ 席克奇. 鸡的疾病鉴别诊断及防治. 北京：中国农业出版社，2007.

［4］ 董彝. 家禽实用临床类症鉴别诊断. 北京：中国农业出版社，2008.